中山大学哲学精品教程

# 辩证逻辑学

梁庆寅 ◎ 编著

中山大学出版社

·广州·

## 版权所有　翻印必究

### 图书在版编目（CIP）数据

辩证逻辑学/梁庆寅编著. —广州：中山大学出版社，2020.9
（中山大学哲学精品教程）
ISBN 978-7-306-06908-5

Ⅰ.①辩…　Ⅱ.①梁…　Ⅲ.①辩证逻辑—教材　Ⅳ.①B811.01　②B516.35

中国版本图书馆 CIP 数据核字（2020）第 129688 号

| | |
|---|---|
| 出 版 人： | 王天琪 |
| 策划编辑： | 嵇春霞 |
| 责任编辑： | 麦晓慧 |
| 封面设计： | 曾　斌 |
| 责任校对： | 唐善军 |
| 责任技编： | 何雅涛 |
| 出版发行： | 中山大学出版社 |
| 电　　话： | 编辑部 020-84110771，84110283，84111997，84110771 |
| | 发行部 020-84111998，84111981，84111160 |
| 地　　址： | 广州市新港西路 135 号 |
| 邮　　编： | 510275　　传　真：020-84036565 |
| 网　　址： | http://www.zsup.com.cn　E-mail: zdcbs@mail.sysu.edu.cn |
| 印 刷 者： | 佛山家联印刷有限公司 |
| 规　　格： | 787mm×1092mm　1/16　16.65 印张　272 千字 |
| 版次印次： | 2020 年 9 月第 1 版　2025 年 4 月第 4 次印刷 |
| 定　　价： | 64.00 元 |

如发现本书因印装质量影响阅读，请与出版社发行部联系调换

# 中山大学哲学精品教程

主　编　张　伟

副主编　沈榆平

编　委（按姓氏笔画排序）

　　　　马天俊　方向红　冯达文　朱　刚　吴重庆

　　　　陈少明　陈立胜　周春健　赵希顺　徐长福

　　　　黄　敏　龚　隽　鞠实儿

## 中山大学哲学精品教程

# 总　序

中山大学哲学系创办于1924年，是中山大学创建之初最早培植的学系之一。1952年逢全国高校院系调整而撤销建制，1960年复办至今。先后由黄希声、冯友兰、傅斯年、朱谦之、杨荣国、刘嵘、李锦全、胡景钊、林铭钧、章海山、黎红雷、鞠实儿、张伟等担任系主任。

早期的中山大学哲学系名家云集，奠立了极为深厚的学术根基。其中，冯友兰先生的中国哲学研究、吴康先生的西方哲学研究、朱谦之先生的比较哲学研究、李达先生与何思敬先生的马克思主义哲学研究、陈荣捷先生的朱子学研究、马采先生的美学研究等，均在学界产生了重要影响，也奠定了中山大学哲学系在全国的领先地位。

日月其迈，逝者如斯。迄于今岁，中山大学哲学系复办恰满一甲子。60年来，哲学系同仁勠力同心、继往开来，各项事业蓬勃发展，取得了长足进步。目前，我系是教育部确定的全国哲学研究与人才培养基地之一，具有一级学科博士学位授予权，拥有国家重点学科2个、全国高校人文社会科学重点研究基地2个。2002年教育部实行学科评估以来，稳居全国高校前列。2017年，中山大学哲学学科成功入选国家"双一流"建设名单，我系迎来了跨越式发展的重要机遇。

近年来，在中山大学努力建设世界一流大学的号召和指引下，中山大学哲学学科的人才队伍不断壮大，且越来越呈现出年轻化、国际化的特色。哲学系各位同仁研精覃思、深造自得，在各自的研究领域均取得了丰硕的成果，不少著述产生了国际性影响，中山大学哲学系已逐渐发展成为全国哲学研究的重镇之一。

在发展过程中，中山大学哲学系极为重视教学工作，始终遵循"明德亲民"的"大学之道"，注重培养德才兼备、具有家国情怀的优秀人才。诸位同仁对待课堂教学，也积极参与，投入了大量的精力。长期以来，我系在本科生和研究生教学工作中重视中西方经典原著的研读以及学术前沿问题的讲授，已逐渐形成特色，学生从中获益良多。为了进一步提高教学质量，我系计划推出这套"中山大学哲学精品教程"，乃从我系同仁所撰教材中择优出版。这对于学科建设与人才培育而言，都具有十分重要的意义。

"中山大学哲学精品教程"的编撰与出版，是对我系教学工作的检验和促进。我们真诚地希望得到学界同仁的批评指正，使之更加完善。

"中山大学哲学精品教程"的出版，得到中山大学出版社的鼎力支持，在此谨致以诚挚谢意！

中山大学哲学系<br>2020 年 1 月 8 日

# 前　言

本书出版于1988年，这一次是作为"中山大学哲学精品教程"的一种出版的。因为是多年前的书，保持原貌更为合适，因此仅校正了个别字词，未做其他改动。

本书出版后，卞敏在《中国社会科学》、陶文楼在《广东社会科学》、张宜生在《现代哲学》上发表了书评。1990年的《中国哲学年鉴》对本书做了介绍。同年，首届金岳霖学术奖开评，这本书获得了"金岳霖学术奖1985—1990年中青年优秀逻辑论著优秀奖"。按照当时说法，我出这本书时算是年轻教师，对一个年轻教师来说，学术界同行的支持和鼓励是十分宝贵的。虽已过去三十几年，但当时受到鼓舞从而意气风发的心境仍然没有忘记，也使我在成为年老教师之后常常提醒自己，对年轻教师要多些宽容，力所能及地给予支持和帮助。

我是先后跟着华东师范大学冯契先生、彭漪涟先生和武汉大学张巨青先生学习的辩证逻辑。20世纪80年代初，中山大学哲学系逻辑教研室计划开设辩证逻辑课程，教研室主任林铭钧先生安排我到华东师范大学学习怎么开这门课。在一年的时间里，我有机会一边听冯契先生为研究生讲授辩证逻辑，一边听彭漪涟先生给本科生讲授辩证逻辑。自80年代初至90年代，有十多年的时间，张巨青先生给了我跟着他做研究的机会，参加了由他主持的辩证逻辑课题组、认知与方法课题组的研究工作。三位先生是研究辩证逻辑的大家，能得到他们的亲炙，我深感荣幸，也一直感受到激励和鞭策，使自己在学术研究中未敢懈怠。

近几年，我常会考虑辩证逻辑研究如何深入的问题。有了一些想法，写在这里。学术研究要深入，需要不断发现和提出问题。发现和提出问题不外两个途径：第一个途径是研究者在科学理论内部的研究中发现、提出问题；第二个途径是研究者通过专注于观察和思考某种现象发现、提出问题，将实践问题转化为理论问题。第一个途径自不待言，第二个研究途径需要更多注意生产实践和科学研究中的新现象、新材料，看看那些新现象、新材料对自己的研究领域有什么启示，从中能提出什么新问题。

近些年来，人工智能研究取得了令人瞩目的发展。人工智能是对人类智能的模拟，涉及感性认识、理性思维等认识阶段，人工智能研究对辩证逻辑研究会有什么影响，就是一个值得注意的问题。人工智能研究者朱会灿博士说，人工智能分为三个阶段，第一阶段是机器学习，第二阶段是机器智能，第三阶段是机器意识。现在已经进入机器智能阶段，但是还没有进入机器意识阶段，而机器没有意识也就没有灵性，也就没有达到强的或真正的人工智能。清华大学张钹院士说，现在说到人工智能胜过人类智能时，一般是讲五件事：一是深蓝打败了国际象棋冠军；二是 IBM 在美国电视知识竞赛中打败了两个前冠军；三是 2015 年微软 ImageNet 的图像识别，它的误识率略低于人类；四是百度、讯飞都宣布在单句中的中文语言识别上，识错率略低于人类；五是 AlphaGo 打败了围棋冠军。这五件事说明机器在一定范围内超过了人类。但是，这样的结果必须建立在合适的应用背景下，这个合适的应用背景指的是可以"照章办事"。同时，还要满足五个限制条件，一是要有丰富的数据和知识，二是确定性信息，三是完全信息，四是静态的，五是单任务和有限领域。照章办事不需要人的灵活性，显然这不是智能的核心。下象棋和下围棋是在确定、完全信息下的博弈，遵守确定的游戏规则，因而又是静态的、单任务的和有限领域的。知识竞赛也一样，因为知识竞赛提出的问题没有二义性，答案是确定并且唯一的。因此，目前的人工智能是没有理解的人工智能，没有理解，就还不是真正的人工智能。为了实现真正的人工智能，人工智能研究者已经开展了一系列工作，包括建立常识图谱，以帮助机器理解提出的问题，改善人机对话性能。建立准符号模型，用以模拟人类的感觉（由于人的感觉无法精确描述，因此只能使用准符号模型），等等。根据张钹的说法，从单领域到多领域和开放领域，从完全到不完全，从确定到不确定，走向有理解的真正人工智能任重道远，现在还只是刚刚出发，还在出发点附近。

从辩证逻辑角度看，人工智能对辩证逻辑的研究提出了一些新问题。比如，可不可以通过深度学习和模拟训练使机器学会辩证思维。如果可以，应该怎样设计学习和模拟的方案，做这方面的设计，辩证逻辑可以从哪里介入，能做些什么。又如，机器有了意识或理解之后，是不是可以通过自身学习掌握辩证思维。如果可以，机器学习辩证思维的机理是不是和人类一样。人类又是怎样通过自身学习掌握辩证思维的，这个问题已经弄清楚了吗，等等。关注这样一些问题，或许能为辩证逻辑开辟新的研究领域和前景。

辩证逻辑的研究，不仅应注意从新现象、新材料中提出问题，还应该注意运用已有的理论和方法解释新现象、新材料，从这些理论和方法是否管用的角度提出问题，这也应该成为辩证逻辑研究的一部分。我最近读了刘鹤的《两次全球大危机的比较研究》一文，文章对20世纪30年代大萧条和2008年国际金融危机做了比较研究，作者首先从人口结构不同、技术条件不同、发达国家经济和社会制度发生了进化、全球化程度不同、新兴国家崛起和全球经济格局不同这五个方面分析了两次大危机的区别点。然后，又从十个方面分析了两次危机的共同点：①两次危机的共同背景是都在重大的技术革命之后。②在危机爆发之前，都出现了前所未有的经济繁荣，危机发源地的政府都采取了极其放任自流的经济政策。③收入差距过大是危机的前兆。④在公共政策空间被挤压得很小的情况下，发达国家政府所采取的民粹主义政策通常是危机的推手。⑤大众的心理都处于极端的投机状态，不断提出使自己相信可以一夜暴富的理由。⑥两次危机都与货币政策相关联。⑦危机爆发后，决策者总是面临民粹主义、民族主义和经济问题政治意识形态化的三大挑战，市场力量不断挑战令人难以信服的政府政策，这使得危机形势更为糟糕。⑧危机的发展有特定的拓展模式，在它完成自我延伸的逻辑之前，不可轻言经济复苏。⑨危机只有发展到最困难的阶段，才有可能倒逼出有效的解决方案，这一解决方案往往是重大的理论创新。⑩危机具有强烈的再分配效应，它将推动大国实力的转移和国际经济秩序的重大变化。依据对两次危机的不同点和共同点的分析，文章提出了相应的政策思考。在文章一开头，作者介绍了这项研究的方法和基本逻辑。作者指出，这项研究运用的是历史比较方法，遵循的基本逻辑是历史周期律，认为历史重复自己有线性方式，也有非线性方式，有符合逻辑的精准变化规律，也有逻辑不清的意外变化，甚至还有无法解释的历史困惑。

这篇文章让我考虑了一个问题，文章运用的历史比较方法与辩证逻辑所说的逻辑与历史相结合的方法有什么关系，其分析过程有没有体现逻辑与历史相结合的方法。根据辩证逻辑，逻辑与历史相结合的方法有三个原则。即：应该以历史为依据进行逻辑分析；应该根据历史考察"现在"，又根据"现在"考察历史；应该在完全成熟、具有典型形式的发展点上研究对象。从刘鹤文章的内容和分析过程来看，说该文体现了这三个原则是大致不错的。不过，从中也可以看出，辩证逻辑在论述逻辑与历史相结合方法时，提出了运用这个方法的合理性原则，却忽略了如何运用这个方法的方法论细节，操作性是不够的，有必要补充完善。

依据新现象、新材料提出问题，在运用已有理论和方法解释新现象、新材料中提出问题，这是辩证逻辑研究的两个伸展点。依据新现象、新材料提出新问题，可以产生理论创新。用已有理论解释新现象、新材料，可以检验理论，或使理论得到新的确证，或促使考虑修正和更新理论。辩证逻辑研究在重视科学理论内部研究的同时，也应重视这方面的研究。

梁庆寅
2020 年 4 月于康乐园

# 目 录

第一章　辩证逻辑的对象：辩证思维 …………………………………… 1
　　第一节　思维发展的两个基本阶段 ………………………………… 1
　　第二节　思维辩证法与辩证思维 …………………………………… 5
　　第三节　辩证思维的历史发展 ……………………………………… 11
第二章　辩证逻辑的性质：理性的逻辑 ………………………………… 15
　　第一节　形式逻辑与非形式的逻辑 ………………………………… 15
　　第二节　形式逻辑与辩证逻辑 ……………………………………… 24
　　第三节　辩证法、认识论和逻辑 …………………………………… 30
第三章　判断论 …………………………………………………………… 33
　　第一节　辩证思维形式引言 ………………………………………… 33
　　第二节　判断的认识论分类 ………………………………………… 38
　　第三节　判断的形成 ………………………………………………… 48
　　第四节　判断的发展 ………………………………………………… 56
第四章　概念论 …………………………………………………………… 61
　　第一节　概念的认识论分类 ………………………………………… 61
　　第二节　概念的形成 ………………………………………………… 73
　　第三节　概念的发展 ………………………………………………… 80
第五章　科学理论论 ……………………………………………………… 86
　　第一节　科学理论的特征和功能 …………………………………… 86
　　第二节　科学理论的形成 …………………………………………… 95
　　第三节　科学理论的发展 …………………………………………… 111
第六章　辩证思维规律 …………………………………………………… 123
　　第一节　辩证思维规律概述 ………………………………………… 123
　　第二节　逻辑思维的基本矛盾 ……………………………………… 125
　　第三节　辩证思维的基本规律 ……………………………………… 131
第七章　分析－综合方法 ………………………………………………… 138
　　第一节　辩证思维方法引言 ………………………………………… 138

第二节　分析与综合概述 ·························· 141
　　第三节　分析－综合方法的根据 ···················· 151
　　第四节　运用分析－综合方法的合理性原则 ·········· 154

第八章　归纳－演绎方法 ································ 157
　　第一节　归纳与演绎概述 ·························· 157
　　第二节　归纳－演绎方法的根据 ···················· 167
　　第三节　运用归纳－演绎方法的合理性原则 ·········· 173

第九章　逻辑－历史方法 ································ 176
　　第一节　逻辑与历史概述 ·························· 176
　　第二节　逻辑－历史方法的根据 ···················· 182
　　第三节　运用逻辑－历史方法的合理性原则 ·········· 186

第十章　从抽象上升到具体的方法 ························ 190
　　第一节　抽象与具体概述 ·························· 190
　　第二节　从抽象上升到具体方法的实质 ·············· 192
　　第三节　运用从抽象上升到具体方法的合理性原则 ···· 202

第十一章　科学进步的目标：真理 ························ 206
　　第一节　真理是事物本质的反映 ···················· 208
　　第二节　逻辑真理与事实真理 ······················ 211
　　第三节　真理是反映世界总图景的理论体系 ·········· 220
　　第四节　真理是过程 ······························ 225

第十二章　辩证逻辑与真理 ······························ 228
　　第一节　辩证逻辑——科学最一般的方法论 ·········· 228
　　第二节　辩证逻辑——认识史的总计 ················ 247

主要参考文献 ·········································· 253

# 第一章

## 辩证逻辑的对象：辩证思维

辩证逻辑是关于思维的科学。思维有不同的阶段和形态，辩证逻辑是研究辩证思维这一思维形态的。那么，什么是辩证思维？讲述辩证逻辑，首先要考察这个问题。

## 第一节 思维发展的两个基本阶段

思维有广义和狭义之别。广义的思维是指全部精神意识现象，是相对于存在而言的。狭义的思维是指理性认识，是相对于感性认识而言的。我们这里讲的是狭义的思维。

思维又有动作思维和语言思维之分。借助于动作、以行动为支柱的叫动作思维。借助于词、以语言为支柱的叫语言思维。语言思维即逻辑思维。从人类思维史来看，在语言产生以前，是动作思维阶段。从个体智力发展史来看，未掌握语言的婴儿处在动作思维阶段。动作思维不是人类的专利，高等动物也有这种思维能力。语言产生以后，人们才能进行判断和推理，才有逻辑思维。动作思维是前思维阶段；有了逻辑思维，才开始了严格意义上的人类思维史。我们这里讲思维发展阶段，不是指动作思维和逻辑思维这两个阶段，而是指逻辑思维本身的发展阶段。

逻辑思维是个过程，其发展过程呈现为两个基本阶段，即知性（悟性）思维阶段和理性思维阶段。

在哲学史上，明确区分知性思维和理性思维并将这一思想系统化的是康德。他把人的认识分成感性认识、知性认识和理性认识三个环节。他说:"吾人一切知识始自感官进达知性而终于理性。"① 在他看来,"感性"管直观,"知性"管思维,"理性"的任务是把握绝对完满的知识、认识自在之物。他认为,运用先验的知性认识形式对零散的感性认识材料进行整理,就形成了有条理的、普遍性的知识。然而,知性认识仍然是关于现象的知识,它虽已具有普遍性,但还是有条件的、相对的。要获得关于自在之物的完满知识,必须诉诸理性。可是,理性给自己提出的任务理性本身却无法完成,因为理性环节没有相应的认识形式,还是要借助于知性认识形式。由于知性认识形式只在现象世界才有效,因而,要求知性形式超越现象领域去规定自在之物,认识就会陷入矛盾之中,引起一系列二律背反。据此,康德断言自在之物是不可认识的。可以看出,康德在区分知性思维和理性思维时,割裂了现象与本体的联系。不过,他认为知性认识是有条件的普遍知识,理性认识是完满的统一知识,并因此而区分知性思维和理性思维,这还是合理的。

黑格尔批判了康德割裂现象和本体的做法,但是,黑格尔同样主张区分知性思维与理性思维。他说:"当我们说到思维一般或确切点说概念时,我们心目中平常总以为只是指知性的活动。诚然,思维无疑地首先是知性的思维。但思想并不仅是老停滞在知性的阶段"②,"抽象的理智思维并不是坚定不移、究竟至极的东西,而是在不断地表明自己扬弃自己和自己过渡到自己的反面的过程中"③。就是说,知性思维是在不断地扬弃自己过渡到理性思维中。黑格尔认为,在知性思维阶段,只能把握事物片面的特性或规定,还不能把握各种规定之间的关系,知性所建立的普遍性是抽象的普遍性。理性思维则克服了片面性、孤立性,把握了各种规定之间的联系。因而,知性思维是抽象的思维,理性思维是辩证的思维。

德国古典哲学中区分知性思维和理性思维的思想,得到马克思主义经典作家的肯定。恩格斯指出:"悟性和理性。黑格尔所规定的这个区别——依据这个区别,只有辩证的思维才是合理的——是有一定的意思的。"④ 马克思则把思维的这两个阶段描述为思维发展的两段路程,知性

---

① 康德:《纯粹理性批判》,生活·读书·新知三联书店1957年版,第245页。
② 黑格尔:《小逻辑》,商务印书馆1980年版,第172页。
③ 黑格尔:《小逻辑》,商务印书馆1980年版,第184页。
④ 《马克思恩格斯选集》第3卷,人民出版社1972年版,第545页。

思维是第一条道路,理性思维是第二条道路。"在第一条道路上,完整的表象蒸发为抽象的规定;在第二条道路上,抽象的规定在思维行程中导致具体的再现。"① 这两条道路,通常称为"由具体到抽象"和"从抽象上升到具体"。

根据几位哲学大师的思想,思维发展的两个阶段可以表示成这样:

$$感性具体 \xrightarrow[\substack{(知性思维阶段)\\ 抽象思维}]{(从具体到抽象)} 抽象的规定 \xrightarrow[\substack{(理性思维阶段)\\ 辩证思维}]{(从抽象上升到具体)} 思维具体$$

必须指出,思维分成这样两个阶段,并不取决于哲学家的断言,而是思维在其行程中客观存在这样两个阶段或形态。知性思维与理性思维的不同特征,充分表明了它们成为思维发展两个不同阶段的客观必然性。

人们认识世界的初始活动是通过感官观察世界,在这个感性认识阶段,认识主体与客体有着最直接的联系,但是这种直接联系并没有使人们最接近地认识世界的本来面貌,因为感性认识只是对客观事物外部现象的反映,获得的是一些零碎的感觉经验。要认识世界的本来面貌,必须揭示事物的本质。但是,本质是看不见的,对于揭示事物的本质,感性认识活动无能为力,而必须通过思维的抽象活动去完成。这就决定了在认识过程中必然产生一个以思维抽象为特征的知性思维阶段。

知性思维的任务是把零碎的感觉经验整理成有条理的、普遍性的认识,把偶然的认识整理成必然性的知识,从而揭示事物的本质。对感性认识材料进行逻辑加工是思维抽象活动,思维抽象的实质是运用比较、分类的方法从个别的感性具体中找出它们的共同性。找到共同性也就形成了概念,也就超越了个别性、偶然性的认识,使认识获得了普遍必然性,深入到了事物的本质。

既然在知性思维阶段已经涉及了事物的本质,认识不是可以就此结束了吗?为什么说思维还有一个理性阶段?要说明这个问题,须先看看知性思维是怎样对感性认识材料进行抽象的。下面以"商品"概念的形成为例。

---

① 《马克思恩格斯选集》第2卷,人民出版社1972年版,第103页。

一个人要卖掉手中的粮食或工艺品，必须待别人付钱才会卖，而家中清理出来的垃圾却随手倒掉，不会等有人付钱才倒掉。这是为什么？运用比较的方法发现，粮食和工艺品是"有用的物品"，而垃圾是"无用之物"。这样，人们就抽象出了商品的一种共同性，把有用的物品归于一类，得出了"商品是有用的物品"的认识。

但是，自然界的阳光、空气也是有用的，为什么不用付钱却可以得到呢？再把空气、阳光与粮食、工艺品进行比较，又发现，要付钱才可得到的东西都是劳动产品，而空气和阳光不是劳动产品。于是，又把劳动产品归于一类，得出了"商品是劳动产品"的认识。

然而，同样是劳动产品（比如粮食），别人拿须付钱，自己吃却不用付钱，这又是为什么？再经比较得知，自己吃不发生交换，别人付钱取物则发生了交换。于是，又把"用以交换的物品"归于一类，得出了"商品是用以交换的物品"的认识。

把这几次抽象的结果归纳在一起，就有了"商品是有用的、是用以交换的劳动产品"的认识，"商品"概念就形成了。

知性思维大致就是这样对感性认识材料进行逻辑加工整理的。应当承认，"商品是有用的""商品是劳动产品""商品是用以交换的物品"，这每一次抽象，都揭示了商品这一事物的某种本质。那么，为什么不能说认识可以至此结束呢？原因也正在于知性思维"抽象"的性质。对象的各个环节、各种属性本来是联系在一起的，知性思维却把它们分割开来考察，分别地、孤立地抽象出一种种属性，做出一个个抽象的规定。因而，知性思维虽然涉及了事物的本质，但仍然不能反映事物的本来面貌。认识事物的本来面貌，最终要求对事物的本质联系给予正确反映，这就必须在思维中把对象的各个环节、各个方面联系起来，形成统一的知识。对此，知性思维不能胜任，只有待思维发展到理性思维阶段才能完成。

理性思维的特征是在思维中再现感性具体，以理论体系的形式反映对象各种规定之间的联系。因此，理性思维克服了知性思维的片面性，在全体上把握了对象的本质。认识发展到这个阶段，才最接近地反映了世界的本来面貌。理性思维再现感性具体，既不是把客观事物的原型移入大脑中，也不是把知性思维的每一次抽象的结果简单相加。例如，"商品是有用的、是用以交换的劳动产品"这一认识，虽然已经把几次抽象的结果归纳在一起，但仍然不是理性思维的认识。理性思维揭示的不是各种抽象规定之间的加和关系，而是它们之间对立统一的联系。仍以"商品"概念为例，理性思维是从商品的使用价值与价值的对立统一关系、商品二重性与劳动二重性的联系、商品与货币的对立以及在交换过程中这种矛盾的解决等各个环节、各个方面的联系中把握"商品"这个概念的。显然，如此这般地再现感性具体，不是孤立使用概念所能做到的，而必须形成关于对象的理论性认识。这正是理性思维与知性思维的质的区别。

上述表明，知性思维和理性思维是思维发展过程中必然出现的两个阶段或形态。为了认识对象，不得不先把完整的对象割碎，否则就不能认识对象。这使知性思维成为一个必然阶段，同时也决定了知性思维具有抽象同一性、抽象普遍性的特征，带有这种局限性。要完整地认识对象，就必须在头脑中以逻辑形式再现对象的各个方面的联系，这又使理性思维成为一个必然阶段，同时也决定了理性思维具有具体同一性、具体普遍性的特征。理性思维的特征，实际上表现了理性思维的辩证本性，因此，理性思维本质上是辩证的思维。所以说，辩证思维不是某一哲学派别出于自己的哲学立场而做出的主观解释，它是客观存在、必然出现的一种思维形态和阶段。

## 第二节　思维辩证法与辩证思维

什么是思维辩证法？思维辩证法等同于辩证思维吗？如果不等同，那么它们之间具有怎样的关系？弄清楚这些问题，是考察辩证思维的一个重要方面。

辩证唯物论认为，思维是对存在的反映。思维之所以能够反映存在，是因为"我们主观的思维和客观世界服从于同样的规律"，即都服从于辩证法的规律。但是，辩证法规律在思维中，并不像它在自然界中那样纯粹以客观方式表现出来，而是以客观的和主观的两种方式表现于思维中。客观方式是指，在思维中，辩证法强制地、必然地表现出来而不以人的意志为转移。不管人们是否意识到、是否承认，辩证法在思维中都是客观存在的。主观方式是指，辩证法反映到思维中，面临人的主观意愿的选择，或被意识到或不被意识到,或被接受或被拒斥。辩证法被认识到并接受下来,就转化为一种主观认识方式。辩证法规律以客观方式表现于思维中,形成了思维的客观辩证法,即思维辩证法。思维辩证法是和自然辩证法、历史辩证法具有同位意义的。辩证法规律以主观方式表现于思维中,则形成了思维的主观辩证法,即辩证思维。这时,辩证思维是以主观认识方式出现的,与知性思维的认识方式相区别。思维辩证法与辩证思维的不同,具体表现在三个方面。

**1. 思维辩证法渗透在所有思维形式中,但并非运用思维形式就是辩证思维**

思维的基本形式是概念、判断和推理,这些思维形式都内含着矛盾。思维形式的矛盾本性充分表明辩证法是逻辑思维所固有的。

先看概念。概念包含着主观性和客观性的矛盾、抽象性与具体性的矛盾、普遍性与单一性的矛盾、确定性与灵活性的矛盾,等等。我们选择概念的主观性与客观性的矛盾,说明概念的矛盾本性。列宁指出:"人的概念就其抽象性、隔离性来说是主观的,可是就整体、过程、总和、趋势、源泉来说却是客观的。"[①] 任何一个概念都是人脑对感觉材料进行抽象的结果;而一经抽象,就把客观对象割碎了。因而,概念总是带有抽象性以及因抽象性所造成的隔离性。概念的抽象性和隔离性来源于主体对客体的主观加工,所以就其抽象性和隔离性来说,概念具有主观性。但是,概念是对不依赖于主体的客观对象的反映,概念发展的趋势是日益深刻、日益全面地反映客观对象的本质,所以从源泉和趋势上说,概念又具有客观性。

再看判断。恩格斯在《自然辩证法》中谈道:"同一性自身包含着差异性,这一事实在每一个命题中都表现出来,在这里述语是必须和主语不同的。百合花是一种植物,玫瑰花是红的,这里不论是在主语中或是在述语中,总有点什么东西是述语或主语所包括不了的。"[②] 列宁在《谈谈辩证法问题》中指出,任何一个简单命题,如"树叶是绿的""伊万是人",已经包含了个别与一般、现象与本质、偶然与必然的辩证法。恩格斯和列宁的论述表明,判断包含着同一与差异、个别与一般、现象与本质、偶然

---

① 列宁:《哲学笔记》,人民出版社1974年版,第223页。
② 《马克思恩格斯选集》第3卷,人民出版社1972年版,第537页。

与必然的矛盾。他们都是从主、宾词的关系方面论述这些矛盾的。我们选择判断包含的同一与差异的矛盾,以"百合花是植物"为例,对判断的矛盾本性做简要说明。"百合花是植物"这一判断中,"百合花"是主词,"植物"是宾词。一方面,"百合花"与"植物"是同一的,"百合花"是"植物"的子类,包含于"植物"之中,它们具有同一性。另一方面,"百合花"与"植物"又存在差异,"百合花"是个别,"植物"是一般,个别比一般的属性要丰富,一般不能完全地包括个别,它们又具有差异性。

与概念、判断一样,推理也包含着矛盾。推理是个别、特殊和一般的对立统一,推理又是连续性与间断性的对立统一。我们选择推理所包含的连续性与间断性的矛盾,说明推理的矛盾本性。1895年,英国数学家、逻辑学家道奇森用刘易斯·卡罗尔这个笔名在《心灵》杂志上发表了一篇题为《乌龟对阿基里斯说了些什么》的文章。在这篇文章中,卡罗尔以芝诺提出的"阿基里斯追不上乌龟"为比喻,揭露了推理的连续性与间断性的矛盾。设有三段论:

凡人皆有死, ①
苏格拉底是人, ②
所以,苏格拉底有死。 ⊗

卡罗尔写道,在阿基里斯看来,像这样的推论毫无问题。但乌龟不以为然,乌龟认为仅靠①和②两个前提推不出结论⊗,还必须加上作为推理依据的"根据的知识"(令为③)。一个三段论总包含三种知识,即:作为前提的"基本知识"、作为结论的"推出知识"和作为推论依据的"根据的知识"(指前提与结论之间的联系)。因此,从①②推论⊗,要求①②与⊗有逻辑联系,这就必须加上③。这样,推理式就成为:①∧②∧③→⊗,意即:如果①并且②并且③,那么⊗。但是,加上③以后立刻又碰到同样的问题,仅靠①②③仍推不出⊗,还要加上作为①②③与⊗之间必然联系的"根据的知识"④,于是有①∧②∧③∧④→⊗。然而问题如故,还要加上⑤、⑥、⑦……,如此无穷递进,表明永远不能推出结论。可见,推理既是连续的,又是间断的。前提与结论之间有蕴涵的连续性,但要得出结论又必须打断这个连续性(用"所以"打断"蕴涵")。

思维活动是运用概念、做出判断、进行推理的过程。现在知道各种思维形式中都固有辩证法,那么是否意味着只要使用思维形式去思维,就是进行辩证思维呢？这却不然。有了思维辩证法不等于就有了辩证思维，思维形式中固有辩证法并不能为辩证思维提供天然的保证。由于辩证法是思维形式所固有的，因此，可以说一经运用思维形式进行思维活动，就客观上遵循着思维辩证法，但不能据此说每个人的每一个思维活动都是辩证思维。一个人说"马是动物"，该判断中固然包含着同一与差异、个别与一般等矛盾，但是，做出这类判断并不一定通过辩证思维，知性思维即可解决。即使一个人说出"资本既在流通中产生又不在流通中产生"这样的话，也未必是辩证思维，如果他并不理解这句话表达的辩证思想，只是人云亦云，怎能说他达到了辩证思维呢？衡量一个人是否在辩证思维，关键不在于他是否表述了具有辩证内容的命题，而在于他是否意识到辩证法的规律，是否自觉按照辩证思维规律进行思维。我们的这一观点可以援引科学史的一个案例作为佐证：在科学史上，至少有三个人可以对"氧"的发现权提出要求，一位是瑞典药剂师舍勒，一位是英国科学家兼牧师普利斯特列，再一位就是拉瓦锡。可是，由于受形而上学思维方法的束缚，舍勒和普利斯特列墨守陈旧的"燃素说"，结果他们虽然提取到了氧，却仍然解释为燃素空气。而拉瓦锡在发现氧之前，就已深信燃素说不对头，他意识到燃烧的物体也吸收了大气中的一种什么东西。由于他摆脱了燃素说的束缚，在1775年发现氧以后，做出了科学解释。科学史公正地把氧的发现权给了拉瓦锡。科学史家指出，如果不能对氧的本质给予科学解释也算发现了氧的话，那么，任何一个曾经拿着空瓶子装过空气的人都可算发现氧了。同样道理，如果没有意识到辩证法、没有自觉遵循辩证思维规律的思维活动也算辩证思维的话，那么，任何人运用思维形式进行思维也都是辩证思维了。这显然不能成立。

人的思维活动，不仅以客观存在为物质基础，还要以人脑和语言为物质基础。由于脑器官和语言的参与，使人们对辩证法规律的认识和运用带有一定的主观任意性。但是，这不意味着辩证思维是任意的，也不是说我们无法客观衡量某一思维活动是否为辩证思维。我们说辩证思维是对辩证法规律的自觉意识和运用，对于"怎样才是自觉意识和运用辩证法规律"，是可以提出客观的评价标准的。这里需要先交代两点：第一，评价思维活动是否辩证思维，不能以思维主体做出的个别判断为依据，应考察他的系统论述。第二，辩证思维虽然也体现于日常生活中，但评价思维活动是否辩证思维，主要应考察思维主体在科学认识活动中的思维情状。这样，看一个思维活动是否自觉运用辩证法规律，或者说，看一个思维过程是不是辩证的思维，可以主要根据三个标准进行评价：①对思维对象的考察是否矛盾分析；②对思维对象的描述是否动态描述；③是否形成了关于思维对象的科学理论，对对象的多种规定是否做出了综合反映。这些标准未必完善，但可以说是基本的。如果一个思维过程具有矛盾互补性、动态整体性，它就是辩证的思维。例如，《资本论》的逻辑被公认为辩证思维的典范，就在于马克思通过矛盾分析考察资本主义社会这个对象，把资本主义社会看作过程给以动态描述，以"商品"为出发范畴，遵循思维由抽象上升到具体的行程展开《资本论》的范畴体系，从而建立了科学理论，对资本主义这一社会现象达到了多样性统一的认识。

**2. 思维辩证法贯穿于思维发展的各个阶段，辩证思维则只存在于一定的思维阶段**

思维辩证法既然为普通逻辑思维所固有，因此，在知性思维阶段和理性思维阶段都包含着思维辩证法。但是，只有理性思维才是辩证思维阶段。这表明，思维辩证法和辩证思维对思维阶段的涵盖范围是不同的。这一点我们在第一节已经论证，这里不再赘述。

**3. 思维辩证法与人类思维史同步发生，而辩证思维只对于较高发展阶段的人才成为可能**

恩格斯指出："辩证的思维——正因为它是以概念本性的研究为前提——只对于人才是可能的，并且只对于较高发展阶段上的人（佛教徒和希腊人）才是可能的，而其充分的发展还晚得多，在现代哲学中才达到。"① 这就是说，辩证思维是人类思维经过漫长的发展，经过一段遥远的路程，达到较高阶段才成为可能的。辩证思维以对概念本性的研究、对逻辑范畴的研究为前提，这种研究能力只有发展到较高阶段的人才可能具备。人类能够揭示概念的本性，能够概括出逻辑范畴，这需要自然科学和哲学发展到相应的水准。科学史和哲学史表明，这种水准，直到古希腊的哲人泰勒斯、赫拉克利特、亚里士多德的时代才能达到。

思维辩证法则不然。由于在普通逻辑思维中已固有辩证法，因而可以说有了逻辑思维就有了思维辩证法。列宁发挥黑格尔的一个思想，把思维

---

① 《马克思恩格斯选集》第3卷，人民出版社1972年版，第545页。

辩证法的历史发展分为三个基本阶段，即普通的表象、辩者的机智、思维的理性这三个阶段。普通表象、常识的见解也见到了上和下、左和右、父与子等许多平凡的对立面，然而，讲对立不等于认识了矛盾。普通表象固然处处以矛盾为自己的内容，但是在这个阶段，人们对于矛盾只能是"外在的反思"，不可能意识到矛盾。在辩者的机智阶段，古希腊和古代中国的一批智者，如芝诺、庄子、惠施等，他们或者在一般人仅见到运动的地方见到了静止，或者在常人仅见到静止的地方见到了运动，从而揭露了运动与静止、连续性与间断性、无限与有限的矛盾。但是，辩者虽然表达了矛盾，却并不懂得矛盾是事物及其概念的本质，还未获得"表现事物及其关系的概念"。例如芝诺，他的"二分说"等命题虽然揭露了运动中有静止、无限由有限构成，但他论证的目的是要说明运动是不可能的，实际上是用静止描述了运动。只是到了思维的理性阶段，人们对于对象的认识，从表象的差别达到本质的差别，这才标志着人们开始真正意识到矛盾，才有了辩证的思维。从思维发展的自然历史来看，思维辩证法与辩证思维不是同步的。

思维辩证法与辩证思维有区别，绝不意味着它们互不关联。在恩格斯看来，辩证思维是以对概念辩证本性的研究为前提的。他说："所谓主观辩证法，即辩证的思维，不过是自然界中到处盛行的对立中的运动的反映而已。"[①] 这表明，辩证思维与思维辩证法之间有密切关系。这种联系可以归纳为：辩证思维是客观辩证法（含思维辩证法）的反映，是通过研究概念辩证法（即思维辩证法）概括出来的。辩证思维是客观对象辩证本性在头脑中的再现，而客观对象的辩证本性是通过概念、判断和推理这些思维形式来表达的，因此，辩证思维要再现客观对象的辩证本性，必须研究思维形式的内在矛盾及思维形式的运动发展。概言之，辩证思维必须以思维辩证法为前提。另一方面，思维辩证法是反映客观对象的辩证法，但是，只有经过辩证思维的揭发，思维辩证法才能成为被理解的东西，进而，客观对象的辩证本性才能在思维中再现。

---

① 《马克思恩格斯选集》第3卷，人民出版社1972年版，第534页。

## 第三节 辩证思维的历史发展

逻辑思维是历史的发展的,辩证思维作为逻辑思维的一个阶段和形态也是历史的发展的。辩证思维历史发展的一般情形是怎样的?我们曾援引恩格斯的一段话,辩证思维只对于较高发展阶段上的人(佛教徒和希腊人)才是可能的,而其充分发展还晚得多,在现代哲学中才达到。这段话概括了辩证思维的发展线索。具体地说,辩证思维至今经历了三个主要的发展阶段。

**1. 朴素的辩证思维**

这是辩证思维的初始形态,它发生在古希腊时期,以天然纯朴的形式出现,把自然界作为一个整体看待,反映、描述了自然界互相联系、变化发展的总画面。但是,由于朴素辩证思维只能以直观方式和天才的猜测方式去说明世界,还不能做出精确的观察和严密的证明,因而,它虽然正确地把握了现象的总画面的一般性质,却不足以说明构成这幅总画面的各个细节。这使朴素辩证思维后来不得不让位于形而上学的思维方式,辩证思维"命中注定"要到近代哲学中才能得到充分发展。

**2. 近代唯心主义辩证思维**

辩证思维在近代的充分发展是以黑格尔《逻辑学》的发表为标志的(1812—1816年)。因此,也可称之为黑格尔的辩证思维。恩格斯指出:黑格尔最大的功绩,就是恢复了辩证法这一最高的思维形式,是黑格尔第一次"把整个自然的、历史的和精神的世界描写为一个过程,即把它描写为处在不断的运动、变化、转变和发展中,并企图揭示这种运动和发展的内在联系"。① 黑格尔在《逻辑学》中,详细论述了辩证思维的方法和规律以及思维形式的转化和发展,使辩证思维获得了理论形态。但是,黑格尔是从唯心主义的哲学立场阐述辩证思维的,论述中不乏神秘主义色彩,这使辩证思维在黑格尔那里成为一个被扭曲的畸形儿。

---

① 《马克思恩格斯选集》第3卷,人民出版社1972年版,第63页。

### 3. 马克思时代的唯物主义辩证思维

马克思和恩格斯把辩证思维重新置于唯物主义基础之上，从此，辩证思维取得了科学形态，辩证逻辑成为科学。马克思主义哲学把实践引入认识论，使认识论和逻辑发生了伟大的深刻变革。马克思主义的经典作家，在《反杜林论》《自然辩证法》《哲学笔记》中，具体论述了概念的辩证法以及辩证思维的性质、规律和方法论。列宁的《帝国主义论》、毛泽东的《论持久战》，特别是马克思的巨著《资本论》，则提供了辩证思维的光辉典范。

至此，我们还只是单线条地（即仅就辩证思维本身）讲述辩证思维的历史发展。然而，思维是存在的反映，人的智力是按照人如何学会改造自然而发展的。仅就辩证思维自身来看，不足以揭示辩证思维的发展过程，不能说明辩证思维发展的动力。有资料表明，100万年前北京猿人的脑容量是1059毫升，现代人的平均脑容量是1400毫升，现代人的思维能力远远高于北京猿人，可以从脑容量上的差别得到解释。但是，几千年前的人与现代人的脑容量几乎没有区别，脑器官也没有什么变化，为什么现代人的思维能力却是几千年前的人所不能比的呢？一个根本原因就是社会历史和实践的发展。因此，对于辩证思维的历史发展还必须放到人类思维与自然界的交互作用中去考察。

从思维对于自然界的作用这方面看，人的思维指导实践活动，不断地把自在之物改造成为我之物，也即不断地创造人化的自然。例如，人造风景区、被人控制的河流、工农业产品等都是人化的自然。马克思在《1844年经济学哲学手稿》中说，人的劳动生产与动物的不同，动物也有生产，也能进行塑造活动。但是，动物只是按照它所属的那个物种的尺度和需要去生产。比如蜜蜂造巢、海狸造窝、蜘蛛结网等，都是依照它们族类的尺度进行的，这种尺度是本能的、片面的。人的劳动生产却不同，人能普遍地生产，懂得按任何物种的尺度去生产。例如，按照某种动物的生长规律去饲养、按照某种植物的生长规律去种植，等等。并且，人在生产劳动中，还把人本身的、内在的、固有的尺度应用于劳动的对象上，也就是人在生产中既要实现功利目的，又要按照美的规律去塑造。例如，种庄稼时，既考虑增产，又种得很整齐，使之成为可欣赏的对象。人类劳动是有意识、有目的、有组织的社会活动，它的结果总是按照人的要求改造自然。实践水平的高低,受科学技术水平的制约,而科学技术能达到什么样的水平,是取决于人的智力发展水平的。所以,从思维对于自然界的作用上说,思维能力越发展,越能创造出具有更大使用价值、更美的人化的自然。这是思维与自然界交互作用的一个方面。

另一方面,人们按照美的规律创造了人化的自然以后,这种人化的自然反过来又促进了人的感觉能力和思维能力的发展。马克思说:"人的感觉、感觉的人类性——都只是由于相应的对象的存在,由于存在着人化了的自然界,才产生起来的。"① 他又说:"艺术对象创造出懂得艺术和能够欣赏美的大众——任何其他产品也都是这样。因此,生产不仅为主体生产对象,而且也为对象生产主体。"② 例如,造型艺术培养了能欣赏它的眼睛,交响乐培养了能欣赏它的耳朵。从生理结构上看,人的某些器官还不如某些动物的器官,人的耳朵不能接收超声波,比不上蝙蝠;人的嗅觉比不上狗;等等。但是,人的感官具有审美能力。随着人类改造自然、创造人化的自然的活动的不断扩大和深入,人的感觉能力将随之不断提高和完善。

与感觉器官、感觉能力一样,人的思维器官、思维能力也凭借人类改造自然的活动而发展。辩证思维的发展情况也是如此。辩证思维之所以只能在人的较高发展阶段上产生、只能在近现代才得到充分发展,正是与人类改造自然的水平相关的。理论思维的成果是科学技术,作为主体的创造和发明,科学技术也是人化的自然。反过来,科学技术的水平又成为辩证思维发展的制约因素。在古希腊时期,科学刚刚开始从哲学母腹中分化出来,虽然数学、天文学、生物学、物理学、矿物学已取得了那个时代的辉煌成就,但毕竟还处于幼稚阶段,还不能提供精密的观察仪器和研究手段,因此,辩证思维在当时只能是朴素的。而到了黑格尔、马克思生活的时代,人类已创造了近代自然科学,自然科学已经经历了几百年的长足发展。这期间,人们分门别类研究自然界的各个部分和细节,使得静态分析的知性思维得到充分发展,为进一步认识自然界准备了基本条件。随后,自然科学完成了从哥白尼到开普勒的天文学革命、从伽利略到牛顿的力学革命以及拉瓦锡的化学革命,继而细胞学说、能量守恒转化定律和达尔文

---

① 马克思:《1844 年经济学哲学手稿》,人民出版社 1979 年版,第 79 页。
② 《马克思恩格斯选集》第 2 卷,人民出版社 1972 年版,第 95 页。

进化论相继问世，终于使自然界的相互联系和变化发展得到了科学实验的经验证明。这些人化的自然成果反射到思维上，就决定辩证思维得到了前所未有的充分发展，并在黑格尔、马克思那里取得了系统化的理论形态。

以上对辩证思维的考察，还称不上尽详尽细，但已经可以大致说明：

第一，从知性思维和理性思维两个阶段来看，辩证思维对应理性思维，因而是一个客观的思维阶段和形态。或许，有人不赞成康德关于感性认识、知性认识和理性认识的划分，而是把认识过程看作感性认识和理性认识两个阶段。但即使这样，辩证思维作为一种客观形态仍然可以得到澄清，因为在作为相对于感性认识而言的理性认识中，客观上仍存在两种不同的思维方式和过程，一种是静态分析的思维方式，另一种是反映对象多样性统一的动态整体的思维方式，而后者即是辩证的思维。

第二，辩证思维是具有如下特征的思维：它是"自然界中到处盛行的对立中的运动"的反映，即客观辩证法的反映，是反映对象内在矛盾的互补性思维，是反映对象转化、发展的动态思维，是把握对象多种规定综合的整体性思维。概言之，辩证思维是具体思维，它是对形而上学思维的否定，是对形式逻辑思维（知性思维）的超越。

辩证思维自身的性质决定了，以它为研究对象建立的逻辑科学，不会是其他的逻辑形态，只能是一种辩证的逻辑。辩证思维作为一种思维形态，有其独具的思维规律和思维方法。辩证思维的规律和方法是从思维形式的运动发展中概括出来的，思维形式的运动发展表现为思维的运动形式。因而，对于辩证逻辑，一般可以这样定义：辩证逻辑是研究思维的运动形式及其规律的科学。思维的运动形式就是辩证思维的形式，思维运动的规律就是辩证思维的规律，因而也可以说，辩证逻辑是研究辩证思维的形式及其规律的科学。

# 第二章

## 辩证逻辑的性质：理性的逻辑

逻辑的类型不是单一的，逻辑的理论不是一成不变的。与其他任何科学一样，逻辑是历史发展的科学，在发展过程中，逻辑不断地改变着形态，发展出不同的种类和分支。这一章我们就来探讨，在逻辑科学之林中，辩证逻辑是一种什么样的逻辑。

## 第一节 形式逻辑与非形式的逻辑

按照传统观念，逻辑都是形式的，"逻辑"与"形式逻辑"是同义语。例如，英国逻辑学家凯恩斯说："逻辑一定是形式的，或者至少是非实质的。"美国逻辑学家丘奇说，"我们研究的对象是逻辑"，"它也可以称为形式逻辑"。

一般认为，形式逻辑是由古希腊的亚里士多德始创的。但是，亚里士多德本人并没有以"形式逻辑"命名他的逻辑。把亚里士多德所创立的逻辑类型称为形式逻辑，始出康德的《纯粹理性批判》一书。在该书中，康德用（而且是更多使用）"普通逻辑"指称亚里士多德的逻辑。他认为，普通逻辑所揭示的只是思维的形式，而不是素材。它撇开了认识的一切内容。大概就是基于这种认识，他称亚里士多德的逻辑是形式逻辑。可是，康德没有说明什么是"形式"，也没有说明亚里士多德怎样研究了形式。对此，德国逻辑史家亨利希·肖尔兹解释得比较清楚。他说："我们先应说明，一般的形式是什么，特殊的完善的形式又是什么。按照亚里士多德的办法，我们可以把任何一个能断定为真或假的命题的成分，分为两类。第一类成分被看作是固定的和不变的；第二类成分被看作是可变的。我们根据亚里士多德的办法，把后一类成分用字母表示，我们把这些字母解释为变项,即作为可以填进一些什么东西的空位的符号来对待的,但暂时不用管填进了什么。一般的形式可看作是至少含有一个变项的表达式,当事实上我们用某种东西代替这个变项时,它就变成或真或假的命题。完善的形式可看作是当我们用一些合适的变项来代替了所有我们看作是可变的成分时,从一个命题得出的表达式。"① 那么,亚里士多德研究了什么样的形式,他又是怎样研究那些形式的?按照亚里士多德的做法,对于下列命题:

所有葡萄树都是阔叶植物。
每个人都是有智慧的。
任何鸟都是有翼的。

可以确认它们有相同的形式,即:

所有……都是……

可以看出,命题含有两种成分,一种成分是固定不变的,如"所有""都是";另一种成分是可变的,这是指"空位"部分,亚里士多德通过在空位上填写字母的办法表示命题的可变成分。这样,上述命题形式就成为:

所有 $S$ 都是 $P$

现在我们把命题的不变成分称为逻辑常项,把代表命题可变成分的字母称为变项。按照肖尔兹的说明,"所有 $S$ 都是 $P$"属于完善的形式,因为它所有可变部分都用字母变项填充了。可见,亚里士多德研究的是完善的形式。但是,亚里士多德并没有研究这类形式的全部,他研究命题形式是为了解决推论的有效性问题,因而他只是研究了与此有关的、可以从中定出推理规则的完善形式。他研究这类形式时,关心的是"以某种形式的命题为前提,可以有效地推出何种形式的命题为结论"。例如,如果断

---

① 肖尔兹:《简明逻辑史》,商务印书馆1977年版,第8页。

定了"所有 $M$ 是 $P$"并且"所有 $S$ 是 $M$",就能必然得出"所有 $S$ 是 $P$"的结论。亚里士多德就是这样研究形式的。据此,肖尔兹说:"亚里士多德的逻辑,或者确切地说,由亚里士多德奠定基础的逻辑,就其仅仅涉及形式,或更严格地说,仅仅涉及完善的形式来说,是一种形式逻辑。"① 肖尔兹的这一解释,得到了大多数逻辑学家的首肯。

既然提出形式逻辑,是不是还有非形式的逻辑?回答是肯定的。那种认为凡逻辑都是形式逻辑的观点,只有作为逻辑的狭义解释时才正确。亚里士多德创立的形式逻辑只是逻辑的第一种类型。逻辑还有第二种类型,一般的就可以叫作非形式的逻辑。肖尔兹指出:"a)我们把'科学论'的概念作为形式的和非形式的逻辑的上位概念,其定义是:最广义的获得科学认识的工具的理论。b)形式逻辑同科学论的一部分相符合。科学论的这部分是用公式表达推理规则的,而推理规则是为了建立任何一门科学所需的,这里包括着为了严格表达这些规则所需要的一切。c)最后我们把非形式的逻辑理解为属于科学论的整个余下的部分。这就是说,归属于科学论而又同形式逻辑不同的逻辑。"② 那么,非形式的逻辑到底是科学论所余下的哪一部分呢?德国逻辑学家泰奥多尔·齐亨的一段话可以看作是对这个问题的说明。齐亨说:"在古代逻辑中固然也时常谈到'方法'、'方法论',但人们最多只限于讨论一些一般命题。穆勒第一次做了科学的方法论的详细的陈述,并且详尽地考虑了各种科学,自然科学与人文科学,可能引起不少矛盾,但逻辑也总之很正确地有了一个新的广阔的工作园地。"③ 概括一下肖尔兹和齐亨的话是必要的,从中可以得到三点认识。

第一,逻辑有狭义的逻辑和广义的逻辑。狭义的逻辑是指形式逻辑,广义的逻辑既包括形式逻辑又包括非形式的逻辑。

第二,形式逻辑是逻辑的第一种类型,它对应科学论中的推理规则那一部分。

第三,非形式的逻辑是逻辑的第二种类型,它对应科学论中的方法论那一部分。因而,非形式的逻辑就是方法论的逻辑,它后来的发展形态也就是科学认识的方法论。

---

① 肖尔兹:《简明逻辑史》,商务印书馆1977年版,第9页。
② 肖尔兹:《简明逻辑史》,商务印书馆1977年版,第19—20页。
③ 王宪钧:《逻辑史选译》,生活·读书·新知三联书店1961年版,第110页。

当然，逻辑学家们对逻辑类型的提法不尽相同，例如波兰逻辑学家波亨斯基提出了"一般逻辑"的概念。一般逻辑包括：A. 纯逻辑（命题逻辑、谓词逻辑）；B. 一般应用逻辑（逻辑指号学、一般方法论）。很明显，波亨斯基的一般逻辑是更为宽泛的广义逻辑，但他同样承认方法论是逻辑的一种类型。其实，只要尊重逻辑史，就一定会得出如同肖尔兹、齐亨、波亨斯基那样的结论。

恩格斯指出："每一时代的理论思维，从而我们时代的理论思维，都是一种历史的产物，在不同的时代具有非常不同的形式，并因而具有非常不同的内容。因此，关于思维的科学，和其他任何科学一样，是一种历史的科学，关于人的思维的历史发展的科学。"[①] 正如恩格斯所说的那样，自亚里士多德创立形式逻辑以来，两千多年中，逻辑一直是向前发展的。康德在《纯粹理性批判》一书中曾断言"逻辑已不能再前进一步"，不过是一种武断。

纵观逻辑发展的历史，逻辑科学是沿着两个方向发展的，呈现出两条发展链。

一个方向是，形式逻辑走向形式化、数学化，可称为形式逻辑自身深化的方向。波兰逻辑学家卢卡西维茨指出："形式逻辑（formal logic）与形式化的逻辑（formalistic logic）是不同的两件事。"[②] 传统形式逻辑固然是研究形式的，并且使用了一些符号，但总体来讲还是用自然语言加以描述的。而形式化的逻辑在总体上是用人工的形式符号语言加以描述的，形式系统既是实现了完全形式化的公理系统，又是由一整套的表意符号构成的形式语言。逻辑科学在形式化方向上的发展，得益于莱布尼茨在17世纪提出的一个伟大计划。莱布尼茨设想建立一种精确的、清白无染的、通用的普遍语言，在这种语言的基础上建立类似数学那样的逻辑演算体系。显然，这个计划若付诸实施，必然是形成一套人工符号语言，进而在人工语言基础上建立起逻辑的符号系统。莱布尼茨的逻辑数学化的革新思想，使人们有了数理逻辑的概念。后来，经过汉米尔顿和德摩根的工作，19世纪英国著名数学家和逻辑学家乔治·布尔在1844—1847年，把莱布尼茨的计划变成了现实，奠定了逻辑类代数的基础。布尔以后，经过弗雷格、

---

① 《马克思恩格斯选集》第3卷，人民出版社1972年版，第465页。
② 卢卡西维茨：《亚里士多德的三段论》，商务印书馆1981年版，第25页。

皮亚诺的工作，到20世纪初，罗素全面、系统地总结了数理逻辑发展的成果，完成了作为数理逻辑基础的命题演算和谓词演算系统。这标志着数理逻辑已经达到成熟阶段，已经有了巩固的基础。自此以后，数理逻辑自由自在地向各个方向发展，发展之迅速、成果之丰硕都是前无古人的，以至于再不能使用"数理逻辑"的总标题，而是以"现代形式逻辑"或"现代逻辑"来统称了。

但是，形式逻辑在这一方向上的急剧发展并没有改变它的原有科学性质。这是指，现代逻辑同传统形式逻辑一样，仍然是撇开思维内容而仅仅研究逻辑形式，从而不涉及思维的辩证性质及其从低级到高级、从简单到复杂的发展，因而仍然是知性的逻辑。

逻辑发展的另一个方向是，探求不同于形式逻辑的逻辑类型，可称为非形式逻辑化的方向。逻辑又呈现出这样一个发展方向的主要原因是，只有当人类对"思维"进行思维，即把思维作为认识对象的时候，才会产生逻辑科学。而人类之所以会对思维给予注意，是由于在同自然界的斗争中，人们常常达不到预期的目的，这促使人们思考"应当如何思维"这样的问题。思考这种问题，具有划时代的意义，因为"思维必须符合哪些条件才能实现认识并达到认识的目的——真理，换句话说，什么是正确的思维，唯有这个问题提出的时候，才标志着逻辑问题的产生"[1]。而一说到把握真理，逻辑就不能仅仅研究思维的形式。形式逻辑无疑也是人们获取真理的一种工具，但是，对于把握真理，我们不能对形式逻辑提出过高的要求。形式逻辑提供了一系列推论的规则和逻辑形式，它让人们知道，具有何种形式的推论是逻辑有效的，从而前提的真可以传递到结论上去；如果一个推论的形式不正确，其结论的真理性就没有得到证明。然而，推论形式正确对于获得真理（真实结论）来说，既不是充分条件也不是必要条件。一个合乎逻辑的论证，其结论未必真；一个不合逻辑的论证，其结论未必假。因而，要把握真理，不仅要有形式逻辑，还要有不同于形式逻辑的逻辑科学。从逻辑问题被提出的那个时刻起，逻辑就包含着非形式化的因素，它后来发展成一种科学认识的方法论，这是逻辑在襁褓中就已经孕育的了。

亚里士多德奠定了形式逻辑的基础，亚里士多德的逻辑是形式逻辑。

---

[1] 阿·谢·阿赫曼诺夫：《亚里士多德逻辑学说》，上海译文出版社1980年版，第1页。

但即使是亚里士多德，在创立逻辑的第一种类型的同时，就已经研究了不属于形式逻辑的科学认识方法论问题。美国科学哲学家约翰·洛西说："亚里士多德是第一位科学哲学家。他通过分析有关科学解释的某些问题而创立了这门学科。"① 一般地说，科学哲学、科学逻辑、科学认识方法论并无十分严格的界限，由此看来，亚里士多德对于科学认识方法并非偶然涉足，而是有系统的研究。例如，亚里士多德认为，科学研究从观察上升到一般原理，然后再返回到观察，他主张，科学家应该从要解释的现象中归纳出解释性原理，然后再从包含这些原理的前提中，演绎出关于现象的陈述。这样，亚里士多德就提供了一个"归纳－演绎程序"，如图2－1所示。

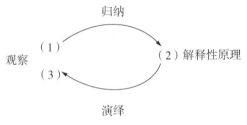

图2－1 归纳－演绎程序

无须多加论述，亚里士多德认真研究了科学认识方法论问题，从中可见端倪。

逻辑科学沿着探求非形式的逻辑这一方向演变，在培根和穆勒那里得到了长足的发展。弗朗西斯·培根处在英国资产阶级革命拉开序幕的时代。当时，迅速兴起的经验自然科学要求与科学相适应的逻辑，而被经院化了的亚里士多德三段论已不能适应这一要求。时代把培根推到了前台。他在总结概括实证科学的基础上，创立了不同于亚里士多德形式逻辑的另一种逻辑类型——归纳逻辑，从而也就建立了实验归纳方法。培根指出："三段论是由命题组成的，命题是由语词组成的，而语词是概念的符号。因此，如果概念本身（这是事情的根本所在）不清楚，并且是很草率地从事实中抽出来的，那么上层建筑便没有稳固的基础。因此我们唯一的希望

---

① 约翰·洛西：《科学哲学历史导论》，华中工学院出版社1982年版，第5页。

就在于一种真正的归纳。"① 培根认为,真正的归纳是他创造的以三表法为核心的"排除归纳法"。根据这种归纳法,第一步是运用三种例证表(具有表、差异表、程度表)整理和排列有关的事例,第二步是在三表法所提供的大量事例基础上,通过分析比较,排除那些"偶然的相关"。这样,真实的概念就可获得。研究概念的形成问题,已经超出了形式逻辑的范围,培根的归纳逻辑实质上已经是古典形式的经验科学方法论了。后来,19世纪英国逻辑学家约翰·斯图加特·穆勒进一步完善了培根的排除归纳法,其结果就是闻名于世的穆勒五法。沿着穆勒的归纳逻辑继续前进,就有了现在所说的"科学逻辑"或称"科学方法论"。

从本质上说,归纳逻辑和科学逻辑仍是形式逻辑的扩展。但是,在非形式逻辑的方向上,不只产生了作为形式逻辑扩展形态的归纳逻辑和科学逻辑,还结出了另外两颗果实,这就是康德的先验逻辑和黑格尔的思辨逻辑。

康德明确区分了普通逻辑(形式逻辑)和先验逻辑。他的先验逻辑是以规定人类知识的起源、范围和客观有效性为己任的。这样一门研究人类知识的发生、发展过程及知识的真理性的逻辑,显然是在形式逻辑之外,并且不能不带有辩证法的因素。因此,"在康德的先验逻辑中,已经接触并初步探讨了辩证逻辑的某些基本问题。因而可以认为,在康德关于先验逻辑的构想中,已经包含和提出了辩证逻辑的一个大致的轮廓"②。

如果说康德的先验逻辑还只是辩证逻辑的一个模糊蓝图,那么,在黑格尔的思辨逻辑中,辩证逻辑的轮廓就十分清楚了。黑格尔认为,思辨逻辑的基本任务,"是在于考察思维规定把握真理的能力和限度"。这样,思维形式就应当是具有活生生内容的形式、应当是把握真理的手段,对于思维形式就必须在它们的相互联系中、在它们的发展过程中加以考察。根据这些思想,黑格尔建立了庞大的思辨逻辑体系,实际上提供了第一个虽未臻于科学、但脉络清晰的辩证逻辑范型。

显然,尽管都是非形式的逻辑,康德的先验逻辑、黑格尔的思辨逻辑与归纳逻辑、科学逻辑之间却是在本质上有别的,因为康德和黑格尔的逻辑理论已不再是形式逻辑的扩展形态。

---

① 北京大学哲学系外国哲学史教研室:《十六—十八世纪西欧各国哲学》,商务印书馆1975年版,第9-10页。

② 彭漪涟:《辩证逻辑述要》,华东师范大学出版社1986年版,第15页。

现在我们清楚了，逻辑科学中有形式逻辑也有非形式的逻辑；非形式的逻辑是指科学认识方法的逻辑；在非形式的逻辑中，既有作为形式逻辑扩展形态的归纳逻辑和科学逻辑，又有并非形式逻辑扩展形态的辩证逻辑。而这就意味着，辩证逻辑是一种非形式的逻辑，也是关于科学认识方法的理论。

说辩证逻辑是非形式的逻辑，不会引起异议。说辩证逻辑是关于科学认识方法的理论，一般也不成问题。因为从最广泛的意义上讲，无论形式逻辑还是非形式的逻辑，总之一切逻辑都是关于科学方法的理论，都教给人们在一切科学中进行思考的方法。辩证逻辑当不例外。但是，当我们强调归纳逻辑和科学逻辑是由形式逻辑扩展而来，而辩证逻辑不是形式逻辑的扩展形态的时候，已经暗示着这样的思想：同为科学认识方法的理论，却有着发展水平的差异。这种差异，就表现在科学认识活动可以是知性思维的活动，也可以是理性思维的活动。把我们的思想明确化，就是：从形式逻辑扩展而来的"科学认识方法的逻辑"（归纳逻辑和现在通常讲的科学逻辑）是知性的逻辑，而辩证逻辑作为一种科学认识方法的理论，则是理性的逻辑。

这样讲有道理吗？需要给以考察。

科学认识活动发展的历史表明，在科学理论思维领域里，存在两种不同的思维方法或称研究态度。正如我们在第一章中所指出的，一种思维方法是静态分析性的，目的在于认识构成事物的最简单要素与其稳定的结构秩序；另一种思维方法是动态整体性的，目的在于认识事物变化发展过程及其动态系统的秩序。这其实就可归结为知性思维方法和理性思维方法。我们以几个实例来说明这种情形。

例1：培根的归纳逻辑是以具有表、差异表、程度表为核心的。运用三表法的过程是，通过细微观察，全面搜集有关的事例之后，把这些事例按"具有""差异"和"程度"来区分，分别列举到三表中。以培根对于"热"的研究为例，他首先把具有热性质的许多事例列举到具有表中，如太阳光、火焰、摩擦生热、动物身上的热等等；其次，搜集那些和具有表中的事例相似却不具有热性质的差异事例，将其列举到差异表中，如月光与日光相似，都来自天上，但月光没有热性质，海里的磷火像火焰却不热等等；最后，搜集那些具有热性质,但热的程度不同的事例列举到程度表中。从三表法的特征可以看出,培根的归纳逻辑是对事物分门别类进行研究的,思维方式是静态分析的方式,因而是知性的逻辑。

例2:古代原子论认为,一切事物都是由原子构成的,事物的种种不同性质,都可分析为是原子空间的排列不同。到了近代,17、18世纪的化学元素原子论继续肯定,各种元素的原子是不可分割、永恒不变的,一切化合物都是由不同元素的原子排列成原子团(即分子)所构成的。当19世纪初普劳特提出所有化学元素的原子都是由氢原子所构成的假说时,化学元素原子论者不仅没有从中觉悟到化学元素可以转化的辩证法,相反却认为氢原子就相当于古代原子论所设想的那种构成万物的最小单位。显而易见,古代原子论和近代化学元素原子论都是以静态分析的思维方式从事科学认识活动的。

例3:在爱因斯坦的相对论创立以前,物理学上的能量守恒定律和质量守恒定律被看作是两个相互完全独立的规律。但是,爱因斯坦抛弃了传统的静态分析的思维方式,把质量和能量联系起来考察,从而得出了"$E=mc^2$"这一著名公式。爱因斯坦的结论是:狭义相对论引起的具有普遍性的最重要的结果是关于质量的概念。物体的惯性质量并不是一个恒量,而是随物体的能量的改变而改变的。甚至可以认为,一个物体的惯性质量就是它的能量的量度。于是,一个物体的质量守恒定律与能量守恒定律就成为同一的了。① 显然,爱因斯坦在这里表现出的是动态整体性的思维方式。

诚然,若干实例并不足以揭示规律,但是,这些事例毕竟有助于说明,静态分析性思维方式和动态整体性思维方式是科学认识活动中客观存在的两种思维方式,反映到逻辑理论上,就相应地形成了知性思维的逻辑和理性思维的逻辑。它们都是人的创造物,都具有历史的和认识的必然性。由于动态整体性思维、理性思维、辩证思维实质上是同义词,因而我们可以得出结论:以辩证思维为对象的辩证逻辑,是理性的科学认识方法的逻辑。

---

① 参见爱因斯坦《狭义和广义相对论浅说》,上海科学技术出版社1964年版,第38-39页。

## 第二节　形式逻辑与辩证逻辑

在上一节，我们是把辩证逻辑放到非形式的逻辑中进行考察的，从中得出了辩证逻辑是理性逻辑的结论。那么，辩证逻辑具体有哪些特征，我们在这一节将通过比较形式逻辑和辩证逻辑，对此做出分析。

形式逻辑是知性思维的逻辑，辩证逻辑是理性思维的逻辑。这主要从两方面的差异上表现出来。

### 1. 形式逻辑和辩证逻辑对思维形式的研究方式不同

作为逻辑学，必须研究概念、判断和推理。辩证逻辑有别于形式逻辑，并不在于形式逻辑研究思维的形式，而辩证逻辑不研究思维的形式。辩证逻辑也要研究思维的形式，但是，它的研究方式与形式逻辑的研究方式不同。

形式逻辑是"纯形式"地研究思维形式的。这是指，形式逻辑在研究思维形式时，撇开了思维的内容和思维的运动发展，只考察思维的逻辑形式。逻辑形式是逻辑常项所显示的结构，因而，形式逻辑特别关心的就是逻辑常项。波兰数学家、逻辑学家塔尔斯基指出："每一门科学中所需要应用的常项，可以分为两种。第一种常项，就是某门科学所特有的语词。例如，算术中指示个别的数、数的类、数与数间的关系或数的运算等等的那些语词，都是属于第一种常项。……另一方面，还有一些在绝大多数的算术语句中都出现的，具有非常普遍的性质的语词，这些语词我们在日常语言中以及在一切科学领域中都会遇到它们，它们是传达人类思想与任何领域中进行推论所不可缺少的工具，例如，'不'，'与'，'或'，'是'，'每一'，'有些'……；这些语词都属于第二种常项。于是，就有一门被认为是各门科学的基础的学问，即逻辑。逻辑这门学问是要建立第二种语词的确切意义，与关于这些语词的最普遍的规律。"[①] 这就是说，形式逻辑只是考察各门科学通用的逻辑常项，是从常项方面研究思维形式的。于

---

① 塔尔斯基：《逻辑与演绎科学方法论导论》，商务印书馆1963年版，第15页。

是，下列判断是种类不同的：

有的彗星是沿椭圆轨道运行的。(有 $S$ 是 $P$)
所有彗星是沿椭圆轨道运行的。(所有 $S$ 是 $P$)

而下列判断则是种类相同的：

凡摩擦都是能生热的。(所有 $S$ 都是 $P$)
一切机械运动形态都是能转化为热的。(所有 $S$ 都是 $P$)
任何一种运动形态都是能转变为其他种运动形态的。(所有 $S$ 都是 $P$)

可见，形式逻辑是根据判断的形式结构来对判断进行分类的，它就是这样抽象地研究思维形式的。

与形式逻辑不同，辩证逻辑是从思维的内容方面看待判断和推理的类型，是从认识的发展过程方面考察思维形式的。在辩证逻辑看来，下列常项相同、具有同样逻辑形式的判断，是不同种类、不同性质的判断：

凡摩擦都是能生热的。(个别性判断)
一切机械运动形态都是能转化为热的。(特殊性判断)
任何一种运动形态都是能转变为其他种运动形态的。(普遍性判断)

恩格斯就此说："我们可以把第一个判断看做个别性的判断：摩擦生热这个单独的事实被记录下来了。第二个判断可以看做特殊性的判断：一个特殊的运动形式（机械运动形式）展示出在特殊情况下（经过摩擦）转变为另一个特殊的运动形式（热）的性质。第三个判断是普遍性的判断：任何运动形式都证明自己能够而且不得不转变为其他任何运动形式。到了这种形式，规律便获得了自己的最后的表达。"① 辩证逻辑就是这样从具体内容方面、从认识的层次方面考察思维形式的。

---

① 《马克思恩格斯选集》第 3 卷，人民出版社 1972 年版，第 547－548 页。

形式逻辑和辩证逻辑对思维形式的研究方式不同，是形式逻辑作为知性逻辑、辩证逻辑作为理性逻辑的主要特征。不过，应当明确，形式逻辑撇开思维内容研究思维形式并不是什么缺点，而是十分必要的。如果不摆脱感性杂多的纠缠，就不能弄清判断和推理的逻辑形式，从而不能解决推理在逻辑上的有效性问题。事实上，没有形式逻辑所提供的一套逻辑规则和规律，就无所谓逻辑思维。知性思维是思维发展的一个必经阶段，知性逻辑是认识真理的必要工具，这是不能否认的。

但是，要把握真理，就不能仅仅研究思维的逻辑形式，不能只依靠形式逻辑，这就需要辩证逻辑从思维的内容上，从认识的运动发展方面研究思维形式。只有这样，才能弄清楚思维形式之间的内在联系和隶属关系，从而在具体思维中揭示事物的真理。可见，形式逻辑和辩证逻辑是性质不同的又是互相补充的。

### 2. 形式逻辑和辩证逻辑的客观基础不同

形式逻辑撇开了思维内容，它有没有客观基础就成了问题。但是，只要承认客观基础并不是仅指客观对象实体，也包括客观事物之间的关系，那么，形式逻辑有它的客观基础就是没有疑问的。而对于客观基础只有这样去理解才是正确的，否则，任何形式科学的客观基础都会成为问题。恩格斯在谈到微积分的时候指出："人们还在设想，这里所研究的是人类精神的纯粹的'自由创造物和想像物'，而客观世界决没有与之相适应的东西。可是情形恰恰相反。自然界对这一切想像的数量都提供了原型。我们的几何学是从空间关系出发，我们的算术和代数学是从数量出发，这些数量和我们的地球上的关系相适应。"① 形式逻辑和数学一样，同属于形式科学，它也有自己的客观基础。

那么，形式逻辑的客观基础是什么？列宁说："最普通的逻辑的'格'……是事物的被描绘得很幼稚的——如果可以这样说的话——最普通的关系。"② 列宁这段话实际上表明了形式逻辑的客观基础是客观事物中普遍存在的最基本、最普通的关系。具体来说，是"类"的关系。我们可以通过考察同一律、矛盾律和排中律的客观基础说明这个问题。

同一律的公式是：$A \rightarrow A$。这一规律反映的是类的"自身等同"关系。

---

① 《马克思恩格斯选集》第3卷，人民出版社1972年版，第565页。
② 列宁：《哲学笔记》，人民出版社1974年版，第189页。

矛盾律的公式是：$\overline{A \wedge \overline{A}}$。它也可以表示为 $A \times \overline{A} = 0$。这样就清楚了，矛盾律反映的是"逻辑乘"的关系，也就是类与补类的交等于空类的关系。

排中律的公式是：$A \vee \overline{A}$。它也可以表示为 $A + \overline{A} = 1$。这表明，该规律反映的是"逻辑加"的关系，也就是类与补类相加等于全类的关系。

说到底，矛盾律和排中律都是以类与子类、整体与部分的关系为基础的。

自身等同关系、整体与部分的关系等，都是事物最基本、最普通的关系。形式逻辑的基础就是这些客观的关系。

至于辩证逻辑，由于它不脱离思维的内容，因而它的客观基础不成问题。辩证逻辑反映的是事物之间对立统一的关系，它是以客观事物的辩证法为客观基础的。这一点，从辩证逻辑的规律、辩证逻辑研究思维形式的方式等方面都可说明。这些我们后面将做具体论述。

形式逻辑与辩证逻辑的差异还可从其他方面去分析，我们这里择其要义，只从上述两点加以比较，也基本说明问题了。

然而，有差异并不意味着水火不容。形式逻辑以事物最基本、最普通的关系为客观基础，以静态、抽象的方式研究思维形式，不等于说形式逻辑排斥客观事物的矛盾运动；辩证逻辑反映客观事物的辩证法，从思维的运动发展方面考察思维形式，也不等于说辩证逻辑可以不理睬形式逻辑的规律。我们看看形式逻辑和辩证逻辑对待"逻辑矛盾"和"辩证矛盾"的态度就可了解这一点。

什么是辩证矛盾？什么叫逻辑矛盾？

辩证矛盾是指事物本身包含的客观矛盾，也包括事物的矛盾在思维中的必然反映。逻辑矛盾是指人的思维违反形式逻辑矛盾律的要求而出现的自相矛盾。例如：

①火星上有生命又没有生命。
②资本既在流通中产生又不在流通中产生。

例①表达的是一个逻辑矛盾，因为该语句在同一思维过程中肯定了两个相矛盾的判断。例②表达的是一个辩证矛盾，它反映了一种客观事物的固有矛盾。

由于①和②在语句形式上都可表示为"$A \wedge \bar{A}$",因而,如何区别逻辑矛盾和辩证矛盾就成为一个有争议的问题。对于这个问题,下列意见都是有价值的:

对 $A \wedge \bar{A}$ 而言,如果经过实践检验,$A$ 和 $\bar{A}$ 都是真的,那么它是辩证矛盾。如果 $A$ 和 $\bar{A}$ 是一真一假的,则它是逻辑矛盾。

对 $A \wedge \bar{A}$ 而言,如果 $A$ 和 $\bar{A}$ 是从不同意义或不同方面做出的断定,那么它是辩证矛盾。如果 $A$ 和 $\bar{A}$ 是在同一个意义或同一个方面做出的断定,则它是逻辑矛盾。

这里,我们补充一些看法。

第一,区别逻辑矛盾和辩证矛盾,不是一个"形式"的问题,而是"内容"的问题。就是说,只有考察判断所断定的思维内容,才能判定逻辑矛盾和辩证矛盾。我们之所以可确认"火星上有生命又没有生命"是逻辑矛盾,是因为"火星上有生命"与"火星上没有生命"不会都是客观事实。我们之所以可以确认"资本既在流通中产生又不在流通中产生"是辩证矛盾,是因为"资本在流通中产生"和"资本不在流通中产生"在客观上是矛盾统一的。"资本在流通中产生"是指,离开流通,商品所有者只能和自己的商品发生关系,因而不可能使货币增殖变成资本。只有在"货币—商品—货币"($G$—$W$—$G'$)的流通过程中,才能使货币产生增殖额($G + \Delta G$)。而"资本不在流通中产生"则是指,流通或商品交换是不会创造价值的,剩余价值的来源不是流通过程,而在于劳动力变成商品。正是由于了解了这些具体内容,我们才知道这两个判断是从对象的不可分割的两个不同方面做出的断定,才能确认它是辩证矛盾。

第二,从形式上说,我们认为 $A \wedge \bar{A}$ 只是逻辑矛盾的形式,因为 $A$ 和 $\bar{A}$ 的含义是确定的,它们就是指在逻辑上具有矛盾关系的两个判断,$\bar{A}$ 是 $A$ 的逻辑否定,它们不能同真、不能同假。因而,只要一个联言判断的肢判断是 $A$ 与 $\bar{A}$ 的逻辑关系,我们就可确认它是逻辑矛盾。"$A \wedge \bar{A}$"没有更多的含义,更不应该给它附加含义,以为辩证矛盾也具有"$A \wedge \bar{A}$"的形式至少是一种表浅的认识。辩证矛盾双方是对立统一的关系,其中的任何一方都不是对另一方的逻辑否定,因而不是"$A \wedge \bar{A}$"所能表达的。拿我们举的"资本既在流通中产生又不在流通中产生"这个例子来说,在语言形式上似乎是"$A \wedge \bar{A}$"的形式,但正如我们已经明确过的那样,"资本在流通中产生"和"资本不在流通中产生"是从不同意义、不同方面谈论资本的产生的，因而不能把它们归结为 $A$ 和 $\bar{A}$。当然，辩证矛盾未必不能约定一种形式来表达，但不能用已有确定含义的"$A \wedge \bar{A}$"来表示。顺便指出，用什么样的形式表达辩证矛盾，并不是实质性问题。

为了简单明了地区别逻辑矛盾和辩证矛盾，我们采用表2-1以示区别。

表2-1 逻辑矛盾和辩证矛盾的区别

| 逻辑矛盾 | 辩证矛盾 |
| --- | --- |
| 永假 | 是真判断 |
| $A$ 与 $\bar{A}$ 必有一真一假 | 矛盾双方都真 |
| 没有客观原型，是思维违反矛盾律的产物 | 有客观原型，是现实事物及思维的固有矛盾 |
| 只有抛弃 $A$ 和 $\bar{A}$ 的某一方，矛盾才能排除 | 矛盾双方在对立统一中转化 |
| 必须排除 | 必须承认 |

明确了什么是逻辑矛盾、什么是辩证矛盾，现在回到原来的问题上来：形式逻辑和辩证逻辑对于逻辑矛盾和辩证矛盾是什么态度呢？

对于逻辑矛盾，形式逻辑和辩证逻辑都是要加以排除的。列宁说："'逻辑矛盾'——当然在正确的逻辑思维的条件下——无论在经济分析中或在政治分析中都是不应当有的。"[①] 这说明，遵守形式逻辑的矛盾律的要求，排除思维中的逻辑矛盾，是正确思维的必要条件。辩证思维也要遵守矛盾律的要求，也不容许逻辑矛盾。

对于辩证矛盾，形式逻辑和辩证逻辑又都是共同承认的。形式逻辑撇开思维内容，因而撇开客观事物与思维的矛盾运动去研究思维形式，是科学研究的需要，这并不表明形式逻辑否认辩证矛盾。总之，根据形式逻辑的要求，在思维中排除逻辑矛盾；根据辩证逻辑，肯定客观事物和思维中的辩证矛盾，这是并行不悖的。形式逻辑和辩证逻辑作为性质不同的逻辑科学，虽然存在差异，但也有一致性和互补性，它们从不同方面、不同角度指导人们正确地从事思考和认识活动。

---

[①] 《列宁全集》第23卷，人民出版社1958年版，第33页。

## 第三节 辩证法、认识论和逻辑

顾名思义,辩证逻辑,它既是一种关于辩证法的学说,又是一门关于思维规律的逻辑科学。而这样一种科学又必定与认识论有关,因为,"辩证法也就是马克思主义的认识论"(列宁语)。可见,要把握辩证逻辑的性质,还必须在辩证法、认识论和逻辑的一致性中去考察。

长期以来,在哲学史上存在一种谬见,认为本体论(关于存在的学说)、认识论(关于认识的学说)、逻辑(关于思维的学说)是互不相关的。这种情形,在康德哲学中得到了极端的表现。在康德哲学中,"本体"就是"自在之物"(或称"物自体"),它是不可认识的。就是说,认识规律同存在规律、进而同自在之物是没有联系的。思维形式和思维规律又是超越于经验之上的,因而逻辑与自在之物、与认识内容也没有关联。

但是,长期割裂本体论、认识论和逻辑所带来的弊端终于被人们所认识:本体论离开认识过程和理论思维去寻找孤立静止的本体(如古希腊哲学家的做法)不能揭示世界的本来面貌;认识论离开存在规律去研究人的认识能力(如康德的做法)最终限制了人的认识能力;逻辑离开思维内容去研究思维形式(如传统逻辑的做法)无法完成以理论思维把握客观真理的任务。于是,在互相联系中考察本体论、认识论和逻辑的呼声渐起,黑格尔哲学终于对三者的一致性做出了系统论述。在黑格尔哲学中,现实世界的运动变化归结为思维(绝对概念)的运动变化,人的认识归结为思维(绝对概念)的自我认识,于是,本体论和认识论都溶化于逻辑中而成为一体。虽然黑格尔的客观唯心主义立场使他不能科学地说明本体论、认识论和逻辑的一致性,但是,他确实机智地猜测到思维过程、认识过程和自然过程是受同一规律支配的。

马克思主义哲学"重新唯物地把我们头脑中的概念看作现实事物的反映,而不是把现实事物看作绝对概念的某一阶段的反映。这样,辩证法就归结为关于外部世界和人类思维的运动的一般规律的科学,……这样,概念的辩证法本身就变成只是现实世界的辩证运动的自觉的反映"①。从这个基点出发，马克思主义哲学提出了唯物辩证法、认识和逻辑相一致的原理，抛弃了旧哲学中的"本体论"。自然界、人的认识和思维被了解为统一的发展过程。

那么，具体地应怎样理解三者的一致性呢？又如何在三者的一致性中把握辩证逻辑的性质呢？

曾有一种意见以列宁的一段话为根据，认为辩证法、认识论和逻辑没有区别。列宁的那段话是："在《资本论》中，逻辑、辩证法和唯物主义认识论［不必要三个词：它们是同一个东西］都应用于同一门科学……"② 然而，列宁这段话是特指《资本论》而言的，并且其中使用认识论和逻辑这些词时，不是作为专门学科名称使用的，而是在普遍意义上使用的。因此，从列宁这个论断中不能无条件地得出三者没有区别的结论。辩证法、认识论和逻辑相一致，表明马克思主义哲学是一门统一的科学，但正是由于三者不是同一个东西，说马克思主义哲学是统一的科学才有意义。根据列宁等马克思主义经典作家的一贯思想，特别是根据辩证法、认识论和逻辑的实际关系，我们认为对三者的一致性做如下理解是恰当的：

辩证法、认识论和逻辑的一致是存在规律、认识规律和思维规律在本质上的一致，而不是三者绝对同一。恩格斯在定义辩证法时指出："辩证法不过是关于自然、人类社会和思维的运动和发展的普遍规律的科学。"③ 这说明，自然界、人的认识和思维都遵循着同样的规律，存在规律、认识规律和思维规律在本质上是一致的。然而，本质上的一致不表明毫无差别，思维和存在毕竟是两个系列，"这两个系列的规律在本质上是同一的，但是在表现上是不同的，这是因为人的头脑可以自觉地应用这些规律，而在自然界中这些规律是不自觉地、以外部必然性的形式、在无穷无尽的表面的偶然性中为自己开辟道路的"④。例如，人的认识是从现象到本质、从第一级本质到第二级本质的不断深化过程，这是一种认识的规律。而在自然界中，尽管固有着现象和本质的辩证法，但客观事物无所谓从现象到

---

① 《马克思恩格斯选集》第4卷，人民出版社1972年版，第239页。
② 列宁：《哲学笔记》，人民出版社1974年版，第357页。
③ 《马克思恩格斯选集》第3卷，人民出版社1972年版，第181页。
④ 《马克思恩格斯选集》第4卷，人民出版社1972年版，第239页。

本质的发展；人的理性思维表现出由抽象上升到具体的规律，但客观事物无所谓这种上升运动；等等。问题的实质在于，辩证法规律在自然界中是以大量的偶然性表现出规律的必然性的，而人的认识和思维则可以通过逻辑加工排除偶然性的干扰，以抽象的形态自觉地反映客观辩证法。辩证法、认识论和逻辑在本质上一致而在表现上不同，这种一致性告诉我们：脱离辩证法，就不会有马克思主义认识论和辩证逻辑。但是，唯物辩证法又不是现成完备的认识论和辩证逻辑。认识论和辩证逻辑有自己独特的规律和研究内容，是独立的科学。

那么，在三者的一致性中应如何把握辩证逻辑的性质和地位呢？关于这个问题，可以概括为这样一个结论：辩证逻辑是客观辩证法的反映，是认识史的总结。辩证逻辑怎样反映客观辩证法，怎样对认识史做出总结，这体现在辩证逻辑对于辩证思维的形式、规律和方法的具体研究中，因而，我们将在讲述这些具体内容之后，再对辩证逻辑如何反映客观辩证法、如何总结认识史做出概括。

# 第三章

## 判断论

有了关于辩证逻辑的概括认识，接下来要深入到具体内容。辩证逻辑的具体内容主要包括辩证思维的形式、规律和方法三部分。对这三部分，在讲述上可有不同的安排，考虑到辩证思维的规律是从思维形式的运动发展中概括出来的，而辩证思维的方法是规律的具体运用，所以，我们从辩证思维的形式入手，讲述辩证逻辑的具体内容。

## 第一节　辩证思维形式引言

一旦涉及辩证思维的形式，就有几个问题需要澄清。因此，在具体讲述之前，先讨论几个问题。

一、如何看待辩证思维的形式

在国内外一些辩证逻辑文献中，可以看到一种类似的观点，认为辩证逻辑和形式逻辑所研究的概念、判断和推理是不一样的，就是说，在形式逻辑所研究的，即通常的概念、判断和推理之外，还存在一类具有辩证结构的思维形式，称为辩证概念、辩证判断、辩证推理，它们在语言形式上具有对立统一的结构，即辩证的结构。例如：

①呼吸
②帝国主义是真老虎又是纸老虎。

①被看作一个辩证概念，因为"呼"和"吸"是对立统一的。②被看作一个辩证判断，因为"帝国主义是真老虎"与"帝国主义是纸老虎"

是对立统一的。

这样理解辩证思维的形式,这样去探索思维形式的辩证结构,一般出于两种考虑。一个考虑是,传统上使用"思维形式"这个名词的时候,都是指称概念、判断、推理这些对象。于是,当提出"辩证思维的形式"时,就认为应该有一类辩证的概念、判断和推理。另一个考虑是,马克思曾经有这样的思想:一种科学只有成功地运用数学时,才算达到了真正完善的地步。那么,辩证逻辑也应当朝这方面努力,这就必须使之形式化,因而要探索思维形式的辩证结构。

这种考虑是有积极意义的,但是碰到了一些理论上的困难。首先,"结构"能分为辩证的和非辩证的吗?结构是一些固定的"形式",我们无法给出区分辩证结构和非辩证结构的标准,因为结构本身不具有辩证或非辩证的属性。其次,被认为是具有辩证结构的思维形式,如"帝国主义既是真老虎又是纸老虎",形式逻辑也可以处理,在形式逻辑中,它就是个联言判断,说它是辩证结构的判断,并没有特异的理由。最后,如果说存在一类只供辩证逻辑研究、只供辩证思维使用的具有辩证结构的概念、判断和推理,那么对任何一个思维过程,都须严格检查它所使用的概念、判断和推理,分出哪些是辩证的,哪些不是辩证的,从而确定思维主体在一个思维过程中什么时候是在辩证思维,什么时候没在辩证思维,这显然讲不通。可见,探索思维形式的辩证结构的工作尚存在许多障碍和难题。

在我们看来,对于辩证思维的形式,不必拘泥于从形式结构上寻找辩证概念、辩证判断和辩证推理,而可以在其他意义上理解辩证思维的形式。而且,从上面引述的马克思的话中,也未必能得出辩证逻辑必须形式化的结论。一种科学"成功地运用了数学",可以是指运用了数学方法,也可以是指吸取了数学的严密性,并不意味着完全形式化、数学化。

我们认为,对于思维形式,辩证逻辑和形式逻辑只是研究方式和角度不一样(形式逻辑从形式结构方面研究,辩证逻辑从运动发展方面研究),并不是辩证逻辑研究一套概念、判断和推理,形式逻辑研究另一套。思维形式之所指,就是通常所说的概念、判断和推理。那么,我们仍然认为有辩证思维的形式,这指的是什么呢?按照我们的看法,辩证思维的形式可从两种意义上去理解:其一,辩证思维的形式指的是"思维的运动形式"。思维的运动形式具体表现在思维形式的运动发展过程中。例如,概念在运动中由抽象概念上升为具体概念,判断在运动中由经验判断发展到理论判断（理论判断又有两个发展的层次，即"陈述经验定律的理论判断"和"陈述原理定律的理论判断"），我们把诸如此类的思维运动形式称为辩证思维形式。辩证思维是动态思维，辩证逻辑是从运动发展方面研究思维形式的，因此对辩证思维形式可做如此解释。其二，辩证思维的形式指的是"判断、概念的理性阶段或形态"。判断和概念都有一个从知性思维水平到理性思维水平的发展过程，在不同的阶段表现为不同的形态。对判断来说，陈述原理定律的理论判断是判断的理性形态。对概念来说，具体概念是概念的理性形态。因而可以具体地说，辩证思维的形式就是"陈述原理定律的理论判断"和"具体概念"。如果使用辩证判断、辩证概念的说法，它们就是辩证判断和辩证概念。辩证思维是理性思维，因而这样考虑辩证思维的形式也是顺理成章的。

## 二、判断、概念和科学理论

对于辩证思维的形式，我们按照"判断的形成和发展""概念的形成和发展""科学理论的形成和发展"的顺序讲述。这就引起下列一些问题，须给予说明：

**1. 在认识过程中，是先形成概念还是先形成判断？**

对这个问题，历来有两种不同见解。普遍流行的看法是，概念既是思维的起点又是认识的结晶，作为认识结晶的概念产生于一系列判断之后，但作为思维起点的概念则形成于判断之前，因此，从总体上说，是先有概念后有判断。"概念是思维的起点"是指，概念是思维的细胞（最小单位），是构成判断的要素。因而，有了概念之后，才能用概念构成判断。我们不采取这种看法。

在逻辑上，概念由语词表述，语词是概念的语言形式，概念是语词的思想内容。判断由语句表述，表述判断的句子叫命题，命题是判断的语言形式，判断是命题的思想内容。语词和命题在语言形式上相关联，概念和判断是一种思想内容上的联系，这是不同的。在亚里士多德的逻辑中，并未使用"概念"这一术语。亚里士多德在谈论传统逻辑所说的概念时，严格区别了"共相的本质的表达"和"命题的名词"，前者是作为认识的总结和概括的概念，后者是构成命题的要素。这表明，词项组成命题是一回事，概念和判断的关系是另一回事，后来传统逻辑把它们混淆了。词项构成命题形式固然不错，但是，并不能由此说明概念是判断的要素。从思想内容上考察，从认识过程上看，思维的细胞、起点不是概念，而是判断。任何概念都是认识的凝缩，而凝缩在概念中的认识总是判断。认识的实际过程是先形成一些关于客观对象的判断，然后约定一个名词去指谓这些判断的内容、去指称该客观对象，这才形成了概念。例如"正电子"这个概念，它包含下列认识内容：

> 正电子是一种基本粒子。
> 正电子是电子的反粒子。
> 正电子所带电量与电子相等。
> 正电子的质量与电子相同。
> 正电子与电子相遇，就一起转化为一对光子。等等。

人们在科学实践中，发现了这样一种基本粒子，具有如此这般的性质和特征，获得了上述一些认识（这些认识都是判断），然后，用"正电子"这个名词去指称它，才有了"正电子"的概念。

对于判断先于概念，概念是认识的凝缩，历史上一些哲学家早有论述。例如，康德说："事实上，为了获得明晰完备的概念，就要求我们明确地把某种东西理解为某物的特征，而这就是判断。"① 黑格尔说："对概念加以内在的区别和规定，就是判断……下判断，就是规定概念。"②

应当看到，人们在做判断时，也要借助一些概念，因为人们总是在前人思维成果的基础上进行思维活动的。但是，从根本上看，还是先形成判断后形成概念。

**2. 科学理论是思维形式吗？它与判断、概念是什么关系？**

人类进行思维活动的最终目的，是以逻辑思维把握客观真理。而真理是不能依靠一个个判断、一个个概念、一条条规律去把握的，必须借助理论体系，因为只有理论体系才能反映对象的多种规定的综合。科学理论都是理论体系，它是思维不可缺少的思维形式。辩证逻辑作为研究理性思维的逻辑，在讲述思维形式时，讨论科学理论这种思维形式的形成和发展，

---

① 《康德全集》第2卷，莫斯科1964年版，第74-75页。
② 黑格尔：《小逻辑》，商务印书馆1980年版，第337页。

是题中应有之义。

关于判断、概念和科学理论的关系，可以这样概括：判断和概念是构成科学理论的材料，科学理论是由判断和概念组成的理论体系。当代著名科学哲学家亨佩尔说："科学的系统化，要求运用定律或理论原理，在经验世界的各个不同方面之间建立起多样的联系。而经验世界的这些不同方面正是由科学概念来表征的。因此，科学概念是系统化的相互关系这张大网的网上之结，而定律和理论原理，则是织网的线。"① 定律和理论原理是一些判断，判断是经纬，概念是纽结，从而织成系统化的科学理论。这种描述，大致地反映了判断、概念和科学理论之间的关系。

在判断、概念和科学理论中，概念是更为基本的思维形式。因为从宽泛的意义上讲，判断也可被看作概念，判断实际上表述着概念的内容，是展开了的概念。同时，科学理论也可以被看作概念，科学理论是概念的体系，实际上是一种具体概念的形态。因而，如果说形式逻辑重在研究推理，那么，辩证逻辑重在研究概念。恩格斯说，辩证的思维是以概念本性的研究为前提的。列宁讲得更明确："概念的关系（＝转化＝矛盾）＝逻辑的主要内容。"②

必须明确，我们说概念是基本的思维形式，确切地是指具体概念是思维的基本形式。列宁说"自然科学的成果是概念"③，又说"范畴……是认识世界的过程中的一些小阶段，是帮助我们认识和掌握自然现象之网的网上纽结"④。这里说的概念、范畴都是指的具体概念。具体概念是思维形式运动发展的最终结果，是理论思维把握客观真理的基本逻辑形式。

三、关于推理的考虑

一讲思维形式，就离不开推理。但是，本书讲辩证思维的形式没有专题考察推理。当然，这不是说辩证逻辑可以离开推理。这样处理，主要出于三个考虑。

第一，推理不是辩证逻辑的主要内容，而是形式逻辑的主要研究内

---

① 亨佩尔：《自然科学的哲学》，上海科学技术出版社1986年版，第105页。
② 列宁：《哲学笔记》，人民出版社1974年版，第210页。
③ 列宁：《哲学笔记》，人民出版社1974年版，第290页。
④ 列宁：《哲学笔记》，人民出版社1974年版，第90页。

容。人们研究推理，重在揭示什么样的推理形式是逻辑上有效的，应当制定哪些推理规则，而这是形式逻辑的任务。

第二，推理与判断、概念、科学理论有所不同。判断、概念和科学理论既是思维形式又是认识的成果，而推理则是获得认识成果的逻辑手段，因而，推理已经渗透在判断、概念和科学理论的形成和发展过程中。例如，科学理论的形成过程，就既要借助归纳推理从经验事实中概括出理论命题，又要借助演绎推理从公理中导出定理。

第三，辩证逻辑研究推理，主要是指出各种推理在认识上的局限性，进而揭示各种推理必须互相补充的道理。而这些工作，已经体现在关于辩证思维方法的论述中。

根据这些考虑，本书没有安排专章讲述推理。但是，没有专题讲述并不是不讲推理，只是把推理"融合"在思维的运动形式和辩证思维的方法中去讲述。

## 第二节　判断的认识论分类

判断有哪些类型，这是判断的分类问题。对于形式逻辑来说，如何给判断分类，影响到如何建立逻辑体系，所以颇为逻辑学家所重视。不同的逻辑学家对判断有不同的分类，但是，只要在形式逻辑范围内，判断的分类就总是以判断的形式结构为依据的。与此不同，辩证逻辑考察判断的类型，是从判断的认识程度和认识价值方面去分类的，这是一种认识论上的分类，也称为判断的辩证分类。恩格斯指出："辩证逻辑和旧的纯粹的形式逻辑相反，不像后者满足于把各种思维运动形式，即各种不同的判断和推理的形式列举出来和毫无关联地排列起来。相反地，辩证逻辑由此及彼地推出这些形式，不把它们互相平列起来，而使它们互相隶属，从低级形式发展出高级形式。"[①] 如此看来，判断的辩证分类应遵守三个原则：第一，判断的分类应具有内在必然性，体现出分类与认识进程的一致；第二，判断的分类应反映判断的联系和发展；第三，判断的分类应指明不同

---

① 《马克思恩格斯选集》第3卷，人民出版社1972年版，第545-546页。

类型判断的认识价值。

古往今来，哲学家、逻辑学家在这方面做了许多工作，他们都这样或那样地按照上述分类原则对判断进行分类。

## 一、亚里士多德：四宾词理论与判断分类

亚里士多德是对判断系统分类的第一人。他从语句形式方面区分了肯定判断和否定判断，从主词表述形式方面区分了全称判断、不定判断、单称判断。这些成果，为传统逻辑所吸收。但是，亚里士多德不仅从语言形式上给判断分类，还从语义上，即从命题所表达的思想方面对判断进行了分类。在《论辩篇》中，亚里士多德提出了"四宾词理论"（四谓词理论）。他认为，命题表达思想，命题中的主词代表被述说的事物，宾词是对主词的述说。宾词分为四种：定义、特性、类、偶性，不同的宾词述说主词，就有认识程度不同的判断。亚里士多德提出四宾词理论，旨在给出一套科学的论辩方法，但其内容和意义远远超出了论辩术，其中就包含着按照认识的不同层次，把判断分成：定义的判断、特性的判断、类的判断、偶性的判断。

### 1. 定义的判断

什么是定义？"'定义'是指明某事物的本质的短语。"[①] 因而，定义的判断也就是本质的判断，其宾词述说的是主词所表示的事物的本质。

### 2. 特性的判断

什么是特性？"'特性'是不指明某事物本质的宾词，而仅仅属于该事物，并且是它的可倒转的指谓。"[②] 就是说，特性是这样的一种属性，它为某事物所专有，但又不是该事物的本质。由于特性为某事物所专有，因而，特性这种宾词可与主词转换着说。宾词述说的是主词所表示的事物的特性，就构成特性的判断。例如，"人是能学习语法的"。如果甲是一个人，那么他能学习语法；如果甲能学习语法，那么他是一个人。"能学习语法"是人的一种特性，但不是人的本质。

---

① 亚里士多德：《工具论》，广东人民出版社1984年版，第269页。
② 亚里士多德：《工具论》，广东人民出版社1984年版，第269页。

### 3. 类的判断

什么是类？"'类'是在种类上显示差别的许多事物的本质的范畴所指谓的东西。"① 在类的判断中，宾词述说的是主词所表示的事物的类。例如，"人是动物"。动物是人所属的类。

### 4. 偶性的判断

什么是偶性？"'偶有性'是①某情况，虽然它并非前述数者之一，即既非定义，也非特性，也非类，然而属于事物；②某情况，可能属于也可能不属于任何一个相同事物。"② 在偶性的判断中，宾词述说的是主词所表示的事物的偶有性。例如，"人坐着"。"坐的姿势"作为一种属性显然不是人的本质，也不是人的特性，因为不为人所专有，同样也不是人所属的类。人可能坐着也可能不坐着，这纯粹是偶有性。

值得注意的是，亚里士多德是按两种顺序排列定义、特性、类和偶性这四个宾词的。他在定义四宾词时是依照上述的顺序，而在讲到应用四宾词进行论辩时，却是依偶性、类、特性、定义的顺序排列的。另外，亚里士多德的四宾词理论与他的范畴理论密切相关。他说："我们必须进一步就构成宾词的上述四者对宾词的种类做出区别。它们一共有十种：本质、数量、性质、关系、地点、时间、姿势、状态、主动、被动。任何事物的偶有性、类、特性、定义，总是这些范畴之一。因为通过它们所形成的一切命题，总是意指某事物的本质或性质或数量或宾词的其他类型之一，这是一看就明白的。"③ 这些情况表明，亚里士多德从认识程度和层次上对判断分类是一种自觉的意识。这一分类，虽然尚有不详不确之处，但是，它体现了人的认识由现象到本质、由初级本质到深层本质的发展过程，这一线索是十分清楚的。

## 二、康德：认识能力与判断分类

康德的范畴表以及与其相应的判断表是十分著名的。他的判断表把判断分成量、质、关系、模态四类共十二种，每一种判断对应于范畴表中的

---

① 亚里士多德：《工具论》，广东人民出版社1984年版，第270页。
② 亚里士多德：《工具论》，广东人民出版社1984年版，第270页。
③ 亚里士多德：《工具论》，广东人民出版社1984年版，第273页。

一个范畴。不过,他的判断表尽管与范畴表相呼应,却是抽出判断的内容,仅从"知性之纯形式"方面考虑判断分类的,没有超出知性逻辑(形式逻辑)的范围。我国目前讲授的普通逻辑的判断部分,受康德判断表的影响很大。

但是,作为先验逻辑体系的创立者,作为第一个系统批判人的认识能力的哲学家,康德从内容方面又对判断进行了认识论的分类。其结果是提出了分析判断、综合判断以及先天综合判断。

康德说:"各种判断,无论其来源以及其逻辑形式如何,都按其内容而有所不同。按其内容,它们或者仅仅是解释性的,对知识的内容毫无增加;或者是扩展性的,对已有的知识有所增加。前者可以称之为分析判断,后者可以称之为综合判断。"①

分析判断是解释性的判断。其所以是解释性的,在于具有"宾词包含在主词中"的特点。例如,"一切物体都是有广延的"是一个分析判断,它的主词"物体"已包含着宾词"广延"。在做出判断之前,"广延"已经在"物体"概念里被实际想到了,做出这个判断,不过是把"广延"从"物体"中分析出来。因而,分析判断不能增加新的认识内容,不能提供新知识,是解释性的。

综合判断是扩展性的判断。其所以是扩展性的,在于宾词不包括在主词之中。例如,"某些物体是重的"是一个综合判断,因为在康德看来,物体是否有重量,不是分析主词本身所能得出的,"物体"这个主词中不包含宾词"重的",因而把物体和重的综合在一起是扩展了知识的。

由于分析判断是主词已经包含着宾词,因此做出分析判断无须凭借经验。据此康德说,一切分析判断都是先天的,即具有普遍性和必然性的("先天的"一词不具有时间的意义,而是指普遍性和必然性——据郑昕先生说)。而既然分析判断与经验无涉,因此分析判断不具有客观性。至于综合判断,由于它的宾词超出了主词,因而必须借助经验才能做出,这样,综合判断就具有客观性而不具有普遍必然性。

接下来,康德提出一个问题,是否存在一种具有上述两种判断的优点,又没有上述两种判断的缺点的判断呢?换言之,是否存在一种既具有客观性又具有普遍必然性的"先天综合判断"呢?康德的回答是肯定的。

---

① 康德:《未来形而上学导论》,商务印书馆1982年版,第18页。

他说:"有后天综合判断,这是来自经验的;但是也有确乎是先天的综合判断,是来自纯粹理智和纯粹理性的。"① 在康德看来,先天综合判断不能没有,没有这种判断,科学知识便不可能。他认为数学、几何学和自然科学的许多判断都是先天综合判断,形而上学的判断也是先天综合判断。例如,"直线是两点间最短的距离"这一纯几何学的判断就是个先天综合判断。说它是先天的,在于它具有普遍必然性。说它是综合判断,在于它的主词不包含宾词,因为曲直是质,长短是量,直线的概念并不包含量,由直线的概念不能得到最短的概念,须借助直观经验。②

康德关于分析判断、综合判断和先天综合判断的分类思想,考虑到了判断的形成过程和认识价值。特别是他提出有先天综合判断,在认识论上是很有积极意义的。实际上是想克服唯理论和经验论割裂感性和理性的共同缺点,把科学知识看成是感性和理性的统一。但是,康德并没有解决好这个问题,他的办法是,一方面肯定经验论的原则,承认认识始于经验;另一方面又肯定唯理论的原则,认为知识的普遍性、必然性不是来自经验。因而他的先天综合判断的思想,只是调和了经验论和唯理论。

## 三、黑格尔:范畴推演与判断分类

明确而又自觉地对判断进行辩证分类的哲学家当推黑格尔。在这个方面,黑格尔也是"忠实于他的整个逻辑学的划分"的。他按照他的《逻辑学》的体系,根据范畴推演顺序对判断分类如下:

### 1. 实在判断

这类判断的宾词是主词的一个直接的规定性或特性。它包括三种。
肯定判断。例如,"玫瑰花是红的"。
否定判断。例如,"玫瑰花不是蓝的"。
无限判断。例如,"玫瑰花不是骆驼"。
黑格尔认为,实在判断是判断发展的最低阶段,是判断的最简单形式。由于它的宾词只是对主词所表示的事物的某种直接的、可感觉的质做出规定,因而只能揭示一些简单、表浅的事实,认知价值是很低的。

---

① 康德:《未来形而上学导论》,商务印书馆1982年版,第20页。
② 参见郑昕《康德学述》,商务印书馆1984年版,第71页。

### 2. 反省判断

这类判断通过宾词表明主词与别的事物相联系。它也包括三种。

单称判断。例如,"这个人是会死的"。

特称判断。例如,"有些人是会死的"。

全称判断。例如,"所有人是会死的"。

黑格尔认为,反省判断较之实在判断要深刻,宾词所陈述的不再是"感性的质",而是表明主词与别一事物相联系。在黑格尔看来,"玫瑰花是红的"这一实在判断,是仅就主词直接的个体性来看的,没有注意它与别的东西的联系。而"这一植物是可疗疾的"这个反省判断,则通过宾词,使主词与别的事物(利用此植物去治疗疾病)联系起来了。

### 3. 必然判断

这类判断是"在内容的差别中有同一性的判断",它所表明的是主词的质或实在的规定性。它也包括三种。

直言判断。例如,"玫瑰花是植物"。

假言判断。例如,"如果某种动物有脊椎,那么它是脊椎动物"。

选言判断。例如,"南美肺鱼不是鱼类就是两栖类"。

黑格尔认为,必然判断较之反省判断又深化了。反省判断虽然已经借助宾词表明了主词与别的事物的联系,但是,对于主词的实在规定性,反省判断仍然没有揭示出来。揭示主词的实质或本性的是必然判断。

### 4. 概念判断

这类判断"以概念、以在简单形式下的全体,作为它的内容,亦即以普遍事物和它的全部规定性作为内容"[①]。它也包括三种。

实然判断。例如,"这所房子是坏的"。

或然判断。例如,"一所房子如此这般地建造,就可能是好的"。

必然判断。例如,"如此这般建造的房子是好的"。

黑格尔认为,概念的判断是判断发展的最高形式,因为它表明的是主词对自己的本性的符合程度。用我们的话说就是,这类判断表达了主词与客观实在的符合程度,已经涉及认识的真理性了,因而是最深刻的判断。

黑格尔把判断分成上述四类,是以他的逻辑学的范畴推演顺序为根据

---

① 黑格尔:《小逻辑》,商务印书馆1980年版,第353页。

的，每一类判断都对应于一个范畴。实在判断相当于他的"绝对概念"发展的"存在"阶段；反省判断和必然判断相当于"本质"阶段；概念判断相当于"概念"阶段。他的判断分类是直接与他的"存在论""本质论"和"概念论"相呼应的。而且，每一类判断所包括的各种判断也分别对应于一个范畴。

黑格尔关于判断的分类，不乏晦涩、牵强之处，但总的说来，由于他遵循认识的发展过程给判断分类，体现了逻辑与认识论的一致性，因而"这种分类方法的内在真理性和内在必然性是明明白白的"①。

四、恩格斯关于判断的辩证分类

黑格尔对判断所做的辩证分类，得到了恩格斯的充分肯定。在黑格尔的分类基础上，恩格斯把判断分成：

个别性判断（即黑格尔的实在判断）。例如，"摩擦生热"。

特殊性判断（包括黑格尔的反省判断和必然判断）。例如，"一切机械运动都能转化为热"。

普遍性判断（即黑格尔的概念判断）。例如，"任何一种运动形式都能够转变为其他任何运动形式"。

恩格斯分析说，摩擦生热，在实践上是史前时代的人就知道了，过了很多年，人们才形成这样一个判断，"摩擦是热的一个源泉"。这个判断是一个个别性的判断。又经过几千年，当迈尔、焦耳和柯尔丁在1842年提出"一切机械运动都能借摩擦转化为热"时，就形成了一个特殊性判断，其中一个特殊的运动形式（机械运动形式）展示了在特殊的状况下（经过摩擦）转变为另一个特殊的运动形式（热）的性质。过了3年，迈尔提出了另一个判断，"在每一情况的特定条件下，任何一种运动形式都能够而且不得不直接或间接地转变为其他任何运动形式"，这时就形成了一个普遍性判断。当一个普遍性判断形成的时候，规律就得到了最后的表达。②

---

① 《马克思恩格斯选集》第3卷，人民出版社1972年版，第546页。
② 参见《马克思恩格斯选集》第3卷，人民出版社1972年版，第547页。

### 五、经验判断与理论判断

上面讲述的亚里士多德、康德、黑格尔和恩格斯关于判断的认识论分类或称辩证分类的思想给后人以深刻的启示。但人类的认识是发展的,这在判断的认识论分类上也得到了体现。当今的哲学家和逻辑学家在吸取前人成果的基础上,通过考察科学知识的命题形式,遵循判断认识论分类的原则,把判断分成了基本的两类,即经验判断和理论判断。

一切科学知识都具有命题形式,都通过判断来表达。表达科学知识的判断之间不是横向的或平行的关系,而是处于由此及彼、由表及里、由低层到高层的联系之中,从而构成科学知识体系。人们在实践中获得的科学认识成果分为经验知识和理论知识两个层次,相应地,判断也区分为经验判断与理论判断。在科学知识体系中,虽然较少使用"判断"这一名称,而多用观察事实、定律、原理的说法,但其表现形式都是判断。观察事实即是经验判断,定律和原理即是理论判断。

**1. 经验判断**

经验判断是指陈述观察事实的判断。它表达的是观察者在观察实验过程中,运用感官及仪器接触被认识对象所获得的经验知识。

经验判断也被称为事实判断。说到这一点,需要澄清"事实"这个概念。事实,有"客观事实"与"经验事实"两种含义。现象、事物、事件本身是事实,这是"客观事实",借用旧哲学中本体论一词,这种事实是本体论的事实,又可称为"事实$_1$";人们关于事实$_1$的反映和认识所形成的判断也叫事实,这是认识论的事实,即"经验事实",可称为"事实$_2$"。

事实$_1$是客观实在。事实$_2$是经验陈述或判断,又叫观察事实或经验事实。所以,经验判断、观察事实、经验事实是一回事。

下面是几个经验判断的例子:

① 1976年7月28日中国唐山发生7.5级大地震。
② 指针P指在3.5上。
③ 有的地区的土壤是红壤。
④ 所有本村的居民都接种过疫苗。

可以看出，经验判断具有三个特征。

第一，经验判断反映的是个别对象的外部特征或性状，表达的是个别经验事实。

第二，经验判断所表述的内容是可以直接观察到、直接经验的。

第三，经验判断所陈述的对象是个别的或是有限可观察的类，因而经验判断实质上是单称判断，通常也就把经验判断叫作单称经验判断。在前面所举的例子中，①和②是关于个别事件、个别对象的观察陈述，是单称判断。例③从命题形式上说是特称判断，但由于特称判断是表"存在"的，只要观察到某一对象具有某种性状就可做出来，因而特称判断所表达的知识也是可观察的经验知识，作为一种经验的认识，它与单称判断并无不同。从命题形式上说，例④是个全称判断，但是，由于它所陈述的对象是有限可观察的类，并且只是记录了对象的某种可观察的共同性，因而，这种全称概括，仍然反映的是事物的表面特征，仍然属于经验知识。据此，人们把这种全称概括称为偶然概括，把这种全称判断称为全称记录性判断，实质上这种判断可看作范围较广的单称判断。所以，我们一般就说经验判断是单称经验判断。

### 2. 理论判断

理论判断是陈述科学定律和原理的判断，它表达的是关于事物普遍规律性和因果性的理论知识。

科学定律有层次之分，低层的是经验定律，高层的是原理定律。这两种不同层次的科学定律是因回答不同性质的科学问题而相区别的。人们历次观察到的乌鸦都是黑色的，由此就产生这样的问题："乌鸦都是黑色的吗？"人们反复观察到固体金属块相互摩擦就会生热，由此又会问："任何固体金属块相互摩擦都会生热吗？"这类性质的问题是关于事物"是什么""怎么样"的问题，人们称之为"乌鸦型"（经验型）的问题。对这类问题做出问答（如说"所有乌鸦都是黑色的""任何固体金属块相互摩擦都会生热"）就提出了一个经验定律。可见，经验定律表明的是现象之间某种可观察的普遍联系，但不能提供对于这种普遍联系的理解。原理定律回答的则是事物"为什么会如此这般"的问题，这类性质的问题称为"本因型"（原理型）的问题。可见，原理定律表明的是事物的本质规律和现象发生的原因，是对经验定律的理论解释。由于科学定律有这样的区别，相应地，理论判断也分为陈述经验定律的理论判断和陈述原理定律的理论判断。

下面是几个理论判断的例子：

①所有金属都导电。
②任何物体，如果它在电场的作用下内部自由电子有规则地向一定方向运动，那么它就能导电。
③行星运行于椭圆的轨道，太阳就位于这个椭圆的一个焦点上。
④任何两个物体之间因具有质量而相互吸引，其引力的大小与两个物体的质量的乘积成正比，与两者的距离的平方成反比。即：$F = G(m_1 \cdot m_2/r^2)$。

其中，例①是陈述经验定律的理论判断，例②是陈述原理定律的理论判断，例②解释了例①。例③是陈述经验定律的理论判断（它表述了开普勒行星三定律的第一定律），例④是牛顿的万有引力定律，它从高层理论上解释了开普勒定律，是陈述原理定律的理论判断。

关于理论判断的特征，主要有两点。

第一，理论判断是事物规律的概括，是本质的普遍性的陈述。虽然陈述经验定律的理论判断与陈述原理定律的理论判断在规律概括的层次上不同，但都是表述事物对象某种规律的，提供的是理论知识。

第二，理论判断是全称判断，通常也就称理论判断为全称理论判断。（这里须说明：理论判断也可用假言判断形式来表述。假言判断是全称判断的转换形式，说"如果 $x$ 是 $s$，那么 $x$ 是 $p$"和说"所有 $s$ 都是 $p$"并无不同。）每一科学领域的规律都是普效的，因而作为规律概括的理论判断都是全称判断。不过，这里应再说明，由于存在着我们前面已提及的全称记录性判断，因而并非全称概括都是理论判断。试比较：

①我口袋里的硬币都是五分值的。
②任何被加热的物质，首先变红，然后变黄，接着发白。
③由于光波具有粒子性，而粒子又具有波动性，任何被加热的物质随着光量子能量的增加而由红变黄，再由黄变白。

在这三个判断中，①是个全称记录性判断，陈述的仍是经验事实而不表达规律，因而它是经验判断而不是理论判断。②和③则都是陈述规律的理论判断，②陈述的是经验定律，③所陈述的是原理定律，它对②给予了解释。凡是全称判断都是概括的结果，但这里有偶然概括和规律概括之分，全称记录性判断是偶然概括，全称理论判断则是规律概括。

从认识层次上、从科学知识的结构上说，经验判断与理论判断有着质的区别。但是，经验与理论是不同的认识层次，并不意味着经验知识与理论知识截然分开，因为事物的现象和本质之间是互相依赖、对立统一的。科学知识体系是经验知识与理论知识互相依赖互相渗透的网络，因而，经验判断与理论判断也是相互联系和渗透的，纯粹的经验判断和纯粹的理论判断并不存在。

## 第三节 判断的形成

判断的形成问题首先涉及判断的来源。对此，人们的看法很不同。例如，休谟认为，判断来自感觉经验引起的心理习惯。拿"摩擦生热"来说，人们之所以形成和接受这个判断，是由于经验到若干次摩擦都产生"生热"的现象，于是在心理上就建立起一种习惯，把摩擦和生热联系了起来。康德则认为，分析判断的形成不必借助经验，综合判断的形成虽然要凭借经验，但经验须由先天认识能力（先天范畴）给予整理，有了先天范畴才能形成判断。这样，康德就把判断形成的源泉归结为先验的框架。用心理习惯和先验框架来解释判断的形成，都没有找到判断的真正来源。人的认识的客观基础是实践，判断作为一种认识形式，它是以人类的实践活动为基础、为源泉的。

判断分为经验判断与理论判断。经验判断是"关于经验事实的观察陈述"，具有直接现实性。理论判断是"关于定律、原理的陈述"，具有普遍必然性。而无论是判断的直接现实性还是普遍必然性，都是由实践提供基础和保证的。列宁说："实践高于（理论的）认识，因为它不但有普遍性的品格,而且还有直接现实性的品格。"① 实践具有直接现实性一般不难理解。那么,如何解释实践具有普遍性并且成为判断的普遍必然性的基础呢?实践的普遍性,是指实践活动蕴涵着一般的、规律性的东西,反复实践都得到相同的结果,这本身就是规律性和普遍性,判断是实践活动的概括,反映了实践的普遍性,判断的普遍必然性是建立在实践的普遍性之上的。

如果按照休谟的观点,把判断的来源归结为心理习惯,那么判断的普遍必然性就成了问题,因为心理习惯不能保证下一次两个现象之间也必然会联系起来。如果按照康德的观点,把判断的来源归结为先验的框架,那么判断的普遍必然性就成了纯粹主观加工的产物,就没有客观依据了。因而,在实践之外去寻找判断的基础和来源都是不正确的。

但是,判断以实践为基础,并不意味着判断可从实践中自然而然地生成,只有考察判断形成的逻辑过程,我们才能具体地把握判断是如何形成的。

## 一、判断形成的逻辑过程

判断是陈述知识的,知识来自哪里?人类的知识不外来自直接经验和间接经验。直接经验和间接经验有别,因而通过这两种不同的经验所形成的判断也不一样。

人们在实践活动中,通过直接经验所形成的判断是单称经验判断,即"关于经验事实的观察陈述"。毛泽东说,你要想知道梨子的滋味,就得亲口尝一尝。通过尝梨子,做出"这只梨子是甜的"或"那只梨子是酸的"判断,这就是直接经验所获得的单称经验判断。

全称理论判断的形成就不这么简单。理论判断的普遍必然性是不能在直接经验中把握的,因而,理论判断不能由直接经验获得,而是通过间接经验、间接认识形成的。

间接认识有两个含义或称两种类型:一种是接受他人提供的知识产生的间接认识,这是就人类社会世世代代进行知识交往而言的。另一种是用已知去推论未知而产生的间接认识,这是一种具有理性思维创造性的间接认识。按照毛泽东的思想,这是"去粗取精、去伪存真,由此及彼、由表

---

① 列宁:《哲学笔记》,人民出版社1974年版,第230页。

及里"的认识过程。这种间接认识过程包含着逻辑方法的运用,包含着联想和猜测的因素,是一种复杂的认知过程。我们说理论判断是通过间接认识形成的,指的就是通过这样一种间接认识。

那么,通过间接认识形成理论判断的具体过程是怎样的?概括地说,陈述经验定律的理论判断是借助"外推法",经由一个概括外推的逻辑过程而形成的;而陈述原理定律的理论判断是借助"溯因法",经由一个溯因的过程而形成的。

**1. 陈述经验定律的理论判断的形成**

传统认为,陈述经验定律的理论判断是可以从单称经验判断中直接获得的。这种看法,把理论判断的形成过程描写得过于直线化、简单化了。事实上,陈述经验定律的理论判断的形成,虽然要以经验判断为基础,但从若干单称经验判断是无法直接获得全称理论判断的。作为一种规律概括,陈述经验定律的理论判断是从个别经验事实中概括出来的"一般",它的形成是从个别到一般的飞跃。这种飞跃是以理论知识为中项,通过理论思维的外推过程实现的。外推过程主要表现为两种。

(1)归纳外推过程。例如,"所有生物体的活动都具有时间上的周期性节律"这个陈述经验性规律的理论判断就是归纳外推的结果。人们根据鸡叫三遍天亮、牵牛花破晓开放、青蛙冬眠春觉、大雁春来秋往等客观现象,做出了一系列经验判断:

> 鸡的活动具有时间上的周期性节律。
> 牵牛花的活动具有时间上的周期性节律。
> 青蛙的活动具有时间上的周期性节律。
> 大雁的活动具有时间上的周期性节律。等等。

有了这些经验判断,似乎可以直接得出"所有生物体的活动都具有时间上的周期性节律"这个理论判断了。但是,这里尚缺乏一个中项,即必须确定鸡、牵牛花等都是生物体,借助"鸡、牵牛花、青蛙、大雁都是生物体"这个中项才能获得上述结论。而"鸡、牵牛花、青蛙、大雁都是生物体"是一个全称规律性概括,我们是以这一理论知识为中项,才从一系列经验判断中概括出"所有生物体都是在时间上具有周期性节律"这一理论判断的。

这个过程，是以"适用于若干个体的经验事实为前提"，外推出"适用于个体所属的类的一般结论"。显然，其结论超出了前提的断定范围，是一种扩展性思维过程。其间，产生了从个别到一般、从经验事实到经验规律的飞跃。同时，也正因为其结论超出了前提，所以潜藏着发生错误的可能性。但是，这正表明了理论判断形成的复杂性，它不是一次性形成的，更不是一经形成就一成不变的。列宁说，真理总是不完全的，因为经验总是未完成的。随着新的经验事实的发现，经验定律将得到修改和补充。例如，门捷列夫最初提出元素周期律（经验定律）时，是这样概括的："元素的性质随着它们的原子量的递增而周期性地变化。"可是，后来发现了种种新事实（特别是同位素的发现），表明元素性质的周期性变化不是以原子量的递增为基础，而是以原子核电荷的递增为基础。于是，人们就对元素周期规律的内容做了相应的调整。

还有一点需要说明，在归纳外推过程中，还要结合使用其他一些经验认识和理论认识的方法。要形成陈述经验定律的理论判断，先要搜集一定的事实材料，取得个别的经验事实作为前提，这就要运用观察、测量、实验等经验认识的方法。有了事实材料，进一步要进行初步的逻辑加工，如要在思维中把经验事实分类，找出其间的共同点和不同点等等，这就要运用比较、分析、综合等理性思维的方法。这表明，归纳外推是获得经验定律性质的理论判断的基本方法，但不是认识由个别达到一般的唯一的研究方法。

（2）典型实验外推过程。例如，"超声波与激光共同作用产生新的声光效应"这个经验定律性质的理论判断，就是通过典型实验而外推出来的。

科学工作者在分别实验超声波和激光的灭菌效应时发现：

在每毫升123万个杂菌的溶液中，超声波灭菌效率为33%。
在每毫升123万个杂菌的溶液中，激光灭菌效率为22%。

这使科学工作者产生了一个想法，如果让超声波和激光共同作用会怎么样，其效应是等于两者之和还是更大？如果更大则表明产生了新的声光效应。在这种想法的驱动下，科学工作者做了一个典型实验：使超声波和激光同时作用于灭菌。其结果是产生了一个新的经验事实：

在每毫升123万个杂菌的溶液中，超声波与激光同时作用的灭菌效率为100%。

于是，科学工作者以上述三个经验事实为根据，从典型实验所得到的新事实外推出一个经验定律：超声波与激光共同作用产生新的声光效应。

通过典型实验外推出一个理论判断，实质上也是从个别推广到一般。不过，这种外推过程与归纳外推过程还是有区别的。归纳外推要求有一组经验事实为前提，而典型实验是一次性的，是以一个特殊事实为外推根据的。另外，典型实验外推出一个理论判断虽然也不具有逻辑必然性，但是由于典型实验是人工控制的实验活动，排除了偶然、次要因素的干扰，因而它所得到的新事实具有严格性，对于理论判断的支持程度（确证程度）较高。就是说，归纳外推在前提的数量上优于典型实验，而典型实验外推的结果在质上优于归纳。这样，尽管归纳外推过程和典型实验外推过程都是获得陈述经验定律的理论判断的过程，但典型实验外推出来的理论判断往往揭示更深层的规律，其可靠程度也更高。

同样的，典型实验外推过程也不是仅从一个特异事例就可导出一个一般性的论断，它也要借助理论知识为中项，借助比较、分析等其他逻辑方法。

在社会科学和实际工作中所使用的"抓典型、搞试点"的方法、"解剖麻雀"的方法，类似于自然科学中的典型实验。通过运用这些方法取得一些带有规律性的认识，也相当于形成了经验规律性质的理论判断。不过，社会现象由于人的参与要比自然现象更复杂，因而，当从典型试验中取得一般性认识而加以推广时，就要考虑到各个地区、部门的具体情况，根据不同的时间、地点、村情、厂情等修改一般原则。

**2. 陈述原理定律的理论判断的形成**

当某一经验定律被确认以后，人们必然会提出如何理解这一经验定律的问题。陈述经验定律的理论判断揭示了事物的"已然"，但不能揭示事物的"所以然"。要理解经验定律，必须对经验定律给以理论解释，找出事物之所以会如此的原因。当人们这样做的时候，就是在创立高层理论，也即在形成陈述原理定律的理论判断了。

陈述原理定律的理论判断的形成还有一种情形：在一些情况下，原有的观察事实已经得到某一原理定律的解释，但后来又观察到意外的新事实，原来的原理定律解释不了，于是，通过解释意外事实而提出新的原理定律性质的理论判断。

通过解释已有的经验定律而提出原理定律与通过解释意外事实而提出原理定律虽然略有区别，但其逻辑过程都是溯因的过程，即都是提出理论猜测和假设的过程。并且，它们有着同样的溯因模式，即：

$E$；
如果 $H$ 为真，则 $E$ 可被解释；
所以，有理由提出 $H$。

在这个模式中，$E$ 可表示"已有的经验性定律"，也可表示"观察到的意外事实"；$H$ 表示设定的原理定律（也即理论假设）。

下面，我们用两个案例加以说明。

① 1929 年，美国天文学家哈勃根据观测到的一些宇宙事实，提出了著名的哈勃定理："星系的退行速度同星系离我们的距离成正比。"这是一条经验定律，科学家在寻求其原因时，提出了"宇宙膨胀"的理论假设加以解释。科学家在气球的表面画上许多小点，设想在小点上站着小人，然后使气球膨胀，这时，气球表面的小点便四散分开，对于站在任何一个小点上的小人来说，其他小人都在退离开他，而且离他越远的小点，退行速度越大。以此为类比，科学家提出："宇宙是不断膨胀的，各星系的行为就如同气球上的各个小点的行为。"这就是宇宙膨胀论，这种假设与爱因斯坦广义相对论相吻合，能够解释哈勃定理，于是，一个原理定律性质的理论判断形成了。

② 1857 年，德国物理学家赫尔姆霍兹提出了听觉的共鸣理论，用以解释人类的听觉现象。共鸣理论认为耳蜗内有一系列调谐共振子，从而实现按声波频谱的共振产生听觉。解剖学的实践证实，这一系列的调谐共振子，就是耳底膜的横纤维。有了经验证据的支持，共鸣理论作为解释听觉现象的理论判断被接受了。可是后来发现新的事

实，耳底膜的横纤维难以有某种固定的调振频率。于是，卢瑟福提出了耳蜗的电话说，认为耳底膜纤维所起的作用，就如同电话中的膜片一样，声波的振动引起了耳膜的振动，耳膜的振动则牵动了耳底膜的横纤维，形成了听觉。卢瑟福用一个新的理论判断解释了人类的听觉现象。

例①是通过解释一个经验定律形成了原理定律性质的理论判断。例②是通过解释意外的新事实形成了原理定律性质的理论判断。

上面分别描述了陈述经验定律的理论判断和陈述原理定律的理论判断的形成过程。现在，我们对理论判断的形成过程做一些概括说明。

第一，陈述经验定律性质的理论判断的形成程序是：整理单称经验陈述，提出一个乌鸦型的问题；引入理论知识作为中项；概括外推出一个经验定律性质的理论判断。陈述原理定律性质的理论判断的形成程序是：分析单称经验陈述或经验定律，提出一个本因型的问题；分析相关背景知识；猜测出一个原理定律性质的理论判断。

第二，任何理论判断的形成都是从经验上升到理论，又由理论回到经验的过程。概括外推和理论猜测是从经验达到理论，而得到的理论判断必须能解释和推导出单称经验陈述或经验定律，这个解释和推导的过程又是从理论回到经验。这充分体现了在理论判断形成过程中渗透着经验和理论相互联系的辩证法。

第三，通过概括外推和溯因的过程提出理论判断并不意味着理论判断已得到确认。根据前面的叙述我们知道，概括外推（无论是归纳外推还是典型实验外推）过程是没有逻辑必然性的，而溯因过程同样也没有逻辑必然性。溯因过程的基本模式是："$E$；如果 $H$，那么 $E$；所以，有理由提出 $H$。"这是根据后件 $E$ 的存在，猜测 $H$ 的成立，是假言推理的一个无效式。因而，理论判断的提出还不等于判断已最后形成，理论判断形成的过程必须延伸到实践检验的阶段，只有经过实践的证实，理论判断才被确认，才由假设转化为科学理论知识。这说明，在理论判断形成的过程中，既有逻辑因素起作用，也有非逻辑因素（联想、猜测等）起作用，渗透着逻辑与非逻辑互相补充的辩证法。同时，也进一步说明了判断形成的客观基础是实践，实践不仅是判断的来源，又是判断得以确立的客观标准。

## 二、判断形成过程的逻辑中介：背景知识

判断在实践的基础上形成，形成判断要借助逻辑方法。除此之外，还有若干因素在判断的形成中起作用，背景知识就是一个重要的因素。背景知识实际上是判断形成过程中的一个环节，在判断与经验事实之间起着逻辑中介的作用。

什么是背景知识？宽泛地说，人类已经获得的所有理论知识都是背景知识。但是，由于人们往往是利用科学理论在某一时代达到的最新水准去从事新的经验观察和理论概括，因而，可以说背景知识是指一定时代的科学理论知识的总和。人的认识活动离不开人类文明的大道，更受到特定时代科学理论水平的影响和制约。在判断的形成过程中，无论是经验判断的获得还是理论判断的提出，背景知识都是必不可少的因素。

弗朗西斯·培根认为，理论依赖于观察，但观察独立于理论，不受理论的约束。逻辑经验主义声称，科学理论结构中的理论层次寄生于观察层次之上，观察层次则不依赖于理论层次。这些看法无非是说，经验是不受理论"污染"的，观察是不受任何理论影响而保持不偏不倚的中立性的。按照这种看法，势必得出形成经验判断无须理论的参与、无须背景知识的结论。然而，实际情况并非如此。

经验判断虽然来自直接经验，是通过观察、测量等直接经验活动形成的，但是，经验渗透着理论，经验判断的形成离不开背景知识。

首先，观察过程中渗透着理论。现在假定有一张肺结核病患者的肺部X光照片，让一位在这方面有经验的医生和一位根本不懂医学知识的人同时观察这张照片。他们会看到什么呢？他们看到的东西是一样的吗？如果仅从视觉器官产生视网膜图像这方面说，他们的视网膜受到刺激从而产生的图像并无不同。但是，如果让他们提出观察报告（观察陈述），那就会发现，他们实际上观察到了不同的东西。那位医生能从这张照片上观察到照片上的主人患有肺结核病，而那位不懂医学的人则只看到照片黑一块，白一块，不知所以。为什么会产生这种区别，原因就在于观察虽然离不开感官的感觉图像，但并不等于感官的感觉图像。观察虽然离不开人体的生理反应，但它本质上并不是生理活动过程，而是一种认识活动。观察陈述的产生，必须经过大脑对感觉图像进行组织，在这种"组织"过程中，就渗透着观察者已掌握的理论知识。观察者的理论"框架"不同，他们所看

到的东西就不同。爱因斯坦说:"是理论决定我们能够看到的东西。"N. B. 汉森说:"看东西的是人,而不是他们的眼睛。"人们在观察中能看到什么,从而能形成怎样的经验判断,是深受背景知识影响的。

其次,观察离不开语言,也表明经验中渗透着理论,经验判断的形成离不开背景知识。人们要陈述观察到的事实,必须使用语言,而语言是受一定背景知识的影响或隶属于某一理论系统的。当用语言陈述观察到的事实做出经验判断时,理论也就随着语言的使用而渗透其中了。

最后,观察要借助仪器,而仪器是根据科学原理设计和制造的,是科学理论的物化形态。因此,借助仪器进行观察,按照规律操纵仪器,其中就渗透着理论。

经验判断的形成离不开背景知识,理论判断的形成更是如此。如前所述,理论判断最初是作为个别猜测性判断被提出的,个别猜测性判断实际是假说的狭义形态。而假说的提出,一方面要以已知经验事实为根据,另一方面必须以已有的相关理论为前提。作为背景知识的已有理论知识从两个方面制约着假说(新的理论判断)的形成:第一,假说不能与已被证实的科学理论相悖;第二,一个具体的假说的提出,总与一定时代的科学理论水平相联系。诚然,新的理论判断的形成,往往是对原有理论判断的修正或变革,因而不应受背景知识的束缚,但是,新的理论判断毕竟是站在原有理论判断的"肩上"才能形成的。例如,宇宙膨胀论是以现代宇宙学理论和爱因斯坦广义相对论为背景知识的。

## 第四节 判断的发展

随着实践活动领域的扩大和水平的提高,人类的认识是不断发展的。判断,当它形成之后,也经历着动态发展的过程。关于判断的发展问题,黑格尔和恩格斯在对判断加以辩证分类的同时就曾做过描述。在黑格尔看来,判断是依照实在判断、反省判断、必然判断、概念判断这样的阶段的顺序发展的。根据他对于这四类判断的定义可以看出,这一判断发展过程体现了认识从个别性到特殊性再到普遍性。恩格斯也是这样看待判断发展的,他明确指出:"一切真实的、详尽无遗的认识都只在于:我们在思想中把个别的东西从个别性提高到特殊性,然后再从特殊性提高到普遍性。"① 他直接地就把判断分为个别性判断、特殊性判断、普遍性判断,把它们看作判断发展的三个阶段。当达到普遍性判断时,判断便获得了最高形式,规律就得到了最后的表达。这样论述判断的发展,符合人的认识过程,体现了逻辑与认识论的一致性。

判断由个别性到特殊性再到普遍性的发展,表现为另一种发展形态,即由经验判断达到理论判断。我们从这方面探讨判断的发展问题。

一、判断发展的基本过程

判断发展的过程基本上可做两种描述。

**1. 判断的纵向发展**

判断的纵向发展是一种相继式发展,它表明判断发展有不同阶段,在各个阶段产生相应的判断。这个过程大致如下:

在实践活动中,人们观察到个别事实而形成经验判断(单称观察陈述);进而提出该类对象的全体是否都是如此的经验型问题,通过概括外推形成陈述经验定律的理论判断;进一步又提出为什么该类对象都是如此这般的理论型问题,通过理论假说形成陈述原理定律性质的理论判断。

> 例如,人们观察到月桂、萝卜与葡萄是相克的,菩提树与接骨木是相克的,紫罗兰与葡萄是相互促进的,菩提树与白桦是相互促进的,于是形成一个个单称经验判断;对这部分植物的观察会引发一个经验型的问题:所有植物之间都存在着相克或相促进的互应关系吗?通过归纳外推,形成了一个经验定律:"植物之间都存在着相克或相促进的互应关系";接下来,一个理论型问题自然会提出:为什么植物之间存在这样的互应关系?科学工作者运用类比的方法,根据动物机体在生命过程中具有吸收和分泌某些化学物质的功能,对这个问题做出了回答:植物之间之所以具有互应关系,是由于"任何植物在自己的生命过程中不仅吸收而且分泌出各种化合物,形成独特的化学环境"。这样就形成了一个原理定律性质的理论判断。

---

① 《马克思恩格斯选集》第 3 卷,人民出版社 1972 年版,第 554 页。

这样描述判断的纵向发展，还是单线条的。事实上，判断的纵向发展要复杂得多。其复杂性主要表现在：

第一，由经验判断发展到经验定律以后，经验定律还要回到经验判断。这是指，经验定律能对已知的经验事实做出解释，并且能够推导出同类的新的经验事实。由经验事实或经验定律发展到原理定律以后，原理定律也要回到经验定律和经验事实；这是指，一方面，原理定律能解释已知的经验定律和经验事实；另一方面，原理定律能推导出新的经验定律，能预言新的经验事实；在新的经验事实的基础上，又展开新的判断发展过程。这表明，判断的纵向发展不是单向的，而是双向的、曲线上升的。

第二，经验定律和原理定律本身也各有层次之分。一个经验定律可以解释另一个经验定律，一个原理定律可以解释另一个原理定律。例如，"冰是浮在水上的"，这个全称概括是一个经验定律性质的理论判断。对这个经验定律，我们可以用"冰的密度小于水的密度"来解释，这也是一个经验定律，不过它对于前者来说具有较大的普遍性，处于更高一些的层次上。再如，"物体之间由于物体具有质量而产生相互吸引力"，这是万有引力定律，它是一个原理定律。那么，为什么物体具有质量就会相互吸引呢？爱因斯坦的广义相对论从更高的理论层次上对此做出了解释：万有引力的产生是由于物质的分布和运动状态引起时空弯曲。这种情况表明，判断的纵向发展不仅有阶段性，而且有层次性，呈现出不断追求最大统一性和最大普遍性的发展趋势。

### 2. 判断的横向发展

判断的横向发展是一种并列式、发散式的发展。这种发展形态，主要发生在由经验定律向原理定律发展的阶段上。就是说，从某一个经验定律可以形成几个并存的原理定律。

我们知道，原理定律是对经验定律的解释，而对同一个经验定律，可以提出不同的理论假设给予解释。如果每一个假设都有一定的经验事实的支持，那就形成了几个不同的原理定律都可用于解释同一个经验定律的情形。就是说，从经验定律发散式地发展出几个并存的原理定律。

例如，"脉冲星有规则地发出脉冲"，这是一个经验定律。为什么脉冲星能周期性地发出脉冲？天文工作者提出了"脉动说""双星作轨道运动说"和"自转说"三种假设。根据脉动说,脉冲星就像人的心脏那样时而膨胀时而收缩,从而有规则地发出脉冲;根据双星作轨道运动说,是由于两颗恒星互相绕转发生相互遮掩现象,从而使人们观测到周期性脉冲;根据自转说,脉冲星如灯塔上的光束那样旋转,从而发出周期性脉冲。在一段时间里,这三个理论假设是并存的、相互竞争的。

当然,从经验定律横向发展起来的几个原理定律,并不是永久并存下去,或迟或早会发生优胜劣汰或者归并统一的变化。如在对脉冲星周期性发出脉冲的几种解释中,由于"自转说"更为合理,因而被人们所选择。但更多的情况是几个理论假设都有经验事实支持,都揭示了真理的某一方面,因而归并统一,发展出一个更高层次的原理定律。光的波动说与光的微粒说综合发展为光的波粒二象说就是一个典型的例子。

应当看到,从叙述的角度说,我们可以把判断的发展描述为纵向发展和横向发展两种形态,但实际情况是,判断的发展是一种纵向和横向交错的复杂形态,其发展过程远比我们的描述生动得多。

## 二、判断发展的动因

判断为什么呈现出流动发展的过程,这就是所谓判断发展的动力、动因问题。对此,可以做如下概括:

**1. 人们对事物本质的追求推动了判断的发展**

人们从事认识活动,目的在于认识事物的本来面貌,获得真理。这就使得人们对事物的本质规律做出不断的追求。

在认识过程中,人们通过感官的门窗首先获得关于客观事物的经验认识,但经验认识只是触及了零碎的、表面的现象。人们的认识进一步达到了经验定律,经验定律已是事物某种普遍联系的反映,但这种普遍联系仍然不是本质规律。认识的进一步深化才达到普遍原理,才把握了事物的本质。伴随这样的认识活动,判断呈现出从经验判断到理论判断的发展。

**2. 理论判断之间相互竞争促进了判断的发展**

我们在前面说到,为了解释一个经验定律,可以提出几个不同的理论假设。这种情形,在最初提出假说时是带有普遍性的。在对一个经验定律做出这样解释、那样解释时,各个假说之间就展开了相互间的竞争。在竞争中,为了使自己的假说得以成立,竞争的各方会不断修正补充自己的理论,甚至从对方吸取合理、有益的因素。通过这种补充和修正,判断可以得到自我完善性的发展。而且,如前所说,如果相互竞争的各种理论判断都有经验事实作为证据,那么竞争的结局往往不是一方吃掉另一方,而是各种理论归并合流,发展成为一个更高层次的新的理论判断。

### 3. 新事实与原有理论之间的矛盾是判断发展的永恒动力

恩格斯指出:"一个新的事实被观察到了,它使得过去用来说明和它同类的事实的方式不中用了。从这一瞬间起,就需要新的说明方式了。"[①] 随着科学技术水平的提高,实践会取得新的手段,从而实践活动会涉及新的领域,发现新的事实。对新事实进行理论解释,需要新的理论判断。新事实是不断被观察到的,新事实与原有理论之间的冲突是不可避免的,这一永恒的矛盾,决定了判断必将永无止境地向前发展。

这里概括的判断发展的动因,对于说明概念的发展、科学理论的发展也是普遍适用的。因此,也可以看作是各种思维形式运动发展的原因和机制。

---

① 《马克思恩格斯选集》第 3 卷,人民出版社 1972 年版,第 561 页。

# 第四章 概念论

## 第一节 概念的认识论分类

如同对判断的分类一样,对于概念的分类,辩证逻辑也是着眼于概念的认识程度和认识价值的。根据这样的眼界,辩证逻辑将概念分成三个类型:前科学概念与科学概念、抽象概念与具体概念、科学范畴与逻辑范畴。

### 一、前科学概念与科学概念

普朗克说过,在科学史中,一个新概念从来不会是一开头就以其完整的最后形式出现,像古希腊神话中雅典娜一下子从宙斯的头里跳出来那样。从是否反映了事物的本质、是否隶属于科学理论系这方面看,概念有前科学概念和科学概念两种形态。人类智力发展史和个体智力发展史都表明,概念并不是一开始就以科学概念出现的,总要经过"前科学"的阶段。有些前科学概念后来转化为科学概念,有一些则用于日常生活中,而不发生向科学概念的转化。

前科学概念是以感性表象为依据,对感性经验进行直接概括而形成的。作为概念,前科学概念也是关于对象的概括性认识,但它的抽象水平较低,是一种表浅的概括。

前科学概念大致可再分为两种。

一种是"达意概念"。这种概念只起达意的作用,如"公尺布""吃""喝"等。拿"公尺布"来说,云南等地卖布按公尺度量,当地群众称为"公尺布"。像这类概念虽然大量使用,但是没有更深的认识价值,一般来说,它们不会纳入科学系统,也不会转化为科学概念。

另一种是"普通概念"。这种概念具有一定的认识价值和作用,但仍属于前科学概念。它与科学概念有两点显著区别：第一，科学概念具有精确性，而普通概念相对而言具有模糊的性质；第二，科学概念是隶属于一定的科学系统的，而普通概念没有纳入科学系统，是在日常生活中使用的。例如，"速度"这个概念，在物理学中与日常生活中的理解就不一样。假定从同一点出发，沿着不同的道路行驶着两辆汽车，速率计上所记录的速率都是40英里每小时。在日常生活中，人们认为它们的速度是相同的，而从物理学上看，它们的速度并不一样。日常人们对速度的理解只考虑了它的绝对值，而物理学中对速度的理解则不仅考虑绝对值，还要考虑方向。只考虑绝对值的叫"速率"，同时也考虑方向的才叫速度。这就把"速度"与"速率"区别开了。显然，物理学的"速度"概念要比日常生活中的"速度"概念精确。不过，普通概念经过整理，可以纳入科学系统，转化为科学概念。爱因斯坦和费英尔德曾经说："科学必须创造自己的语言和自己的概念，供它本身使用。科学的概念最初总是日常生活中所用的普通概念，但它们经过发展就完全不同。它们已经变换过了，并失去了普通语言中所带有的含糊性质，从而获得了严格的定义。"①

如此看来，前科学概念中有一种类型命中注定了是前科学概念，而有一种类型则是因其处在较低的发展水准上才是前科学概念，随着认识的发展，它们可以沿着科学化的方向发生变化。

从人类智力发展史来说，人类早期形成的概念属于前科学概念。法国社会学家列维·布留尔在《原始思维》一书中提供了大量这方面的材料。例如，在马布亚，当地土著居民是借助身体的各个器官、部位形成数的概念的：左小指为1、无名指为2、中指为3、食指为4、拇指为5、手腕表示6，如此等等。又如，对"美"这个概念，古希腊人曾这样定义：美是一个完整的汤罐，美是一匹骏马，美是一个漂亮小姐，甚至说，长寿就是美，为死去的亲人办了隆重体面的丧事就是美。② 显然，这样的概念还处于很肤浅的水平上。

从个体智力发展史来说，幼儿最初形成的概念是前科学概念。幼儿往往先学会叫"妈妈"。西方一位哲学家曾把"妈妈"定义为"女性家长"，幼儿当然达不到这种理解。不过，幼儿使用"妈妈"一词，也表达了概括

---

① 爱因斯坦、费英尔德：《物理学的进化》，上海科技出版社1962年版，第9页。
② 参见柏拉图《文艺对话集》，人民文学出版社1988年版，第180-182页。

的认识。幼儿听惯了妈妈的声音，熟悉了妈妈的气息和表情，在反复感知中就概括出妈妈的表象特征，形成概念。但是，"妈妈"这个概念对幼儿来说只是对个体外部特征直接概括的结果，还处在前科学概念的阶段。

与前科学概念不同，科学概念是事物本质的反映。科学概念的形成，不只是以感知表象为依据，还以一定的科学理论为前提，因而，科学概念总是隶属于某一科学理论系统的。从认识的深度上看，前科学概念是经验概念，而科学概念则是理论概念。作为达到理论认识的概念，科学概念具有较高的抽象性。科学概念的高度抽象性，在下列情形中得到了显著的反映：有些科学概念抽象程度相当深远，以至于已经不容易弄清它们与感性经验的联系，数学中的"虚数"概念就是一例；有些科学概念甚至与日常经验相违背，在日常经验范围内成为不可理解的东西，爱因斯坦相对论中的"时间"和"空间"概念就属这种情况；还有些科学概念完全是应科学研究的需要由科学家虚设出来的理想概念，在现实世界中根本没有物理原型。例如，物理学中的"质点""理想刚体"，化学中的"理想液体"，都是这样的概念。了解了这些情形，就不难理解为什么科学概念不能脱离科学理论系统了。

科学概念的特征决定了它在认知价值和认识作用方面高于前科学概念。这主要表现在：第一，科学概念使模糊的认识精确化，从而准确地反映对象。前面说过物理学区分"速度"和"速率"的例子。经过这种区分，"速度"这个概念得到了精确的定义，人们对速度的认识也就剔除了模糊性。第二，科学概念摆脱了表象具体的纠缠，从理论的高度反映了对象的本质。当柏拉图在《大希庇阿斯篇》里借希庇阿斯之口说"美是一个汤罐""美是一匹骏马"时，美是与具体的东西纠缠在一起的。美与"好"、美与"有用"还没有分开，因而不能揭示美的本质。只是当美被纳入近现代美学理论中，成为一个高度抽象的科学概念以后，人们对于美才有了一般的、本质的认识。尽管现代美学的不同派别对美的本质有不同理解，但人们对美达到了理论的认识则是一致的。第三，科学概念能够指导实践活动，而前科学概念局限于"家事"范围，不具有指导实践的功能。科学概念处于一定的科学理论系统之中，是作为理论系统中的一员作用于实践活动的。例如，牛顿的物理理论中的一系列科学概念成功地指导了古典物理研究的实践活动。后来，物理学家在对电磁和高速运动电子（β射线）的研究中，发现了一些与牛顿物理理论相抵触的情况。据此，爱因斯坦创立了相对论，形成了一套新的科学概念。这些概念用于物理研究的实践中，使物理学发展到了一个新纪元。又如，我国经济理论界提出了"公有制基础上的有计划的商品经济"这一科学概念以后，我国的经济活动就纳入了一个新的范畴。

长期以来，我国哲学界和逻辑学界对于前科学概念与科学概念的区别没有给予足够注意，通常认为凡概念都应反映事物的本质属性。按照这种看法，就将把许多概念拒于概念"家族"之外。在我们看来，反映事物本质属性的是科学概念，除此之外还存在一类前科学概念，它们虽未涉及事物的本质，但已超越了感性直观，对事物的外部联系做出了概括。我们不能因它们尚未反映事物的本质而说它们不是概念，也不能因它们已经提供了概念性认识而说它们是科学概念。

二、抽象概念与具体概念

根据前科学概念与科学概念的区别可以知道，科学概念才是有研究价值的。辩证逻辑研究概念是以科学概念为范围的。科学概念都反映了对象的本质，但在不同的思维阶段，人们对事物本质的反映形式和反映程度是不一样的。据此，概念又分为抽象概念与具体概念。抽象概念和具体概念虽然都是科学概念，但是，它们分别是在知性思维阶段和理性思维阶段形成的概念，它们的逻辑特征和认识作用有质的区别。

抽象概念是撇开对象的本质之间的联系，反映对象的抽象普遍性和抽象同一性的概念。抽象普遍性是指脱离特殊性、个别性的普遍性，抽象同一性是指脱离对立和差别的同一性。因而，抽象概念没有反映对象的差别和联系，而是孤立、片面地反映对象的本质。抽象概念也叫知性概念。当思维处在知性思维阶段，即把对象联系在一起的各个方面分割开来考察的时候，得到的就是抽象概念。例如，"落体定律"这个概念在伽利略时代是抽象概念，因为当时研究和表述落体定律时，没有把空气阻力因素考虑进来，并且忽略了落体下落的高度这一因素。又如，马克思曾以"生产一般"这个概念为例，分析过抽象概念的特征。我们知道，要生产就要有生产者、生产工具和原料，这是任何社会的生产都具有的共同属性。但是，各个社会的生产还有许多不同特点，在生产者的构成和素养、生产工具、对原料的利用，以及生产方式上都存在很大差别。这些方面的差别恰恰区分了各个社会的生产水平。比如，生产工具是石器还是铁器，是蒸汽机还是电机抑或原子能和电子计算机，不仅反映着不同社会的生产特征，而且是划分社会形态、划分时代的标志。但在"生产一般"这个概念中，只包含"要生产就要有生产者、生产工具和原料"这种共同性，撇开了各个社会的生产之间的差别。因而，"生产一般"是个抽象概念，它仅反映了生产活动的抽象普遍性和抽象同一性。

抽象概念本身的特征决定了它在认识作用上存在若干局限性。

第一，事物都是普遍性、特殊性和单一性的统一。由于抽象概念抛弃了对象的特殊性和单一性，抽象地反映对象的一般性。因而，抽象概念对事物的反映是片面的，用这种概念不能把握具体的对象。马克思在分析"生产一般"这个概念时，已经指出了抽象概念的这一缺陷。他说："总之，一切生产阶段所共同的、被思维当作一般规定而确定下来的规定，是存在的，但是，所谓一切生产的一般条件，不过是这些抽象要素，用这些要素不可能理解任何一个现实的历史的生产阶段。"①

第二，事物都是矛盾统一体，都包含矛盾和差别，事物的同一性是有差别的同一、包含矛盾的同一。由于抽象概念撇开对象的差别，抽象地反映对象的同一性，因而不能反映对象的内在矛盾和辩证本性，不能从各方面的联系中把握对象的本质。例如，"微粒"与"波"是光的两种相互联系的性质，而"光的微粒说"与"光的波动说"由于没有在这两种有差别的性质中建立起联系，因而都没能全面地揭示光的本质。"微粒说"能解释光的直线传播、反射和折射等现象，反映了这些现象的同一性；"波动说"能解释光的干涉、衍射等现象，反映了这些现象的同一性。但是，这些都是脱离差别的同一性，都只反映了真理的片段。

第三，由于抽象概念具有空洞、偏狭的弊病，因而运用抽象概念只能进行抽象思维。黑格尔在《谁在抽象思维》一文中曾谈到这一点。他举了几个例子说明运用抽象概念只能使思维局限于抽象思维的水平，其中一例是说：在一般人眼里，"仆人"就是下等人，是伺候人的奴才。但是，查克的主人则不然（查克和他的主人是狄德罗《哲学思想录》中的两个人物）。他不光看到查克是仆人，还看到查克有许多"长处"，如了解城市里的新闻、认识许多姑娘、能想出不错的主意等等，因而他把查克当朋友。黑格尔说，在一般人把仆人仅看作下等人、奴才时，"仆人"这个概

---

① 《马克思恩格斯选集》第2卷，人民出版社1972年版，第91页。

念对于他们来说就是抽象概念，他们在对待仆人的看法上就是抽象思维。因为他们仅仅看到仆人的抽象普遍性和同一性，不懂得仆人也是活生生的人。又如，分析一次汽车事故的原因，警察说是由于司机不遵守交通规则，筑路工程师说是由于路面不合规格，心理学家说是由于司机情绪不稳定，医生说是由于司机身体不适，汽车设计师说汽车设计不合理，而维修工则说气垫早就该换了。在这里，每个人都在抽象思维，都从自己专业的眼光把自己的看法当成普遍性原因，忽视了差别和联系。

在看到抽象概念的局限性时，我们也应肯定抽象概念的认识作用。抽象概念的认识作用主要表现为三点：①抽象概念对事物做出了"抽象的规定"，从而使经验认识得到了整理，使认识摆脱了感性杂多的干扰，达到了普遍化。有了抽象概念，人的思维才成为可能。凭借抽象概念，人们可以把握不同的对象类的一般属性，因而也就不必在考察每一个个体时都从感性认识出发，这就使认识避免重复，变得简洁规范。②抽象概念是概念发展的必由阶段，在关于某一对象领域的具体概念尚未形成时，抽象概念是人们进行认识和思维活动的唯一概念形式。例如，当"波粒二象说"还没形成时，人们只能用"微粒说"或"波动说"去描述光的性质。当人们还不懂得"直线是曲线"时，只能用"直线就是直线"去思维。而且，即使获得了关于某一对象领域的具体概念，抽象概念在特定范围内仍然继续得到使用。如确立了"直线是曲线"的观念后，"直线是直线"在平直空间中仍然是适用的。有了爱因斯坦的"不同时性"概念以后，牛顿的"同时性"概念在经典物理范围内仍然有效。③抽象概念又是人们获得具体概念的前提。具体概念不会从经验认识中直接产生，必须经过抽象概念阶段。

然而，抽象概念毕竟不能完整地反映事物，不能揭示具体真理。要以概念形式在思维中把握具体真理，必须形成具体概念。

那么，什么是具体概念？

我们已经知道，认识论的具体有感性具体和思维具体之别，具体概念是认识达到思维具体阶段的概念形态。思维具体是多种规定的综合，在这个阶段上的概念，反映的是对象的具体普遍性和同一性，我们把这种概念叫作具体概念。具体普遍性不排斥特殊性和单一性，具体同一性不排斥差别和矛盾，因而具体概念反映了对象的多样性的统一。例如，"光的波粒二象说"就是一个具体概念，它是关于光这一对象的多种规定的综合。对于光的认识，牛顿选择了"粒子说"，认为光是微粒。惠更斯主张"波动说"，认为光是纵波。由于粒子说比纵波说有更强的解释力，因而当时粒子说占了上风。1817年，英国物理学家托马斯·扬又提出了横波说，把光看成横波，克服了纵波说所碰到的困难，并且横波说在解释和预见力上优于粒子说，于是光是横波的观念被科学家普遍接受，使波动说几成定论。可是，德国科学家赫兹在1886—1887年发现了"光电效应"。对于光电效应的一些主要性质，仅用波动说以及古典电磁理论无法给予完满解释。物理学家为此深感迷惑和苦恼。这时，爱因斯坦提出了"光量子"假说，圆满地解释了光电效应。而光量子假说对光电效应的成功解释表明：光在传播时表现出波动性，而在辐射和与其他实体粒子相互作用时，则表现出粒子性。"粒子说"与"波动说"这两个被认为不相容的概念被爱因斯坦统一起来，建立了"光既是粒子又是波"的概念，从而揭示了光的本质。

显然，"光的波粒二象说"已经不是一个语词所能表达的概念，实际是一种学说、一种理论。因而，我们对具体概念不能简单地理解为"用语词表达的思维形式"，也不能把它们看作一个个孤立独处的概念。具体概念是认识的总结和结晶，是作为"认识达到了思维具体"的标志才成为具体概念的。据此，我们认为，具体概念有两种形态，即范畴和概念体系。就是说，科学范畴和逻辑范畴是具体概念，科学理论（概念的体系）也是具体概念。这是因为，只有范畴或概念的体系才能把握对象的多样性的统一，才能反映对象的多种规定的综合。比如，辩证唯物主义的"物质"概念，作为一个范畴是与"时间""空间""运动""意识"等一系列概念联系在一起的。而从这些概念的联系中去把握"物质"概念，也就构成了"物质论"。

具体概念的逻辑特征，决定了它具有远比抽象概念深刻的认识作用。

第一，具体概念同客观世界保持联系，有了具体概念，人的认识才与客观实际相符。自然界和社会现象都是复杂多样的。但是，在抽象概念阶段，对象的复杂多样性不见了，对象实际联系在一起的各个方面被割开了，从而也就割断了思维与对象的联系。海森堡看到了这种情况。他说，科学概念，"它们是从用精密的实验工具所获得的经验推导出来，并通过公理和定义准确地定义下来的。……但通过这种理想化和准确定义的过程，与实在的直接联系丧失了"①。列宁对此做了更为深刻的分析："智慧（人的）对待个别事物，对个别事物的摹写（＝概念），不是简单的、直接的、照镜子那样死板的动作，而是复杂的、二重化的、曲折的、有可能使幻想脱离生活的活动；不仅如此，它还有可能使抽象的概念、观念向幻想（最后＝神）转变（而且是不知不觉的、人们意识不到的转变）。因为即使在最简单的概括中，在最基本的一般观念（一般'桌子'）中，都有一定成分的幻想。"② 就是说，最简单的抽象中，已包含着通向唯心主义的可能。而具体概念，由于它达到了多种规定的综合，即在思维中再现了对象的复杂多样性的联系，因而它最接近客观实际，保证了认识的客观性。

第二，运用具体概念才能把握客观真理。具体概念以凝缩的形式记录和总结了人类认识世界的成果。列宁说："自然科学的成果是概念。"人们对自然界和社会的本质规律的认识是凝结在一个个概念之中并通过概念的形式保持和巩固下来的，而这样的概念总是具体概念。具体概念作为认识的成果，揭示了世界上各种现象的本质、规律和必然性，因而反过来它又成为人们进一步认识世界的工具。运用具体概念，我们才能从对象的各个方面、各个层次、各种关系去认识对象，从而在思维中再现对象的本来面貌，获得真理性认识。

现在我们知道了，与知性思维和理性思维两个基本的思维发展阶段相对应，存在着抽象概念和具体概念。抽象概念是科学概念发展的低级阶段，具体概念是科学概念发展的高级阶段。抽象概念不足以全面地揭示事物的本质，只能提供"片段"的真理，真理只有借助具体概念才能把握。正因为这样，我们才说具体概念是辩证思维最基本的思维形式。

### 三、科学范畴与逻辑范畴

范畴也是概念，但它们是各个知识领域中的基本概念，是人的思维对事物普遍本质的概括和反映。根据范畴适用的知识领域的范围不同，可以把它分为科学范畴与逻辑范畴。

什么是科学范畴？

---

① 海森堡：《物理学和哲学》，商务印书馆1981年版，第133页。
② 列宁：《哲学笔记》，人民出版社1974年版，第421页。

我们已经指出过，科学概念总是处于一定的科学理论系统中，科学理论是概念的体系。但是，在科学理论体系中，概念的地位和作用并不一样。有些概念居于枢纽的、主导的地位，它们构成科学理论的"框架"，成为科学理论的支撑点，决定着科学理论的性质和形态，标志着科学理论的发展阶段和水平。这样的概念是科学理论体系中的基本概念，即科学范畴。在科学理论体系中，还有些概念是由基本概念定义和导出的，对科学理论不具有决定性作用，称为非基本概念。这些概念不是科学范畴。

每一门具体科学（如数学、实证自然科学、理论自然科学、社会科学等）都有自己的基本概念，它们是各门科学研究对象的一般存在形式的反映。例如，数学中的数、形、常数、变数，物理学中的力、场、量子，经济学中的劳动、商品、价值、货币等，都分别是这些科学中的基本概念。每一个具体的理论体系也有自己的基本概念。例如，牛顿力学理论的基本概念是质量、动量和惯性，达尔文进化论的基本概念是变异和遗传、生存竞争、自然选择。科学范畴指的就是具体科学（如物理学）或某一种科学理论（如牛顿力学理论）中的基本概念。

科学范畴对于科学理论的构成和发展是举足轻重的，从而显示出重要的认识作用。

科学范畴是构成科学理论的基础。有了科学范畴，就可以借助它定义其他概念和定理，从而构成科学理论体系。没有科学范畴，科学知识就是残缺不全、不成系统的。拿牛顿力学理论来说，其基本内容是运动三定律。但是，只有确立质量、动量、惯性这几个基本概念，才能阐明运动三定律。牛顿正是首先定义了"质量"，又借助质量定义了"动量"和"惯性"。在这三个基本概念确立以后，牛顿才以它们为基础，阐明了运动三定律，从而建立了古典力学体系。反之，在基本概念没有确立之前，科学理论就不能建立或不能完善。我们知道，有机体的遗传和变异的矛盾运动是一个极为复杂的过程，它涉及许多方面的问题。例如，生物体的各种性状中，有些性状呈连续的变异，有些性状之间有分明的界限，这些性状是如何在不同的世代之间传递的？各种性状在传递中相互关系是怎样的？新的性状是如何起源的？遗传的信息又是如何表达为性状的？如此等等，性状的传递规律被这种错综纷乱的相互关系所掩盖。这些问题不能解决，遗传学就不能形成完善的科学理论。1866年，"基因"概念被提出，为遗传学提供了一个出发点和基本依据。最近20多年来，分子遗传学证明了

DNA（脱氧核糖核酸），有时是 RNA（核糖核酸），是客观存在的基因实体，并基本搞清楚了基因是如何通过"转录""转译"等中间环节表达为各种性状的。可见，正是由于基因概念的提出，遗传学才成为比较完整的理论体系。

对于科学理论的发展，科学范畴同样起着根本性的作用，因为基本概念的更替势必导致理论范式的根本性转换。哥白尼用"日心说"取代托勒密的"地心说"，从而发动了天文学革命，推动天文学理论范式的转换。拉瓦锡用"燃烧氧化说"取代"燃素说"，实现了化学革命，推动化学理论范式的转换。普朗克提出"能量子假说"，进而"相对论"和"量子论"的创立，爆发了一场新的物理学革命，推动了物理学理论范式的转换，使物理学由宏观进入到微观。这些划时代的科学革命，无不是伴随着科学范畴的转换发生的。范畴是人们观察世界、描述世界的方式，科学范畴的转换从而科学理论的变革，使人们用新的方式观察世界，人对世界的认识也就不断深化和扩展。

科学范畴是科学理论的基本概念，它们在具体科学中具有最大的普遍性。然而，范畴也是有层次的。还有一种比科学范畴层次更高的范畴，这就是逻辑范畴。

逻辑范畴是现实世界各种现象和认识的最一般规律的反映形式，是各门科学共同使用的最普遍、最基本的概念。如个别与普遍、本质与现象、原因与结果、必然与偶然等，就是这样的范畴。

恩格斯指出："要思维就必须有逻辑范畴。"[1] 这一论断高度概括了逻辑范畴的逻辑功能和认识论的作用。对此，我们可以从以下两点得到深切的体会。

第一，逻辑范畴具有规范现实的方法论职能。

概念对于客观现实具有双重作用，一是摹写现实，即对现实做出反映；二是规范现实，即对现实给予整理。例如，医生对一个肺炎患者进行问病诊断，就既是对病人的症状和体征（如怕冷、发烧、胸痛、咳铁锈样痰等）做出反映和概括，又是运用概念对这些现象做出规范的过程。当医生做出"该人患的是肺炎"这一断定时，就是用"肺炎"概念整理杂多的症状和体征，使之成为有秩序的、统一的东西，归属于"肺炎"这一概

---

[1]《马克思恩格斯选集》第 3 卷，人民出版社 1972 年版，第 533 页。

念之下。概念规范现实，不能看作康德所说的"心为自然立法"，而是运用已掌握的概念于经验之中，是以客观现实之道，还治客观现实之身的过程。概念规范现实的作用，体现了人的认识的能动性。

逻辑范畴作为最大普遍性的概念，能够在最普遍、最深刻的层次上规范现实，这使得逻辑范畴具有一般方法论的职能，成为人类能动地认识世界的思维工具。

一般概念只是对经验给以整理和规范，而逻辑范畴不仅仅整理和规范经验，对概念（包括科学范畴）也有规范作用。当我们说"个体是全体""直线是曲线"时，就是用个别和普遍、现象和本质的范畴整理了概念，揭示了个体、直线的辩证本性。《资本论》的体系按照商品、货币、资本等一系列科学范畴的顺序展开，也是用个别和一般、现象和本质、抽象和具体的范畴整理了概念，使它们具有逻辑的统一性，成为一个有序的系统。

一般概念在对经验进行整理和规范时，是把客观对象作为"类"，归属于概念之下，如前面讲到医生用"肺炎"这个概念去规范肺炎的症状和体征，就是把如此这般的症状归属于"肺炎"概念之下。而逻辑范畴在规范和整理经验时却有独特之处。它不仅仅从分类的方面去规范经验，而且注重从现象间的联系上去整理和规范经验。例如，当我们说"摩擦生热"时，就是用原因和结果的范畴揭示了"摩擦"与"热"这两个现象之间的必然联系。

逻辑范畴这种规范作用，使它具有了方法论的职能，成为人们认识世界的"判断力"。判断力是康德的用语。人脑所掌握的逻辑范畴就是判断力。达尔文乘贝格尔号巡洋舰进行环球考察，观察到若干个别物种变异的事实，得出结论说，物种不是被独立创造出来的，却像变种一样，是从其他物种传下来的。这一结论的获得是运用个别和一般的范畴对经验事实进行整理规范的结果。达尔文进一步探求是什么引起物种变异，又做出这样的论断：自然选择是物种变化最主要的但不是独一无二的手段。这个论断又是运用因果性范畴获得的。这表明，正是由于逻辑范畴具有规范现实的作用，因而运用逻辑范畴能够整理经验和认识，形成判断、概念等思维形式。简要地说，用逻辑范畴规范现实就是下判断，有了判断等思维形式，逻辑思维才成为可能。恩格斯说"要思维就必须有逻辑范畴"就是从这个意义上讲的。

第二，逻辑范畴决定着人们认识世界的方式。

逻辑范畴具有规范现实的作用，决定了它成为人类认识的理论框架。列宁指出："在人面前是自然现象之网。本能的人，即野蛮人没有把自己同自然界区分开来。自觉的人则区分开来了，范畴是区分过程中的一些小阶段，即认识世界的过程中的一些小阶段，是帮助我们认识和掌握自然现象之网的网上纽结。"① 一定时代的理论思维总是具有一定的范畴结构的，总是以往认识史的总结。逻辑范畴在以往的人类实践和认识活动中形成，作为认识的成果，保留在认识发展史和思维发展史中，成为自然之网上的一个网结。每一个网结，都记录和巩固着一定时代的认识成果。因而，每一代人都面对着前人留下来的范畴和范畴体系，前人的范畴对于后人来说具有"先验"的意义，是后人进行思维活动的基础和前提，并构成后人思维内部结构的一部分。因而，每一代人如何认识世界是取决于他们所掌握的范畴的，范畴决定了人的观察方式和认识方式。由于掌握的范畴（理论框架）的不同，哥白尼宇宙论者所看到的世界不同于托勒密宇宙论者所看到的世界，相对论者所看到的世界不同于经典力学家所看到的世界。从而，他们对世界的观察方式和描述方式是完全不同的。在托勒密眼中，太阳和月亮是行星，地球却不是。在哥白尼眼里，地球也成了一颗行星，就像火星和木星一样，太阳却成了一颗恒星，而月亮则是一个卫星。"行星"这一科学范畴在托勒密体系和哥白尼体系中是不一样的，因而前者把宇宙描述为"行星围绕地球转"，后者则描述为"行星围绕太阳转"。那么，在这里怎么理解逻辑范畴的作用呢？逻辑范畴是高层范畴，科学范畴决定着人们在某一科学领域观察世界的方式，而逻辑范畴则从总体上决定着人们对整个世界的看法。人们如何认识某一科学领域的问题是与对整个世界的认识方式联系在一起的。托勒密生活在古希腊亚历山大里亚时期，古希腊那种以直观猜测看世界的方式，以及亚里士多德的权威思想对当时的人产生巨大影响。亚里士多德认为地球是中心，这种看法统治着人们的思想。而哥白尼生活在文艺复兴时期，中世纪经院哲学的"上帝创世说""宇宙第一原因"等神学教条已受到了怀疑和批判。同时，在天文学方面，观察的精确度越来越高，转换理论范式、从而以新的方式观察宇宙的条件已经具备了，这才有哥白尼的天文学说。

---

① 列宁：《哲学笔记》，人民出版社1974年版，第90页。

上面，分别概括了科学范畴和逻辑范畴的特征和认识作用。现在，我们考察一下它们之间的关系。

科学范畴也有规范现实的作用，表明它们也有逻辑功能，但并不能因此就说科学范畴也是逻辑范畴。科学范畴和逻辑范畴的普遍性程度是不同的，适用的对象领域也不一样。科学范畴只是特定科学理论的基本概念，只适用于特定的对象领域。逻辑范畴则是人类思维的基本概念，适用于各个科学领域。科学范畴揭示的只是特定思维过程的本质和规律性，逻辑范畴则揭示了一切思维过程的共同本质和规律性。这种情况决定了科学范畴与逻辑范畴不能互相代替，但是又具有统一性。

科学范畴的形成离不开逻辑范畴的作用。科学范畴是一系列逻辑抽象的结果，是用统一的形式或关系规范具体内容的结果。这就必须运用"抽象""关系""形式和内容"等逻辑范畴去整理客观对象。例如，自然界普遍存在瞬时变化问题：自由落体的瞬时速度、曲线的斜率等等。这些问题分属不同领域，具体内容很不相同。但是，我们可以用数量关系的范畴把它们概括为函数 $y = f(x)$。同时，科学范畴的发展又证实和丰富着逻辑范畴的内容。辩证逻辑根植于科学的土壤中，逻辑范畴的丰富发展离不开科学范畴的发展。例如，物理学上提出"能量子""光量子"概念，认为在吸收和辐射过程中，能量是一份一份的，并不连续，认为电磁波的能量本身是一份一份组成的。这不仅开创了量子物理学，也丰富了"连续性与间断性"这一对逻辑范畴的内容。

## 第二节　概念的形成

概念作为思维的形式，其来源和客观基础无疑的也是实践。那么，人们如何在实践的基础上形成概念，这其间经历了哪些环节和过程，这就是我们要回答的问题。在上面我们给概念做了分类，然而，我们不必一种概念一种概念地去讲述它们如何形成，因为我们研究的是科学概念，这包括抽象概念和具体概念，以及科学范畴和逻辑范畴，而我们又知道，范畴实质上也是具体概念，这样一来，只需讲述抽象概念与具体概念的形成，即可说明概念形成的问题了。

## 一、概念形成的逻辑过程

### 1. 抽象概念的形成

从思维发展阶段上看，总是先形成抽象概念。因而，抽象概念的形成过程带有普遍性，体现着一般概念形成的模式，通常讲概念的形成问题，实际上都是指抽象概念是怎样形成的。一般地说，概念的形成过程是：在实践活动中获得感性材料，由此形成表象，而后把表象加以比较、分类，概括出同一类表象的共同属性，再约定一个词（名称）来表达。这样，概念就形成了。用荀子的话说，这是"以类行杂"的过程，即以类型把握杂多、以本质把握现象的过程。用现在的话说就是抽象概括的过程。例如，我们看到各种各样的圆形的东西，它们的大小、颜色、用途各不相同，但是可以概括为"离一中心点等距离的曲线"，这就抽象出杂多圆形的共同本质了，再用"圆"这个词作为它的名称，就形成了"圆形"概念。荀子说，"以类行杂"，即可"以五寸之矩，尽天下之方"。同样，经过抽象概括得到的"圆形"概念也可以尽天下之圆。但是，无论是以类行杂还是抽象概括，都是撇开多样性和差别性，取其普遍性和同一性，因而形成的是抽象概念。那么，通过科学抽象形成抽象概念的具体过程是怎样的呢？

科学抽象是单纯提取研究对象的某一特性，对研究对象进行认识的思维活动。科学抽象的起点是经验事实。科学抽象的具体程序并不是千篇一律的，但通过科学抽象形成抽象概念的基本环节是一样的。这些环节可概括为：分离—提纯—简略。

所谓分离，就是暂时不考虑研究对象与其他对象之间的总体联系，把研究对象从总体联系中分离出来加以考察。对象原本是处于总体联系中的，但为了认识对象，却不得不割断研究对象与其他对象的联系，不得不做分离的工作。分离是科学抽象的第一步。

所谓提纯，就是在思维中排除那些掩盖对象本质、模糊对象发展基本过程的干扰因素，在纯粹的状态下对研究对象加以考察。客观现象本身是复杂的，有许多因素交织在一起，而那些表面的、偶然的、次要的因素往往掩盖对象的本质。要把握对象的本质和基本过程，就必须撇开表面的、偶然的、次要的因素。提纯是科学抽象的关键一环。

所谓简略，就是以简化的方式处理抽象研究的结果，也即以略语表达抽象的结果。

一般地说，经过这样几个抽象的环节，就可以获得概念了。例如，要研究落体运动这一物理现象，揭示其规律，首先就把这一物理现象从总体联系中分离出来，也就是暂时不考虑和它相关的化学现象、天文地理现象以及其他的物理现象，把它作为确定的对象来研究。然后，还要撇开那些干扰因素，使落体运动在思维中成为纯化状态。在地球大气层的自然状态下，自由落体运动规律受着空气阻力的干扰，人们直观到的现象是重物比轻物先落地，阻力因素模糊了落体运动的本质。亚里士多德做出错误的断言就在于没有排除干扰因素。要排除空气阻力的干扰，需要创造真空环境，在伽利略时代还不能用物质手段制造真空环境，伽利略是运用思维的抽象力，在思想上撇开空气阻力因素，设想在纯粹形态下的落体运动，从而，弄清了落体运动的本质和规律，形成了"落体定律"概念。最后，伽利略用一个简略的公式表示了该定律，即：$s = 1/2gt^2$（$s$ 表示物体在真空中的坠落距离，$t$ 表示坠落的时间，$g$ 表示重力加速度常数）。

马克思说："物理学家是在自然过程表现得最确实、最少受干扰的地方考察自然过程的，或者，如有可能，是在保证过程以其纯粹形态进行的条件下从事实验的。"① 这里，马克思所说的是借助物质手段将自然过程纯化，这对于自然科学来说是大量使用的手段。但是，社会现象要复杂得多，一般不能用物质手段去纯化社会现象和过程，因而，社会科学的概念主要是运用思维的抽象力抽象概括出来的。正如马克思所说："分析经济形式，既不能用显微镜，也不能用化学试剂。二者都必须用抽象力来代替。"② 马克思在《资本论》中提供了许多这方面的范例。例如，在研究劳动过程时，马克思撇开各种特定的社会形式去考察；在研究资本过程时，马克思假定社会生产是简单再生产，从而把扩大再生产中剩余价值的分割和作为媒介的流通等因素排除掉；在研究资本流通过程时，马克思假定商品是直接出售的，没有商人作中介，从而把商人这一中介因素撇开了。《资本论》中的"商品""资本流通""劳动"等概念都是通过科学抽象形成的。

在科学抽象中，有一种特殊的抽象方法，这就是理想化的方法。有的

---

① 《马克思恩格斯选集》第 2 卷，人民出版社 1972 年版，第 206 页。
② 《马克思恩格斯选集》第 2 卷，人民出版社 1972 年版，第 206 页。

抽象概念，是通过理想化形成的。例如，"质点"概念就是如此。在研究行星绕太阳运行的规律时，由于各行星的直径比它们对太阳的距离小得多，因而忽略不计，把行星看成质量集中在一个质点上的理想天体，然后把对理想天体研究的成果运用于实际天体的研究。理想化方法也是舍弃对象的非主要特性，抽取主要特性形成概念的。抽象作为纯化过程，总带有理想化色彩，因此，理想化是形成概念的一种重要方法。

应当看到，科学抽象并不是形成概念的唯一方法和过程。例如，在心理学上，有动作内化论、语言中介论、信息加工论等观点对概念形成过程做出不同解释。即使在逻辑上，也还有通过理论推导形成概念的途径。这表明，概念的形成是复杂的过程，是多种方法共同作用的过程。然而，科学抽象是基本的、必不可少的形成概念的方法。概念的形成意味着对象的本质被认识，如果对象的本质裸露于外，那么科学抽象是不必要的，但是，对象的本质是深藏的，被许多表面的、偶然的因素遮掩着的，因此，任何概念的形成都离不开科学抽象，否则就不能揭示对象的本质，从而也就不能形成概念。

### 2. 具体概念的形成

具体概念的形成也离不开科学抽象。但是，具体概念是多种规定的综合，因而，它是一系列科学抽象的结果，是把一系列抽象的规定综合在一起，形成一个相互联系的概念体系。而一系列的科学抽象过程也就是由抽象上升到具体的过程。

我们说过，具体概念有两种形态，即"范畴"和"概念体系"。它们都是经过由抽象上升到具体的过程形成的，但是，仔细分析，其形成过程仍略有区别。

一般地说，范畴的形成过程表现为由初级本质到第二级本质、第三级本质的一系列科学的抽象，从而构成"阶梯式的知识系统"。试以"关系"这一范畴的形成为例：小学生学算术，首先经过三个阶段，即"实物运算—表象运算—智力运算"。拿学习加法来说，在实物运算阶段是借助手指、火柴棒等物来运算；在表象运算阶段是利用口头语言结合表象来运算，在这个阶段掌握了有名数运算。如"4只羊＋2只羊 ＝ 6只羊"；在智力运算阶段是通过抽象思维活动进行运算，在这个阶段掌握了无名数运算。如"4＋2＝6"。显然，智力运算阶段是思维抽象阶段，已形成了抽象概念。这里，有了"数"的概念，也有了等号两端"相等"的概念。再学习减法、乘法等，通过"4－2＝2""3×3＝9"之类的运算，"相等"概念得到扩展和巩固，进一步的学习，又会懂得"8＞6"与"5＜6"，于是又有了"大于""小于"的概念。在这个基础上，概括出一般的"关系"概念，就达到了更深入一步的抽象。这个过程可以用图 4－1 表示。

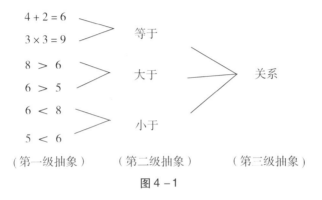

图 4－1

当然，这只是借助算术对"关系"范畴的形成所做的简要描述，实际上，"关系"范畴不仅是对数量关系的概括，它是各个现象领域的具体关系的概括，我们在"关系"概念的前面，还可以添加一系列层级的抽象结果。不过，图 4－1 已经大概地说明范畴的形成过程表现为由低级到高级的一系列科学抽象，形成的是"阶梯式的知识系统"，其中核心的、最普遍的概念就是范畴。这是具体概念形成的一种情形。

具体概念的另一种形态是概念的体系，这是一种"网络式的知识系统"。概念体系的构成也是一系列科学抽象的结果，但它是关于对象的各个方面、各种关系、各个层次的抽象结果的综合，实际上是把范畴联系起来，形成统一的理论。我们以《资本论》的概念体系试加说明：在《资本论》中，范畴的联系是商品—货币—资本（剩余价值）—利润—利息—地租。这些范畴呈现出从这一范畴到另一范畴的上升和转化，从而把整个资本主义社会的各个阶级的关系展现在我们面前。而从规律的联系来看，是价值规律—剩余价值规律—平均利润规律和利润下降规律—利息规律—地租规律，这样，就把基本规律和具体规律的层次和结构反映出来了。这些范畴相互联系，形成了《资本论》的概念体系，从各个方面揭示了资本主义社会的全貌和本质。

## 二、定义在概念形成中的作用

我们上面所描述的概念形成的过程，是从经验事实出发，通过科学抽象获得概念。但是，有些概念是在有了基本概念以后，由基本概念加以定义，在理论系统内部推导出来的，这也是概念形成的一种途径，充分体现了理论在概念形成中的作用。例如，在欧几里得几何学中，以"部分""长度""宽度"为初始概念（基本概念），定义了一系列概念，诸如：

> 点是没有部分的。
> 线是有长度而没有宽度的。
> 直线是关于它的任何点平坦地放置着的。
> 面是只有长度和宽度的。
> 平面是关于它的任何直线平坦地摊放着的。等等。

"点""线""面"等概念就是由初始概念给以定义，在理论系统内部推导出来的。在较成熟、精密从而具有公理化性质的科学中，这样通过定义而导出概念的情形是大量存在的，由于这种推导，才能建立起严密的理论体系。

那么，如何看待这种概念形成的过程？它与从经验事实出发，经过科学抽象形成概念的过程有怎样的关系？我们认为：

第一，由定义而导出概念与通过科学抽象形成概念是两个方向不同的过程。后者是从经验事实出发，从经验中概括出理论，前者是从基本概念出发，在理论系统内做下行的推导。在这两者之间，从经验事实出发，经过科学抽象获得概念是概念形成的基本过程，由定义导出概念的过程不能与之平列，因为一个理论系统中的初始概念虽然是在本系统中不加定义、不证自明的，但它们仍然是从实践中概括出来的，它们是在人类千百次实践活动中固定下来，才具有不证自明性的。

第二，对于概念形成的这两种过程，都必须辩证地理解。对于从经验事实出发，通过科学抽象而形成概念的过程，不能看成是纯粹归纳的过程。古典归纳主义以为通过连续运用归纳法（一种抽象方法）可以直接从经验事实中概括出概念，是把问题简单化、直线化了。因为个别事实与一般概念之间没有逻辑通道，这其间的认识的飞跃是通过联想、猜测、理想化等非逻辑因素完成的。而对于通过定义导出概念的过程不能看作是完全离开经验的，因为基本概念的来源仍然是实践。

考察定义在概念形成中的作用，有必要分析一下操作主义的观点。在操作主义者看来，概念必须经过定义才能确定，他们所说的定义是一种十分专门的"操作定义"。所谓操作定义，是"为概念的适用性所提供的判据"，这判据总是指出某一个明确的检验操作。例如，对概念"酸"可做如下操作定义：某一液体是否为酸，只要用一片蓝色的石蕊试纸浸入该液体中，如果石蕊试纸变红，则该液体为酸。

操作定义的实质是说，每一个科学概念都应当由经验术语来明显的定义，这样概念才能获得确定的意义。操作主义的代表人物布里奇曼认为，任何科学概念的意义，都一定可以通过指明一种确定的检验操作来规定。他说："测量长度的操作一旦确定，长度的概念也就确定。这就是说，长度的概念所涉及的就是而且仅仅是测定长度的那一组操作。一般地说，任何概念对我们都只意味着一组操作。概念是对应的那组操作的同义词。"①

操作主义强调了概念与经验之间的联系，但是这样解释概念的形成却是成问题的。首先，操作主义抹杀了概念的统一性和简单性，比如测量长度，可以用皮尺，可以用量杆，也可以用光学三角测量法等等，按照操作主义的看法，不同的测量工具和测量方法是不同的检验操作，因而会使我们得到不同的"长度"概念并且是无穷多的"长度"概念。其次，一个所谓具体的检验操作并不能完全地规定概念的意义。比如，用酒精温度计去测量温度就只是在一个狭窄范围内才有效，在酒精的冰点之下和沸点之上，该操作定义就失效了。总的来说，操作主义关于概念必须经过操作定义才能形成的观点，忽视了概念具有抽象性、概括性的特点，忽视了概念也可以在理论系统内通过定义和推导而形成。概念诚然以经验为基础，但并不是时时、处处都要将概念与经验相对照。

---

① 亨佩尔：《自然科学的哲学》，上海科学技术出版社1986年版，第102页。

## 第三节 概念的发展

列宁指出："人的概念并不是不动的，而是永恒运动的，相互转化的，往返流动的；否则，它们就不能反映活生生的生活。"① 客观对象的本质有一个逐步暴露、被人们逐步认识的过程，随着科学技术水平和人的认识能力的提高，人们对客观对象不断获得新的认识。认识的进步是通过概念的发展表现出来的。

### 一、概念发展的基本形态

概念的发展呈现出常规性发展和革命性发展两种基本形态，常规性发展是渐进式的，革命性发展是飞跃式的。这两种发展形态不是截然对立的，而是你中有我，我中有你，概念发展的整体过程是常规式发展与革命式发展的统一。

概念的常规性发展是原有概念的不断完善，不牵动整个理论体系的根本变革。常规性发展主要表现为两种情形。

（1）由于人们对某一对象的认识不断深入和精确，概念的内容得到修正或补充。认识的深度和精确程度是受科学技术发展水平制约的。科学技术的提高推动观察手段和研究手段的提高，这样，人们对原已有所认识的对象会做出更为深刻、更为精确的反映，相应地就要对原来用以反映该对象的概念在内容上进行修正或补充。例如，"力"的概念最初是从人体对外界的作用中产生的，人们把推动或抛出一个物体，叫作对物体施力。在亚里士多德时代，人们把力看作物体运动的原因。到了伽利略、牛顿时代，知道了力是改变运动的原因。牛顿指出，除了相互接触的物体之间存在着作用力和反作用力，相互不接触的物体（如天体）之间存在着万有引力。随着人们对摩擦、碰撞和流体运动的研究，又了解了摩擦力、弹性力、表面张力、黏滞力等。1785 年，库仑发现，点电荷之间的相互作用，具有与万有引力相同的数学形式，于是又有了库仑力。电磁现象的相互作

---

① 列宁：《哲学笔记》，人民出版社 1974 年版，第 277 页。

用发现以后，又知道了磁力，并且认识到这种力的作用和引力不同，它的方向不在质点的中心连心线上。电子发现以后，又知道了电场或磁场对运动电荷的作用力，称为核力。力的概念在补充、修正中的发展，是人们对物体相互关系的认识不断深化的结果。

概念的内容得到补充或修正，是概念的内涵和外延的变化、调整。一般来说，概念的内涵得到补充或修正，反映了认识的深化。概念的外延得到补充或修正，反映了认识的精确化。100多年前，恩格斯把"生命"定义为"蛋白体的存在方式"，现代科学从蛋白体中分离出了核酸，并且认识到，在生物体内，蛋白质主要管代谢，核酸主要管遗传，核酸的遗传信息决定蛋白质的性质，蛋白质的催化作用又控制着核酸的代谢，它们相互配合、制约，共同完成各项生命活动。从而，人们把生命了解为蛋白质和核酸构成的复杂体系的存在方式，原有的生命定义得到了补充和修正。这一补充主要是内涵方面的，标志着人类对生命现象认识的深化。对概念内容的补充修正有时也主要表现在外延方面。例如，人们对物质形态的认识以往曾局限于固体、液体、气体，因而"物态"（聚集态）概念的外延被认为是只包括上述三种物质形态。后来发现了"等离子态"，继而又发现了"中子态"，于是"物态"概念的外延得到补充，人们对这一现象的认识更为精确了。

概念的内涵和外延是两个对立面，但它们又联系在一起共同构成概念的内容和特征，因而某一方面得到修正另一方面也相应地得到修正，这就是说，人的认识的深化和精确化是互相渗透、互相补充的。

（2）由于客观对象的变化发展，概念的内容得到补充或修正。概念从"所谓"和"所指"两个方面反映着对象，从而与客观对象发生对应关系。客观对象是变动不居的，概念作为对象的反映形式也就必将不断地修正内容。列宁曾经这样说："'群众'这个概念，是随着斗争性质的变化而变化的。在斗争初期，只要有几千个真正革命的工人，就可以说是群众了……当革命已经有了充分准备，'群众'这个概念就不同了……这时，群众这个概念是大多数，并且不单单是工人的大多数，而且是所有被剥削者的大多数。"① 毛泽东同志也说过："人民这个概念在不同的国家和各个

---

① 《列宁全集》第32卷，人民出版社1958年版，第463页。

国家的不同历史时期，有着不同的内容。"① 因思维对象发生变化而修正概念，同样是自然科学中概念发展的一种规律。例如，有些金属在正常温度下表现出来的物理特性，在温度降低到接近绝对零度时会发生变化，出现低温超导现象等独特的性质。例如汞，当温度降低到 4.2K 时，会完全失去电阻，并具有完全抗磁性能。这些变化的事实，反映到概念上，就促使对概念的内容做出修正或补充。比如对于汞，不仅一般地称之为金属，而且要加上汞是一种超导体的规定。

概念的革命性发展与概念的常规发展比较起来，则是另一番情景，它不局限于概念的修正，而是以新概念的产生为特征。概念内容的革命，总会引起科学理论体系局部的或整体的变革。概念的革命性发展的主要表现是：

（1）用正确概念取代错误概念。任何概念都不能完全地、绝对无误地反映客观对象。尽管如此，有些概念虽然因认识水平的局限，对客观对象的反映较粗糙、较表浅，但人们并不简单地宣布它们为错误。然而，在人类认识的长河中人们难免失误，确实会用一些当时认为是正确的，而后来发现是完全错误的概念去反映某些对象。这样，当人们终于弄清楚事物本来面目时，就用正确概念取代错误概念。化学史上"燃烧氧化说"取代"燃素说"就是一个典型的例子。受当时机械论自然观的影响，与当时科学水平相适应，17、18 世纪的人们认为自然界的各种现象都是由某种"素"构成的，如磁有"磁素"、热有"热素"等等，因而在思索化学上的燃烧现象时，就认为有一种"燃素"。先是波义耳提出"燃烧火素论"，后来德国化学教授施塔尔定名为"燃素"。根据燃素说，火是由无数细小而活泼的微粒构成的物质实体，这种火微粒构成火的元素，称为燃素。燃素充塞于天地之间，流动于雷电风雨之中，一切燃烧现象都可归结为物体吸收燃素与释放燃素的过程。比如金属煅烧变成灰渣，是由于燃素的释放。而灰渣（金属灰）与木炭共燃时又能使金属重生，则是由于灰渣从木炭中吸收了燃素。如此等等。燃素说用统一的理论去解释化学现象，使得化学从炼金术中解放出来，首次形成了系统，这一作用是必须肯定的，但是，燃素说却是一个根本错误的概念。本来是氧化，它说成是逸出燃素；本来是还原，它说成是吸入燃素。在进一步的研究中人们观察到，煅烧后

---

① 《毛泽东选集》第 5 卷，人民出版社 1977 年版，第 364 页。

的金属反而增加了重量，如果煅烧金属会放出燃素，为什么经过煅烧反而重了？人们继而又发现，燃烧必须有空气参加。对这些新的事实，燃素说虽然力图做出解释，但只能牵强附会，不能说服人了。于是，当拉瓦锡提出"燃烧氧化说"对燃烧现象做出科学解释以后，旧的、错误的"燃素"概念就被抛弃，由新的、正确的"燃烧氧化说"取而代之。其结果，是产生了一次化学的革命。

（2）根据新的科学发现建立新的概念。新的科学发现或称新的科学事实指的是三种情况：一种是客观世界前所未有，后来才生成、出现的新现象（如某一种新的社会形态的形成、某一个新高原的隆起）；一种是客观世界中原本存在，但人们以往没有涉足，只是随着实践活动的扩大，才发现的新领域、新现象（如从宏观世界进入微观世界）；还有一种是指，在科学活动早已踏入的现象领域中，发现了对象更深层的本质（如一系列基本粒子的新发现）。在新的发现面前，以往的概念不够用了，以往的理论不足以说明新的事实了，于是就要建立新的概念来反映新的事实。牛顿力学建立以后，被顺利地推广到刚体和流体。到了 19 世纪，热力学、统计力学和电动力学也建立起来了，古典物理学在科学和技术的各个领域中得到广泛应用，取得了巨大成功，这使科学家们以为，物理学的基本问题已经解决，剩下的工作只不过是修补细节。可是，正当人们为物理学的"尽善尽美"而陶醉时，物理学的上空升起了两朵乌云，以太飘移实验和黑体辐射定律的研究结果与古典物理理论完全相反，而后来 X 射线、放射性和电子等一系列新发现，更使古典物理学乌云密布，危机四伏，一场革命已不可避免。其结果是相对论、量子论诞生。"相对时空"概念和"量子"概念的建立，使物理学开辟了新纪元，充分表明了根据新的科学发现建立新概念认识的进步所产生的巨大影响。这种巨大影响在哲学社会科学中同样可以看到。"剩余价值"概念的建立，使政治经济学发展到一个全新阶段；在认识论中引入"实践"概念，使哲学发生了根本性变革。诸如此类，不胜枚举。

根据新的事实和认识建立新概念是概念发展最经常、最生动的情形。其所以最经常，是由于新事物层出不穷，实践不断扩大，科学不断发展，因而新概念会源源不断地随着认识的发展产生出来。其所以最生动，是因为新概念的提出往往会促进某一种科学领域的深刻革命。但是，新概念的产生并不意味着必然抛弃原有的概念，更多的情况是对原有概念的适用范

围做出限制和明确规定。

在认识史上,新概念的建立还往往有这样一种情形:由于人们发现了已有理论内容中的矛盾,通过修正或推翻原有理论提出新的概念。哥白尼在批评托勒密的地心说体系时说,他之所以要提出计算天体运行的方法,不过是由于他知道一般数学家在这方面的研究中矛盾百出。他认为托勒密地心说显然违反运动均匀性原理,不能回答宇宙的真实结构,于是提出了日心说。在这一学说更替过程中,有一个重要概念的转换。在托勒密体系中,行星围绕地球转,在哥白尼体系中,行星围绕太阳转。虽然他们都使用了"行星"概念,但对于哥白尼来说,"行星"概念已转换为一个全新概念。因为托勒密把太阳和月亮称为行星,地球却不是。而在哥白尼看来,地球成了一个行星,太阳却成了一颗恒星,月亮则成了一个卫星。

## 二、概念在相互联系中发展

概念的发展是可以从个体概念的发展和概念体系的发展两个方面加以考察的。一般而论,前面讲到的概念常规性发展是个体概念发展的形态,概念的革命性发展则是概念体系发展的形态。概念的革命性发展表现为建立新概念,而新概念的建立意味着围绕一个核心概念形成一个新的概念群,并不是某一个概念产生的孤立事件。这表明,概念是在联系中发展的,其发展的趋势是走向体系化、系统化,实质就是不断由抽象概念上升到具体概念。在辩证逻辑的思维方式看来,概念的发展总是与理论体系的发展相联系的,只有从概念体系的发展以及不同概念体系之间的联系中去考察,才能真正揭示概念的发展过程。

概念在联系中发展既表现为纵向转移形成概念体系,又表现为横向移植形成概念体系。科学史一再表明了这两种情景。

从概念的纵向转移这方面看:

数学史上,最初形成数和计数的概念,它们孕育了算术和数论。根据数论建立几何学时产生了无理数概念。函数的概念开辟了通往微积分的道路。群的概念启发人们在更高水平上整理和理解全部数学,这个思想的结果就是集合论的产生。

物理学史上,牛顿把起源于感觉经验的力的概念变成他的力学概念,从而建立了能处理一切机械运动的统一理论。后来法拉第发展出力场的概念,这又相继促进麦克斯韦的电磁理论、爱因斯坦的狭义相对论和广义相对论的发展。爱因斯坦试图把广义相对论作为整个物理学的基础。

化学史上，原子价概念的产生标志着一个重大发展，现代化学从量子物理学观点发展原子价概念，促进量子化学诞生。量子化学以统一观点整理化学一切分支的内容和成果。

生物学史上，新陈代谢和呼吸等概念的形成，使生物学第一次具有概括经验材料的能力，这些概念又促进探索活有机体中的化学过程，由此开辟了生物学通往化学的道路，发展出基因概念。基因概念是分子生物学的中心概念，分子生物学揭示了支配一切生命过程的普遍联系。

从概念的横向移植这方面看：

量子力学的概念移植到化学中，使得化学用量子力学的原理和方法研究分子的结构和性能以及化学反应，产生了量子化学。

现代物理学和化学的概念移植到生物学中，使得生物学能用微观运动规律研究生物大分子的结构和功能，从而开辟了分子生物学。

20世纪中期以来，科学出现整体综合化趋势，各门自然科学的概念互相移植渗透，自然科学与社会科学的概念互相移植渗透，产生了系统论、信息论和控制论三门横断学科。三论的概念反过来又渗透到各个科学领域中，产生一系列的有关三论的分支学科。三论之间概念的互相渗透，又表现出它们综合统一的趋势。

不难看出，概念的纵向转移和横向移植是交错在一起的，这在分子生物学、量子化学、爱因斯坦广义相对论的诞生过程中得到了充分体现。例如，爱因斯坦广义相对论的创立，既是物理学概念纵向转移的结果，也是不同学科的概念相互渗透的产物。20世纪初，爱因斯坦发现几何学与物理学中的引力场关系甚大，引力场的许多物理量，都可以在黎曼几何中找到相应的几何量。引力场理论与黎曼几何互相渗透，成为广义相对论诞生的一个杠杆。

概念在相互联系中发展，其结果是产生新的概念体系、新的科学理论。一种理论产生或进步到一个新阶段以后，在科学认识活动的推动下，又将展现出它自己的发展行程。

# 第五章

## 科学理论论

人类认识的成果是科学知识。科学知识包括经验知识和理论知识两个层次。科学理论是科学知识中的理论部分。

经验知识是描述性的知识,它是对个别事实的直接反映。其逻辑形式是陈述个别事实的经验判断。

科学理论是解释性的知识,它是对现象间的规律性和因果性的认识。其逻辑形式是一系列判断、概念联结而成的抽象体系。

从思维形态上说,要把握客观对象的整体,必须是辩证思维。从思维形式上说,要把握客观对象的整体,不能孤立地使用判断和概念,而必须运用科学理论。这样,就找到了辩证思维和科学理论的联结点,也就不难了解辩证逻辑何以把科学理论作为一种思维形式。

## 第一节 科学理论的特征和功能

科学理论不同于经验知识,也和一般的判断、概念有区别,它有着自己的独具特征和认识功能。

### 一、科学理论的基本特征

**1. 科学理论以假说为先导**

科学理论之所以被人们要求着,是由于人们在实践中会不断发现以往不曾认识的未知事物。对于未知事物,人们不满足于描述它们,总是力求理解它们,找出它们发生发展的原因和规律。当人们对未知事物做出这样或那样的解释时,也就提出了这样或那样的理论。显然,这些理论还只是在头脑中构想出来的思想模型，还带有猜测、假设的性质。它们谁是谁非、谁具有真理性，还有待实践的检验。这就是说，任何科学理论最初都是以假说的形式出现的，假说作为理论方案和思想模型，是科学理论的必经环节。假说的提出和论证是科学理论的先导。

科学理论必须经过假说的环节，是因为事物的原因和规律不可能从个别事实中直接观察到，也不可能从一系列事实中直接归纳出来。本质跟现象总有质的差别，不管事实的积累多么丰富，也不能自然地显示出事物的本质和规律。要揭示事物的原因和规律，从而形成关于事物的理论性认识，必须先提出解释未知事物的理论方案和思想模型，做出假说。

科学假说不是任意的主观想象，也与简单的猜测活动不同。它虽然具有假定性，但也具有科学性。因为假说是根据已有的科学原理和科学事实对未知事物及其规律性所做的假定性解释，它根植于已有的事实材料的土壤之中，并且以已有的科学原理为依据。

假说作为一种理论模型，是具有复杂结构的判断系统。首先，假说不是无缘无故提出的，它是用以回答特定问题、解释一定事实的，因而，假说必须对所要回答的问题做出陈述，就是说，假说必须包含这样一类判断，它们陈述的是"存在着什么样的问题有待解答"。其次，假说总是要设想出某种理论，用以解答问题，就是说，假说又必须包含这样一类判断，它们是被设想出来解答问题的理论陈述。这种判断是假说的基本观点、核心部分。最后，假说必须从基本观点中推导出一系列检验蕴涵（包括相关事实和未知事实），就是说，假说必须广泛地解释其他相关事实并且预测未知事实，因而它还必须包含这样一类判断，它们是关于相关事实和未知事实的陈述。而且，由于假说是以已有的事实材料和已有的科学原理为依据提出来的，因而在构成假说的判断系统中，也包括陈述已知事实和已有科学理论的判断。

通常，人们也把假说中被设想出来的理论陈述称为假说。这是狭义地使用"假说"一词，仅仅是指假说的基本观点。但是，严格意义上的假说则是上面所说的由各类判断共同构成的判断系统。如果令：

$F$ 表示已知事实

$T$ 表示已有的科学原理

$H$ 表示设想出的理论陈述

$R$ 表示所要回答的问题

$Q$ 表示检验蕴涵（相关事实和未知事实）

那么，一个假说的判断系统就可表示为：

$$F \wedge T \wedge H \rightarrow R \wedge Q(q_1, q_2, q_3 \cdots\cdots)$$

这就是说，根据 $F$ 和 $T$ 提出 $H$，$H$ 作为设想出的理论陈述是用以回答 $R$ 的，因而原则上 $H$ 蕴涵 $R$。同时，$H$ 必须推出 $Q$ 以接受检验，$Q$ 作为检验蕴涵包括一系列相关事实和未知事实。

例如，19世纪60年代，奥地利神父孟德尔用豌豆做杂交试验。他拿高植株和矮植株两个品种做亲代杂交，结果子代（子一代）全部是高植株。然后，又拿子一代植株自花授粉，所得的孙代（子二代）植株有3/4是高植株，1/4是矮植株。于是就提出了一个有待回答的问题：为什么杂交后子一代全部都是高植株，而子二代中高植株与矮植株的比数是3∶1？

为了回答这个问题，孟德尔设想了以下理论：肉眼可以看到的生物外表的性状是由肉眼看不到的生物体内部的遗传因子（后来称为"基因"）控制着。他运用这一基本假设对上述问题做了回答：每一个植株的每个外表性状都是由一对遗传因子控制的，其中一个传自父本，另一个传自母本。这两个遗传因子可以是相同的，也可以是不同的。每一个植株又把这对遗传因子中的一个传给一个种细胞（配子）。如果传自父本和传自母本的遗传因子是不同的，那么其中一个会压倒另一个。前者为显性因子，后者为隐性因子。杂交后的子一代之所以都是高植株，就因为它们都带有一个高植株因子和一个矮植株因子。而高植株因子为显性因子，它压制了矮植株因子的作用。杂交后的子二代之所以高植株与矮植株成3∶1的比数，则是因为子二代是子一代自花授粉的产物，而子一代中仍然存在矮植株因子（它虽然受压制，但并没有消失）。这样，带有混合因子的子一代相互授粉后，就有四种组合，即：传自父本的高植株因子与传自母本的高植株因子结合；传自父本的高植株因子与传自母本的矮植株因子结合；传自父本的矮植株因子与传自母本的高植株因子结合；传自父本的矮植株因子与传自母本的矮植株因子结合。其中，前三种组合都使子二代植株为高植株，只有第四种组合使子二代植株为矮植株，故比数为3∶1。

孟德尔的这一基本假设（遗传因子分离定律）虽然解答了有待回

答的问题，但要得到确立，还必须能推导和解释一些相关事实或未知事实。只有这样才能显示基本假设的解题能力，才表明它得到大量事实的支持。孟德尔的基本假设做到了这一点。例如，它对人眼虹彩颜色的遗传现象做出了解释：碧眼人同碧眼人婚配，得碧眼子代。褐眼人同褐眼人婚配，如果两者的祖先都是褐眼，也只能产生褐眼子代。如果碧眼人同纯种褐眼人婚配，子女也都是褐眼。这一类褐眼的男女如果彼此婚配，其子女会是褐眼和碧眼，成3与1之比。

通过上面的分析和举例可以看出，假说是一个十分复杂的判断系统，它既包含理论判断，又包括经验事实判断；既有确实的内容，又有推测出来的真实性尚待判定的内容。它是科学性与假定性、确实性与不确实性的统一。正因为这样，假说才有了后来向科学理论转化的基础。随着假说在实践应用中获得成功，其假定性和不确实性就向科学性和确实性转化，从而成为科学理论。

**2. 科学理论与实践检验相联系，具有客观真理性**

毛泽东同志曾经说过："许多自然科学理论之所以被称为真理，不但在于自然科学家们创立这些学说的时候，而且在于为尔后的科学实践所证实的时候。"[①] 科学理论最初以假说的形式被提出，当它的真理性在理论与实践的辩证统一中得到确认以后，假说就完成了向科学理论的转化，科学理论就确立了。

那么，怎样才能判别假说已经转化为科学理论了呢？这中间是很难划出一条分明界限的。假说和科学理论事实上不能截然分开，它们的区别是相对的。一个判断系统究竟属于假说还是属于科学理论，只在于它为实践所证明的程度不同。不过，原则地说，如果一个假说满足了如下两个条件，一般就认为假说转化为科学理论了。其一，把假说运用于实践，它能解释越来越多的已知事实，并且没有已知事实与它相矛盾。其二，任何合理的假说都必须能推出具有可检验性的预言。如果一个假说推出的一系列关于未知事实的预言为实践所证实，假说就转化为科学理论。这是假说转化为理论的更有说服力的标志。假说转化为科学理论的两个条件都表明，

---

① 《毛泽东选集》第1卷，人民出版社1951年版，第269页。

假说被实践证实才成为科学理论；理论是被实践证实了的假说。理论的证实是指理论与客观事实相符合，而证实只有通过人们的社会实践才能实现。

在判定一个命题、进而判定一个命题体系的真伪问题上，逻辑经验主义也特别强调"证实"，把"可证实原则"作为科学与非科学的划界标准。在逻辑经验主义看来，"只有有意义的句子才可以分为（从理论上说）有效的和无效的，真的和假的"①。而一个命题有意义，是指它能够或至少在原则上能够用经验的证据来检验。具体说就是，一个理论命题得到经验证实，在于它可以从观察句子中推导出来，或者能逻辑地还原为观察句子。可见，他们所说的证实，不是拿命题与经验之外的客观事实相对照，更不是通过人们的社会实践来实现，而是在主观范围内，在逻辑范围内谈论证实。这种观点是我们所不取的。因为作为理论方案的基本假设，其真理性不能由逻辑结构本身所保证，必须在体系之外，在实践中给予检验，从而确定真伪。理论的检验只能通过社会实践。

假说一经实践证实而转化为科学理论，就表明理论作为判断的系统从各个方面反映了客观对象的本质，揭示了对象的规律和原因。也就是说，该理论已经获得真理性，成为某一对象领域的客观真理。

### 3. 科学理论与形式结构相联系，具有严密的逻辑性

科学理论不仅包括一系列判断，而且包含一系列概念和范畴。作为思维形式，科学理论是由判断和概念组成的体系。理论体系的特点在于：构成理论体系的那些判断和概念不是按照任意的或外在的次序排列的，而是依照判断和概念之间的联系构成一个严谨的、连贯的系统。在理论体系中，借助于逻辑的规律和法则，可从一些判断推导出另一些判断，从一些概念推导出另一些概念。任何一门科学理论，当其积累了一定数量的原理、定律、概念、范畴之后，依据它们之间的内在联系使之系统化就成为不可避免的事情。

科学理论作为判断、概念有机联系的体系，本质上是演绎的系统。演绎的理论系统大致地分为两类：一类是公理化系统，这种理论系统是运用公理化方法建立起来的。形式科学和现代精密成熟的自然科学理论属于这

---

① 洪谦主编：《逻辑经验主义》上卷，商务印书馆1982年版，第14页。

种系统。另一类是演化学系统,这种理论系统是运用逻辑与历史一致的方法,通过逻辑的合理重建,阐明对象的历史发展规律。天体演化理论、物种进化理论、科学程序理论等属于这种理论系统。但是,无论运用哪一种方法,其结果都是建立起具有严密逻辑性的科学理论体系,从而用"理论之网"反映"自然之网",揭示出对象的普遍必然的联系。

纵观科学理论的上述三个特征,从不同方面显示了科学理论的辩证本性。科学理论以假说为先导,反映了科学理论由假定性向科学性转化,由不确实性向确实性转化的辩证性;科学理论与实践相联系,反映了科学理论包含着经验与理论、主观与客观的内在矛盾;科学理论是具有严密逻辑性的体系,则反映了科学理论具有全面性和内在统一性的辩证特征。

二、科学理论的认识功能

人们构造某一科学理论,是为了回答某一特定问题或揭示某一对象领域的规律性。这就是说,当人们观察到个别事实,要揭示其本质时,需要科学理论给以解释。同时,人们构造科学理论,又是为了进一步认识以往未知的领域,对未知事实做出科学预见。科学解释和科学预见就是科学理论的两个基本的认识功能。科学理论之所以具有这样的认识功能,是由于它具有客观真理性和严密逻辑性。这两个因素相互作用,意味着科学理论系统地反映了客观世界的本质。科学理论的这两种认识功能是由它的特征决定的。

什么是科学解释?简要地说,科学解释就是把陈述事实的经验判断从陈述定律或原理的一组理论判断中推导出来。其中,陈述事实的经验判断叫作被解释项,陈述定律或原理的一组理论判断叫作解释项。这里必须指出,解释项不只包含陈述定律或原理的一组理论判断,还包含关于被解释事实出现的先行条件的陈述。一个事实的出现,不仅受规律的支配,还受它所在的环境、它与别的事物的联系状况等条件的制约,我们把这称为先行条件。仅有一组理论判断还不足以推导出陈述事实的经验判断,在科学解释中,被解释事实出现的先行条件是不可缺少的。例如,人们观察到一杯水在昨天夜里结成了冰,这是为什么?人们希望对这一事实做出解释。对这个问题的解释可以简化为下列过程:

在通常大气压力下,纯水在0℃时就结冰。(理论判断)

昨夜气温降到 0℃ 以下，这杯水相当纯，而且是置于通常大气压力下，周围没有热源。（先行条件的陈述）

所以，这杯水昨夜结成冰。（事实判断）

据此可知，作为前提的解释项是由陈述定律或原理的理论判断，以及陈述被解释事实出现的先行条件的判断共同构成的。于是，科学解释的一般模式可以表示如下：

$L_1, L_2, \cdots\cdots L_n$（陈述定律原理的理论判断）⎫
$C_1, C_2, \cdots\cdots C_n$（陈述先行条件的判断）⎭ 解释项

∴ $E$（陈述事实的经验判断）——被解释项

这个模式被称为"解释的覆盖律模式"。它是以普遍定律作为解释事实的依据，把事实看作普遍定律在其作用范围内所发生的效应。

从科学解释的方式上说，一般是运用演绎论证方式，这种方式对于事实的说明有逻辑必然性。但是，并非一切科学解释都采用这种方式。有时人们也以统计规律作为解释项去推导经验事实，这就是一种归纳论证的方式了。例如，对某甲患肺癌的事实可以进行如下解释：

相当多长期大量吸烟的人患肺癌。（统计规律型的理论判断）
某甲有 30 年吸烟史，近 10 年来每天吸烟不少于 30 支。（先行条件陈述）

所以，某甲患肺癌。（陈述事实的经验判断）

显然，在这个解释中，从前提不能必然导出结论，解释项只是以某种概率蕴涵着被解释项。

科学解释，意味着揭示事物的本质。由于事物的本质是多方面的，所以从内容上说，科学解释也有不同类型，如因果解释、结构解释、功能解释等等。

科学解释从横向上说是多元化的。也就是说，对于同一个经验事实，人们可以提出几个不同的假说或运用几个不同的理论做出解释。如对前面提到的"某甲患肺癌"这一事实，如果不仅有某甲长期大量吸烟的先行条件，还有某甲曾在放射性粉尘污染区工作过多年的先行条件，那么，对这个事实就既可用"吸烟致肺癌"的理论来解释，又可用"放射性粉尘致肺癌"的理论来解释。现在用 $T_1$、$T_2$、$T_3$ 表示不同的理论，用 $E$ 表示被解释事实，"→"表示推导，那么科学解释的多元性就可用图 5-1 表示。

图 5-1 科学解释的多元性

科学解释的多元性，意味着不同理论之间存在竞争。竞争的结局或是某些理论被淘汰，或是不同理论归并到一个新的理论中。这样，理论就升高了一步，其解释范围更广、解释力更强。

科学解释从纵向角度看又呈现出层层深化的特点。这是因为，人们对事物的本质是逐步认识的，用来作为解释项的科学定律也是有层级的。我们拿来解释事实的定律本身是不是合适的解释项，这还需要解释，这时就要用高一层理论对低一层的理论进行推导。如此上溯，科学解释就表现为层层深入的过程。在这个过程中，低层的理论得到了解释，而高层的理论则得到了更广泛的经验事实的支持。再以对"某甲患肺癌"的解释来说，作为解释项的"吸烟致肺癌"这一理论判断本身也要接受解释。就是说，它应能从更高层的理论中推导出来。这样，才表明它作为一个解释项是合格的。有人用生化理论说明"吸烟致肺癌"，就是用高层理论解释低层理论。显然，这种层层深化的解释不会以某一层次为终结。现在用 $L$ 表示普遍定律，用 $L'$、$L''$ 表示更高层、更基本的定律和原理，用 $E$ 表示被解释的经验事实，用"←"表示"被推导"，则科学解释层层深入的过程可用下列图式表示：

$$E \leftarrow L \leftarrow L' \leftarrow L'' \cdots\cdots$$

从严格意义上说，科学解释仅指那些以已被证实的理论判断为依据的论证。但是，科学理论最初总是假说。因而，科学解释也包括运用假说去说明事实的假定性解释。上面说过，对于同一个经验事实可以设立几个不同的假说去解释。显然，并不是任何假说、进而并不是任何科学理论都能成功地解释某一特定的事实，这就产生了科学解释的有效性问题，即：什么样的科学解释是有效的？有效的科学解释应具备什么条件？关于这个问题，应着重指出两点：第一，一个有效的科学解释，必须是解释项与被解释项之间具有逻辑联系（逻辑相关性）。如果不具有逻辑联系，解释就无效，从而也就不构成科学解释。例如，17、18世纪的机械唯物主义用机械运动的理论去解释自然界中的一切现象，从而把人体的结构解释成钟表机器，心脑是发条，神经是游丝，关节是齿轮等等。很明显，这种解释的解释项与被解释项之间没有逻辑相关性，因而是无效的。第二，一个有效的科学解释，其解释项必须是可检验的，就是说，作为解释项的陈述定律或原理的判断应当能够通过经验事实去检验。否则，解释就是无效的，就不成为科学解释。例如，有人用类似于"爱"的所谓"普遍亲和性"去解释万有引力的现象，由于"普遍亲和性"根本无法通过经验事实去检验，所以，这是一个无效的解释。

科学解释是科学理论的一个基本功能。正是由于科学理论具有解释功能，人们才能运用科学理论这种思维形式去认识事物的规律性和因果性，去把握客观真理。但是，解释并不是科学理论的唯一功能。科学理论不仅能解释过去和现在的已知事实，它还具有预见功能，能够预言事物的未来发展趋势和运动规律，对未知事实给予预见性的说明。预见和解释有许多相同之处，它们依据的是同样的理论，遵循的是同样的逻辑方式，科学解释的有效性条件也同样适用于科学预见。所不同的地方在于，科学解释的对象是已知事物，而科学预见则是从科学理论中推导出有关未知事实的结论。

一个好的理论，必然能较成功地预见一些在理论提出时还不知道的现象。而预见在实践中被证实以后，则表明科学理论经受住了严峻的检验，从而使理论的真理性得到进一步证明。1705年，哈雷根据牛顿的万有引力理论，预言后来被称为"哈雷彗星"的那颗彗星将在1758年年底或1759年年初再度出现。果然，那颗彗星不负众望，于1759年3月13日重新出现。帕斯卡根据托里拆利关于大气具有压强的"空气海"理论，做出了随着水平面的高度增加，气压计的水银柱将会缩短的预言。结果，这一预言为他的姻兄弟佩里通过多姆山的实地测量所证实。科学史上诸如此类的成功预见是科学理论极富创造性的生动体现。

当然，任何一个具体的科学理论都不是万能的，其解释力和预见力都不是力大无边、一劳永逸的。但是，科学理论是无限发展的，以往的理论不能认识的事物，新的理论可以认识。这又表明，科学理论作为无限发展的思维形式，其解释和预见的功能也是不断提高和增强的。科学理论具有解释和预见功能，使它成为变革现实世界的锐利武器。人们要运用辩证逻辑去把握具体真理，必须掌握科学理论这一辩证思维的方式。

## 第二节 科学理论的形成

科学理论的形成问题也被看作科学理论的发现问题。在近代早期的西方哲学史上，则是作为普遍必然性知识如何形成的问题来讨论的。

科学理论是由一系列判断和概念构成的体系，因而，科学理论的形成问题与判断的形成和概念的形成有关。但是，考察科学理论如何形成，主要应当讨论的是理论体系或称命题金字塔是如何"建造"起来的。

### 一、不同的科学理论形成观

科学发现问题，科学研究的程序问题，也即科学理论如何形成的问题，在古希腊时期就被注意到了。由古及今，人们就此发表了各种见解，产生了不同的"科学理论形成观"或"科学发现的理论"。

#### 1. 理性主义观点

在科学理论形成问题上的理性主义观点，是把科学理论的形成看作纯逻辑的过程，认为科学理论体系是通过严格的演绎或外展推理的程序建立起来的。这种观点明确承认科学发现是理性的、逻辑的活动。

这种观点的形成是受了亚里士多德的影响。在科学研究程序问题上，亚里士多德既看到了归纳推理的作用，也看到了演绎推理的作用。他提出了科学研究的"归纳－演绎"程序，把科学发现描述为从观察事实中归纳出一般原理（归纳阶段），然后以一般原理为前提演绎出较低层次的原理和个别事实的陈述（演绎阶段）的过程。但是，由于当时占优势的是演绎科学，数学被看作一切知识的典范。因而，亚里士多德对归纳程序的研究是十分薄弱的，他着重研究的是如何从一般原理演绎出其他陈述。在他看来，"任何一门科学都是通过一系列演绎证明而构成的命题系统，其中处在一般性最高层次的，作为一切证明出发点的是第一原理。其余处于一般性较低层次的命题都是由第一原理演绎出来的"[①]。因而，他虽然也提到了归纳法在科学研究程序中的作用，但一经涉及理论体系的构建问题，他实质上所主张的仍然是理性主义观点，即认为科学理论是通过演绎建立起来的命题等级系统。而他的追随者则走得更远，完全否认了科学研究程序中的归纳阶段，所强调的只是从第一原理开始，演绎出其他推断，科学发现完全被归结为演绎程序。

对于科学理论是理性发现的产物这一点，笛卡尔表达得更为明确。他认为，科学的最高成就是命题金字塔，即判断的体系。在命题金字塔的顶部是最一般的原理，科学理论就是由最一般的原理逐步向下演绎，得出一系列次一级的命题而构成的。由于这样，笛卡尔要求金字塔顶端的最一般原理必须是确定明白的。那么，什么命题可充当最一般原理呢？笛卡尔普遍怀疑以前曾认为真实的所有判断。经过审视和"沉思"，他认为只有"我思想，所以我存在"这个命题是确定可靠的（按照笛卡尔的逻辑：从我想到怀疑一切其他事物的真实性这一点，可以非常明白、非常确定地推出"我是存在的"。反之，如果我一旦停止思想，那么即使我所怀疑的东西都是真实的，也推不出"我是存在的"）。于是，笛卡尔把"我思故我在"这个命题作为命题金字塔的最高原理。

从"我思故我在"出发，笛卡尔得出了结论：对真理的认识不必依靠感觉经验，靠的是思想、概念的明晰性。离开感觉经验的概念和思想，只能是"天赋观念"，而第一个天赋观念就是上帝，于是导出了"上帝存在"的命题。对笛卡尔来说，有了上帝就好办了，上帝创造了宇宙，上帝使宇宙间的物体一下子运动起来，并保证这种运动永不止息。这样，又导出了"世界存在"的命题和最一般的"运动原理"。从运动原理中，笛卡尔又演绎出"静止的物体依然静止，运动的物体依然运动，除非有其他物体作用"等三个运动规律。从三个运动规律又演绎出现在看来并不正确的七条碰撞规则。如此这般，演绎的命题等级系统（命题金字塔）就建立起

---

① 张巨青主编：《科学逻辑》，吉林人民出版社1984年版，第7页。

来了。显然，笛卡尔把"我思故我在"和"上帝的存在"作为出发的最高原理是根本违背科学的，他实际上对科学理论的形成做了神学特创论的解释。

在科学理论形成问题上的理性主义观点，到了近代发生了一些变化。这一变化也与亚里士多德有关。亚里士多德对推理有不同的分类，其中一种是把推理分成演绎推理、归纳推理和不确定式。① 这个"不确定式"又被称为"回归法"。亚里士多德指出，这种回归法的"中项与末项的关系是不确定的"，就是说，回归法不是必然性推理。现代理性主义从这里生发开去，提出了"回溯推理"或称"外展推理"作为科学发现的程序。亚里士多德的传统理性主义要求演绎必须遵守一定的推理规则，其演绎的前提与结论之间有逻辑蕴涵关系。而现代理性主义则不同，他们提出的"回溯推理"并不是按照一定规则进行的，不能归约于演绎方法。

一般认为，回溯推理是由美国科学哲学家 C.S. 皮尔士首先提出的，他把亚里士多德的"回归法"译为"回溯法"（又称"外推法"），认为假说是通过回溯推理的程序猜测出来的。他指出："演绎法证明了某物必定如此；归纳法表明某物实际上是可以有效的；外推法仅仅提出某物也许如此。"② 但是，"虽然外推法几乎一点不受逻辑规则的约束，它却是逻辑推理，它只是带着有问题的方式，或者猜测性地来判断结论"③。他给出的回溯推理的模式如下：

①意外的事实 $C$ 被观察到。
②如果 $A$ 为真，$C$ 就是当然的事情。
③因此，有理由猜想 $A$ 是真的。

（$A$ 代表假说）

后来，另一个美国科学哲学家 N.R. 汉森在《发现的模式》一书中，又对皮尔士的回溯推理做如下表述：

---

① 参见亚里士多德：《工具论》，广东人民出版社 1984 年版，第 144 页。
② 转引自张巨青主编《科学理论的发现、验证与发展》，湖南人民出版社 1986 年版，第 316 页。
③ 转引自张巨青主编《科学理论的发现、验证与发展》，湖南人民出版社 1986 年版，第 316 页。

①意外现象 P 被观察到。
②如果 H 为真，理所当然 P 是可以说明的。
③所以，有理由认为 H 是真的。
(H 代表假说)

例如，观察到"蝙蝠在黑暗中能自由飞行而不碰壁"的事实。如果提出"蝙蝠是用耳朵导航"这一假说命题，则所观察到的事实可得到解释，所以，有理由认为"蝙蝠用耳朵导航"是真的。这个例子可以大致地说明现代理性主义关于理论形成的观点和推导模式。

在科学理论形成问题上的理性主义观点，主要是强调了演绎法在建立理论体系方面的功能，强调了理论应当是演绎的结构。这种形成观有其合理之处。但是，它并不能完满地说明科学理论是如何形成的。

首先，科学理论的形成是从已知发现未知，建立新的普遍必然性知识的认识活动。而在这个方面，以演绎为特征的理性主义是有局限性的。演绎只是把前提中蕴涵着的某种结论予以说明，其逻辑功能是把前提的真理性传递到结论上去，它的结论不能述说多于前提的东西，不能提供新颖的普遍必然性知识。

其次，科学理论的形成是具有创造性的发现活动，在这方面演绎也有其局限性。英国科学史家 W. C. 丹皮尔就这一点指出："亚里士多德是形式上确凿无疑的形式逻辑及其三段论法的创立人。这是一个伟大的发现；……亚里士多德把他的发现运用到科学理论上来。作为例证，他选择了数学学科，尤其是几何学。……但是，三段论法对于实验科学却是毫无用处的。因为实验科学所追求的主要目的是发现，而不是从公认的前提得出的形式证明。"①

理性主义不能完满说明科学理论的形成，其关键还在于，这种观点对于作为演绎前提的一般原理从何而来不能给予正确的解释。传统理性主义否认观察和归纳的作用，认为一般原理是不证自明的。这对于公理化的形式科学来说固然不错，但不能普遍地用以说明经验的、实证的自然科学。现代理性主义提出的回溯推理也只是指出了在何种条件下可以提出一个假说，但并没有解决假说究竟是如何被提出来的。而这个问题不解决，科学

---

① 丹皮尔：《科学史及其与哲学和宗教的关系》，商务印书馆1979年版，第75-76页。

理论的形成问题也就不能得到完满解决。就是说，理性主义对科学理论的形成只做了文章的"下篇"，即仅仅指出了有了一般原理之后，如何导出其他命题以建立命题体系，对于"上篇"则没有做，没有说明一般原理是怎样获得的。

### 2. 经验主义观点

在科学理论形成问题上的经验主义观点也就是古典归纳主义的观点。按照这种观点，科学理论的形成是观察概括的结果，科学理论的体系是通过归纳程序建立起来的。这种观点也主张有科学发现的逻辑，但它所指的只是归纳推理或归纳逻辑。

经验主义观点的代表人物是弗朗西斯·培根。在他看来，发现真理只有两条道路，一条道路是从感官和特殊的东西飞跃到最普遍的原理，进而由这些原理去发现中级原理。另一条道路是从感官和特殊的东西引出一些原理，然后通过逐步归纳上升，一步一步归纳出中间公理，直至最普遍原理。他认为第二条道路才是正确的。① 就是说，科学理论的结构是命题金字塔，命题金字塔的底层（基础）是关于经验事实的命题，从这些命题出发，通过一系列的归纳，逐步得到中间公理，直至顶端的最普遍公理，科学理论的命题金字塔就是这样建立起来的。在培根那里，归纳法是唯一的科学发现的方法。

前面说过，培根的归纳法是以三表法为核心的排除归纳法，排除归纳法包括两个步骤：第一步，通过细微的观察，全面地搜集与研究有关的事例，并把这些事例列举到"具有表""差异表"和"程度表"这三表中。例如，在研究热的本质时，首先把那些具有热性质的事例列举到"具有表"中（如太阳光、火焰、摩擦生热、动物身上的热等等）。其次，把那些与"具有表"中所列举的事例相似，但不具有热性质的事例列举到"差异表"中（比如月光，它与太阳光相似，都来自天上，但不具有热性质；海里的磷火与火焰相似，但没有热）。最后，把那些热的程度不同的事例列举到"程度表"中。这样，观察到的事例就得到了安排。第二步，在由三表法所提供的大量例证的基础上，通过比较，排除那些"偶然的相关"，进而归纳出"本质的相关"，也就是获得了各个层次的公理。培根

---

① 参见北京大学哲学系外国哲学史教研室编译《十六—十八世纪西欧各国哲学》，商务印书馆1975年版，第10、44页。

特别强调，归纳必须循序渐进，必须一步一步逐级上升，不能打岔，更不允许跳跃。

对于科学理论的形成问题，古典归纳主义者看得过于简单了。他们的观点中存在一个致命的弱点，这就是，观察到的事例是个别性的事实，而理论是普遍必然性的知识。从个别经验事实的单称陈述的集合中是无论如何不能逻辑地推导出全称理论陈述的。归纳推理的前提与结论之间没有必然联系，没有逻辑通道。事实上，从个别经验陈述飞跃到全称理论陈述需要借助若干非逻辑的因素（如联想、猜测等）的参与。古典归纳主义根本排斥归纳法以外的思维形式和方法，因而不能真正解决科学理论形成的问题。

### 3. 直觉主义观点

在科学理论形成问题上的直觉主义观点主张，科学发现完全是非理性、非逻辑的活动过程，它只涉及一种神秘的不可分析的直觉或顿悟，它是科学家的心理活动，就是说，不存在科学发现的逻辑。

现代归纳主义者在批评和反省古典归纳主义观点时实际是站到了直觉主义立场上。他们不再认为归纳法是科学发现的方法。卡尔纳普就此说道："不可能制造出一种归纳机器。后者可能是指一种机械装置，在这种装置中，如果装入一份观察报告，将能够输出一种合适的假说，正如当我们向一台电脑输入一对因数时，机器将能够输出这对因数的乘积。我完全同意，这样一种归纳机器是不可能有的。"[①] 那么，科学发现是怎么一回事呢？莱辛巴赫的话表明了现代归纳主义的看法，他说："发现一种理论的科学家常常是由猜测引导到他的发现上去的；他不能说出他是采用什么方法发现他的理论的，而只能说他认为这种理论是对的，说他的猜想是对的，或是说他直觉地看出这个假设会合乎事实。"[②] 进而，莱辛巴赫严格区别了理论的发现和理论的证明。认为归纳推理不能用于发现理论，只能用于证明理论，只是为理论进行辩护的逻辑工具。莱辛巴赫这一观点非同小可，它使得科学发现被拒斥于逻辑之外，归之于科学心理学、科学社会学的范围之中，以致现代归纳主义干脆放弃了对科学发现的研究。

爱因斯坦和卡尔·波普对理论形成的最初阶段的看法，也是直觉主义

---

① 转引自洪谦主编《逻辑经验主义》上卷，商务印书馆1982年版，第330页。
② 莱辛巴赫：《科学哲学的兴起》，商务印书馆1983年版，第178页。

的。爱因斯坦认为:"在我们的思维和我们的语言表达中所出现的各种概念,从逻辑上看,都是思维的自由创造,它们不可能从感觉经验中归纳地得到。"① 卡尔·波普则进一步发挥诸如此类的观点,他在《科学发现的逻辑》一书中写道:"在我看来,初始阶段,也即构想或发明一个理论的活动既不需要也不可能作逻辑分析。一个人怎样产生一个新思想——不管是一个乐曲主旋律、一节戏剧冲突还是一个科学理论——的问题,可能是经验心理学非常感兴趣的;但是,它同科学知识的逻辑分析无关。……获得新思想的逻辑方法或这过程的逻辑重建这等事,是不存在的。我的观点可表达为这样的说法:每个发现都包含'一个非理性因素'即柏格森意义上的'创造性直觉'。"②

科学理论形成上的直觉主义观点,同样不能对理论发现做出正确解释。这种观点的错误不在于肯定直觉的作用。现在已经很少有人怀疑直觉在理论发现中的作用了,阿基米德解开"王冠之谜"、凯库勒发现"苯环结构"等著名的案例已经确定了直觉在科学发现中的地位。问题在于,直觉并不像直觉主义所说的那样是神秘的不可分析的东西,并不是"非理性"的方法;而且,承认直觉的作用并不意味着必须排斥逻辑。

直觉作为一种思维方式确实有别于逻辑思维。它不是分析型的、按部就班的逻辑推理,而是跳过了许多中间环节,从总体上对研究对象做出的迅速识别。直觉具有突发性、偶然性和瞬时性,什么时候会猛然顿悟,由什么因素触发灵感,都是不能预先知道、不能人为选择的。但是,直觉虽然不是逻辑思维,但包含着逻辑因素。虽然是突发的、瞬时的,但其过程仍是可以认识的,作为一种认识方法它仍然属于理性认识方法之列。巴甫洛夫曾说:"我发现,对全部直觉应当这样理解,即人记住最终的东西,而他走过的、准备过的全部过程,他没有把它计算到这个环节上。"③ 这就是说,以顿悟的形式表现出来的直觉活动,并不是来而无影的,而是逻辑程序的高度简缩,是省略了中间环节的瞬间的认知和识别。从直觉过程所包含的准备阶段、形成阶段和判别阶段上看,都离不开比较与分析、综

---

① 《爱因斯坦文集》第1卷,商务印书馆1976年版,第409页。
② 转引自张巨青主编《科学理论的发现、验证和发展》,湖南人民出版社1986年版,第325–326页。
③ 转引自柯普宁《马克思主义认识论导论》,求实出版社1982年版,第199页。

合和概括、抽象化与形象化等手段和方法。直觉主义神秘化、片面化地理解直觉，把它作为科学理论形成的唯一方法和途径，因而也不能对理论的形成做出科学的说明。

纵观上述几种观点，可以看出，要科学地说明理论体系的形成，必须处理好三种关系。

第一，科学理论形成过程中的机遇性和合理性的关系。在我们看来，在科学理论的形成过程中确实没有一套普遍适用的机械程序，确实存在着机遇性。但是，这不意味着理论的形成毫无规律可循，根本没有规范性和合理性，并不是一定要把随机性与合理性对立起来才能说明理论的形成。事实上，正是由于随机性和合理性的互补，才能做出科学发现，形成科学理论。

第二，科学理论形成过程中的逻辑因素与非逻辑因素的关系。承认了理论形成过程中既有随机性又有合理性，也就承认了理论形成过程中既有非逻辑因素的作用又有逻辑因素的作用。逻辑因素和非逻辑因素也同样是相辅相成的，把它们对立起来，片面地强调某一因素的作用，都不能反映科学理论形成过程的全貌。

第三，归纳法与演绎法的关系。在科学理论形成的过程中，这两种方法是缺一不可的，它们相互渗透，相互补充，共同作为逻辑因素在理论形成过程中起作用。我们照样没有理由强调某一种方法的作用而贬低或否定另一种方法的作用。

处理好上述几种关系，是说明科学理论形成的关键。只要不是在上述几个方面的对立中思考，而是从它们的共同作用中去考察，对于科学理论的形成过程是可以做出正确的描述的。下面，我们就此做些具体的论述。

## 二、逻辑推理在科学理论形成中的作用

科学理论的形成离不开逻辑推理和逻辑方法，理论体系的建立既不像理性主义所说的那样仅依靠演绎推理或外展推理，也不像古典归纳主义所说的那样仅依靠古典的归纳推理，而是归纳、类比和演绎共同作用的产物。科学理论，特别是现代科学理论都表现为"思维模型"也即"理论模型"。在构造理论模型中，归纳、类比和演绎这几种基本的推理形式和方法互相补充、互相渗透，在理论形成中发挥作用。我们以魏格纳创立现代"大陆漂移说"为例，来分析一下这几种逻辑推理是如何共同作用于理

论形成的。

人们从观看地图发现,非洲西部的海岸线和南美洲东部的海岸线彼此正好相吻合;人们进一步又发现,不仅南美洲和非洲可以拼合,而且北美洲与欧洲也可以拼合,印度、澳大利亚、南极洲也可以拼合。奥地利学者魏格纳从这些观察事实中联想到冰山漂移的情景,并以此为类比对象设想较轻的刚性的大陆块是漂浮在地壳内较重的黏性流体岩浆之上,"它们就像漂浮的冰山一样逐步远离开"①。他还以撕碎的报纸为对象做了形象类比,"就像我们把一张撕碎的报纸按其参差不齐的断边拼凑拢来,如果看到其间印刷文字行列恰好齐合,就不能不承认这两片碎纸原来是连接在一起的"②。通过这些类比,魏格纳初步提出了现今的大陆是由泛古陆漂移而成的大陆漂移说。

大陆漂移说提出以后,魏格纳用它解释了一系列的已知事实。例如,在古生物学方面,对大西洋东岸的西欧和大西洋西岸的北美都有圆庭蜗牛的足迹,对南美、非洲和澳大利亚都有肺鱼生活给予了说明。在地质学方面,对南非的开普山脉同南美的布宜诺斯艾利斯山脉相接,并且地质构造、矿层成分与年龄都相同,对加拿大的阿巴拉契亚山脉与欧洲的加里东山脉有许多相似、共同之处给予了说明。等等。同时,魏格纳还根据大陆漂移预言了大西洋两岸的距离正在逐渐增大,格陵兰由于继续西漂,因而它与格林尼治之间的经度距离也正在增大等以往未知的事实。运用假说去解释和预见事实,也就是把这些事实陈述从猜测性的理论中演绎出来,这里是演绎推理在起作用。

大陆漂移说所推导出的已知和未知的事实陈述,又要付诸实践给以检验,如果推出来的事实陈述与实践检验的结果相符,假说就得到了支持和确证。这个反馈过程又是归纳推理在起作用。

通过这个例子我们可以体察到:在建立科学理论的理论模型过程中,最初是运用具有启发性的类比推理提出假说,然后是运用演绎推理推导出事实陈述(即对事实做出解释和预言),接下来是运用归纳推理对实践检

---

① 魏格纳:《海陆的起源》,商务印书馆1964年版,第5页。
② 魏格纳:《海陆的起源》,商务印书馆1964年版,第50页。

验的结果做出反馈,以确证假说,确立理论。这种综合运用各种推理形式建立理论模型的过程可以用图5-2来表示。

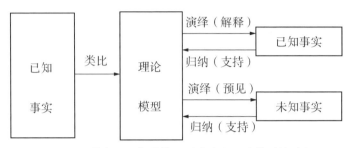

图5-2 综合运用各种推理形式建立理论模型的过程

当然,实践检验也可能证伪某一理论模型,那时,就要提出新的假说,建立新的理论模型。然而,新的理论模型的建立仍然要综合运用各种推理形式。

从图5-2中,我们不仅可以看出类比、归纳和演绎如何在理论形成中起作用,而且也可以对这三种推理形式相互补充、相互联系的辩证法,也即推理的辩证法有所认识。

### 三、非逻辑因素在科学理论形成中的作用

科学理论的形成离不开逻辑推理,也与非逻辑因素有关。非逻辑因素是一些其本身不具有逻辑程序的认知方法和手段。主要指的是科学想象。科学想象又被称为科学猜想或联想,它是推测事物现象的原因与规律性的创造性思维活动。

科学想象在科学理论形成中的作用主要表现在,人们通过科学想象从经验认识中猜测出一般原理或普遍定律。定律包括经验定律和原理定律,它们的形成都离不开科学想象。经验定律是通过归纳外推获得的,而我们知道,归纳的前提是有限的个别陈述,结论却是全称概括性陈述,从单称陈述的集合推导全称陈述是没有逻辑通道的,我们根据个别前提而接受一个普遍结论就包括猜想的成分。高层原理定律主要是运用溯因法获得的,而溯因过程是以被观察到的事实为根据,猜想出某理论,提出某一假说,这实质上仍是归纳过程。可见,提出原理定律更离不开科学想象。

当然,理论的形成不是单纯科学想象的结果,科学想象总是与归纳、

类比等逻辑方法相伴随的。

### 四、科学理论是运用假说-演绎法建立的

孤立地运用逻辑推理或者孤立地运用科学想象都不能建立起科学理论。科学理论是在逻辑因素与非逻辑因素的共同作用下形成的。而这种因素的交互作用，具体体现在假说-演绎法中。

一般认为，假说-演绎法的提出和完善，与19世纪两位英国哲学家威廉·惠威尔和威廉·斯坦利·杰文斯的工作有关。他们对假说-演绎法的表述不尽相同。但是，根据其基本精神，可以把假说-演绎法了解为这样一种思维方法：它通过归纳概括从观察事实中概括出经验定律，根据经验定律提出一个本因型的问题，为寻求问题的答案而设立假说，猜测出某种理论，使这种理论能解释已知事实，并能预见未知事实，在成功地进行解释并使预见得到确证过程中，使假说逐步得到检验，从而使猜出的理论确立起来，成为科学理论。简言之，所谓假说-演绎法就是通过建立假说去解释和预见事实，使假说转化为理论的方法。

亨佩尔在《自然科学的哲学》一书中用一个案例说明了人们是如何运用假说-演绎法从事理论发现的。

> 维也纳综合医院第一产科的医生泽梅尔魏斯不安地看到，在他们这个科分娩的妇女有相当一部分因染上产褥热而死亡，而相邻的第二产科收纳的产妇数目与第一产科不相上下，但其产褥热死亡率却低得多。这是为什么呢？是什么原因使产妇染上产褥热呢？人们提出了种种解释，都被泽梅尔魏斯一一否定了。第一种观点是把产褥热归因于"疫气的影响"，但是，这疫气怎么可能多年来一直绕过第二产科而危害第一产科呢？第二种观点是把产褥热归因于病员过于拥挤，而事实上第二产科更为拥挤，因为产妇都想方设法避开名声不好的第一产科。第三种观点是把产褥热在第一产科流行归结为医学院学生对产妇的粗鲁检查，因为学生们都在第一产科接受训练，而第二产科是由助产士对产妇进行检查。然而泽梅尔魏斯指出，分娩过程对产妇造成的自然伤害比粗鲁检查所可能造成的伤害要广泛得多，并且第二产科的助产士对产妇进行检查的方式和学生们相比也没什么两样，因而这种观点也不能成立。后来，一件偶然事故给泽梅尔魏斯解决这一问题提

供了线索。他的一位同事在和学生一起解剖尸体时手指被学生的解剖刀划伤而死亡,这位同事在病情中表现出来的症状与产褥热患者的症状是一样的。泽梅尔魏斯从中意识到,通过学生的解剖刀而进入那位同事血液的那种"尸体物质"是那位同事致死的原因,于是他提出了一个假说:产褥热患者也是死于这一类的败血症,他和他的同事及医学院的学生是感染物的携带者,他们经常是在解剖过尸体之后直接来到病房对分娩中的产妇进行检查。

为了检验这一假说,泽梅尔魏斯要求所有医学院的学生在临床检查之前必须用漂白粉溶液洗手。他想,如果这种想法是正确的,那么只要用化学方法杀灭手上的感染物就可以防止产褥热。结果,第一产科的产褥热死亡率果然大大下降了。同时,第二产科以往死亡率低的事实也支持了这一假说,因为第二产科是由助产士护理产妇,而助产士所接受的训练不包括尸体解剖课。

这一假设通过说明下列一些事实得到了进一步验证:在街上分娩的妇女之所以死亡率低,是因为她们入院后医生很少对她们进行检查;凡是染上产褥热的新生儿,他们的母亲全都是在分娩期间得病的,因为只有这样,感染才有可能通过母子之间的共同的血流在孩子出生前就传到他身上。如果其时母亲是健康的,这种情况就不可能发生。

进一步的临床经验使泽梅尔魏斯很快扩充了他的假说,产褥热不仅可由"尸体物质"引起,而且可由"活的机体内产生的腐败物"引起。[①]

从这个案例可以看出,假说-演绎法的运用大致包括四个环节。

第一,发现问题和提出问题。"问题"是科学发现的起点,发现和提出问题,进而寻求答案,才促使人们提出假说,猜想出理论。按照亚里士多德的"归纳-演绎"程序和古典归纳主义的理论,科学发现是始于"观察"的,这种观点并没有抓住科学理论形成过程的实质。从认识的全过程上看,人的认识是从观察(即感性认识)开始的,但从科学理论体系的构建这方面看,却是从问题开始的,因为从单纯观察活动中不能直接形

---

① 亨佩尔:《自然科学的哲学》,上海科学技术出版社1986年版,第3—6页。

成理论。当然，这不是说科学理论可以脱离观察事实，而是只有观察事实与以往理论发生冲突、互相撞碰，从而提出问题时，才开始了科学研究和科学发现的活动。泽梅尔魏斯是为了解开产褥热这个"可怕的谜团"才开始对这种病症进行研究的，有许多人和他同样观察到了事实，但熟视无睹，没有提出问题，因而也就没能做出关于产褥热的科学发现。

第二，建立假说、猜测理论。人们提出问题以后，接下来是针对提出的问题寻求问题的解，这时就要建立假说，猜测出某种理论。正如我们说过的那样，在这个环节是运用溯因法结合联想和猜测提出假说的。所提出的假说必须是能够解释问题的，因而就要淘汰那些不能回答问题的假说，把那种可以回答问题，即与需要解释的经验定律或经验事实有逻辑关系的假说保留下来。泽梅尔魏斯在确立他的假说之前，就通过验证而排除了若干无效的假说。

第三，解释已知事实，预见未知事实。假说是为了回答某一问题被提出的，因而在它形成过程中就已经解释着某种事实。当假说形成后，为使所猜出的理论确立起来，必须更多地解释已知事实和预见未知事实。而无论解释还是预见都是演绎的过程，即以猜出的理论和背景知识为前件，推导出事实的陈述。

假说-演绎法是逻辑与非逻辑、归纳与演绎等各种思维方式的综合运用。科学理论通过假说-演绎的程序而形成，充分表明理论的形成是机遇性与合理性的统一。经验主义和理性主义的形成观强调了理论形成的合理性，但割裂了归纳与演绎的联系。直觉主义看到了单纯借助归纳法或单纯借助演绎法都不能完满解释理论的形成过程，但因此否定了理论形成的合理性，片面强调机遇性，就是没有认识到归纳与演绎、机遇性与合理性可以结合起来。可见，没有辩证的思维，就不能科学地说明科学理论如何形成。

### 五、科学理论的形成最终要经过实践检验

科学理论的形成不是单纯的逻辑思维过程，而是与实践活动密切联系在一起的。被猜想出来的理论必须经过实践的检验，为实践所证实，才能确立为科学理论。运用假说-演绎法构造科学理论的最后一个环节就是对假说进行实践检验。实践检验是理论的证明过程的一个基本方面。理论的发现与理论的证明有其相对的独立性，但并不是像莱辛巴赫说的那样毫不

相干，实践的环节把它们联系在一起。假说对事实做出解释和预见，也即演绎出一系列的事实陈述，这就给实践检验理论提供了材料。原则上说，如果从假说中推导出的事实陈述与实践检验所提供的事实陈述相一致，理论就得到证实，如果二者不相符合，则认为理论被证伪了。然而，无论是证实还是证伪，都是十分复杂的。

从理论的证实这方面说，其复杂性主要在于：

第一，证实是归纳过程，没有逻辑必然性。运用假说－演绎法验证一个理论的逻辑形式是这样的：

如果 $H$ 并且 $C$，那么 $E$
$E$
——————————————————
所以，$H$

这并不是一个普遍有效的推理形式，就是说，从理论 $H$（加上先行条件 $C$）中推导出事实陈述 $E$，通过实践检验确定 $E$ 是真的，并不能必然推出 $H$ 是真的。推导的结论被观察到，只是对于理论给予支持和确证，不能完全地证实理论。

第二，确证事例的数量与理论的证实程度没有线性关系。传统上，人们很重视确证事例的数量，认为确证事例越多，理论就越可靠。但是，如果确证事例是同一类型的重复，那么数量的增加对于理论的确证度是极其有限的，而且从实质上说，理论确证度并不与确证事例的数量相消长。一方面，归纳论证的前提（确证事例）总是数量有限的，而理论作为全称命题却是对无限数目的可能事实的断定，这样，以有限数除以无限数，其概率仍然是零，即"有限数/无限数 = 0"。这表明，确证事例的增加实质上不能提高理论的可靠性。另一方面，对理论的证实往往又并不需要太多的确证事例，有几个甚至一个经验证据，也可以确证理论，这就像一两颗原子弹的爆炸足以证明原子弹的威力一样。

第三，经验证据对理论的支持强度不一样。实践检验所提供的经验证据并不是等价的，它们在质上大不一样。例如，1865 年麦克斯韦根据他的电磁理论预言了电磁波的存在，1888 年赫兹第一次检测到了电磁波，相对于以后人们反复检测到电磁波来说，赫兹检测到第一束电磁波显然给予麦克斯韦电磁理论以更强有力的支持和确证。后来人反复检测到电磁波虽然也确证着麦克斯韦电磁理论，但从经验证据对于理论的支持程度上说则是在原地踏步。

与理论的证实一样，理论的证伪也是十分复杂的。证伪的复杂性主要在于：

第一，证伪不具有逻辑必然性。理论证伪的基本逻辑形式是这样的：

如果 $H$ 并且 $C$，那么 $E$
非 $E$
_____
所以，非 $H$ 或非 $C$

从推理形式上说，这是一个普遍有效式，那么，为什么说证伪不具有逻辑必然性呢？这是因为，事实陈述 $E$ 是由理论 $H$ 加上先行条件 $C$ 推导出来的。否定了 $E$，只是否定了 $H$ 和 $C$ 的合取，其结果是或者理论 $H$ 不成立，或者先行条件 $C$ 出了差错。这就是说，否定 $E$，并不意味着必然否定 $H$，应当对错误的预见负责的不一定是受检验的理论本身，可能是与理论相关的其他因素。理论证伪没有逻辑必然性，就是在这个意义上说的。而且，这个演绎证伪的模式仍然是一个简化的形式，事实上，受检理论往往不只包含一个假说，通常是包括几个假说，因而，即使先行条件不出问题，否定了推断的结论也只能否证若干假说的合取，至于哪一个假说不能成立，仍然有待进一步考察。

第二，理论具有"韧性"，并不是一遇反例就能推翻。理论的"韧性"是指，当一个理论遇到相反事实时，可以通过提出辅助性假说对理论加以局部调整，以消化反常事实，使理论的核心部分得到保护。英国著名哲学家伊姆雷·拉卡托斯曾虚构了一个例子加以说明：

> 有一位爱因斯坦时代以前的物理学家根据牛顿的力学和万有引力定律 $N$，和公认的初始条件 $I$，去计算新发现的一颗小行星 $P$ 的轨道。但是那颗行星偏离了计算轨道。我们这位牛顿派的物理学家是否认为这种偏离是为牛顿的理论所不允许的，因而一旦成立也就必然否定了理论 $N$ 呢？不。他提出，必定有一颗迄今未知的行星 $P'$ 在干扰着 $P$

的轨道，他计算了这颗假设的行星的质量、轨道及其他，然后请一位实验天文学家检验他的这一假说。……但是它并没有被发现。我们的科学家是否因此而放弃牛顿的理论和他自己关于有一颗在起着干扰作用的行星的想法了呢？不。他又提出，是一团宇宙尘云挡住了那颗行星，使我们不能发现它。他计算了这团尘云的位置和特征，他又请求一笔研究经费把一颗人造卫星送入太空去检验他的计算。……但是那种尘云并没有被找到。我们那位科学家是否因此就放弃了牛顿的理论，连同关于一颗起干扰作用的行星的想法和尘云挡住行星的想法呢？不。他又提出……①

由此可见，包括辅助性假说在内的理论体系是一个坚韧的网络，对反常事实具有很强的消化能力。从科学家这方面说，也不是一发现与理论相抵触的反常事实就轻易放弃理论，而是进一步提出辅助性假说，使理论接受新的检验。

第三，经验证据是可谬的。按照经验主义观点，观察是不会出错的，因而每一个经验证据都是可靠无误的。而实际上，由于观察者的心理因素、知识水平的不同，观察时物理条件的不同，以及一定时代的观察仪器在精确度和精密度上具有局限性，观察是可能出错的，因而经验证据是可谬的。这样，当用某一个或某一些经验证据去否证某一理论时，就有可能是经验证据本身有毛病，这样的经验证据自然不能成为否证某一理论的依据，还需要提出新的可靠的事实，重新对理论进行检验。

第四，反驳一个理论的经验证据，依靠着另一个理论。就是说，一个事实之所以能够作为排斥某个理论的证据，乃是另一个理论对它做出解释的结果。这样一来，理论的证伪就不仅仅取决于作为反驳证据的经验事实如何，它还取决于对经验证据如何解释，从而成为不同的理论谁是谁非的问题了。

综上所述，理论的证实和证伪都是非常复杂的，科学理论最终要经过实践检验才能形成和确立，但是必须充分估计检验的复杂性，把证实和证伪看成一次性的简单过程是错误的。只有把证实和证伪都了解为历史的过程，才能把握好实践检验的环节。理论证实的复杂性告诉我们，不可根据

---

① 参见查尔默斯《科学究竟是什么？》，商务印书馆1982年版，第75-76页。

某一个或某一些推断结论被确定为真,就轻率地宣布某一理论已成为真理。理论证伪的复杂性则告诉我们,不可一遇到反常事实就轻率地宣布某一理论成为谬误。不过,也不能从证实和证伪的复杂性中得出理论根本无法证实和无法证伪的结论。理论的证实和证伪都是可以做到的,只不过它们都必须经过反复实践的历史过程才能判明。

## 第三节　科学理论的发展

科学理论的发展问题,又被称为科学进步问题。理论形成以后,就会展开自己的发展过程。如同对待理论形成的问题一样,对待理论的发展,也必须辩证地分析和思考,才能做出正确的描述。

一、不同的科学理论发展观

**1. 积累主义的观点**

积累主义的发展观是科学理论发展问题上的传统观点。按照这种观点,科学理论是绝对无误的真命题的集合,科学理论的发展就是真命题逐渐积累和增加的过程,真命题不断添加,命题金字塔的底部就不断加宽,上层则不断加高,理论就发展进步了。西方哲学家把这种发展模式形象地称为"中国套箱式"。一个大红木箱中套着一个较小的木箱,较小的木箱又套着更小的木箱,如此大箱套小箱,这就是所谓中国套箱。

美国科学哲学家欧内斯特·奈格尔是典型的中国套箱论者,他认为,科学理论是通过先行的理论不断被后继的理论所包含而发展的。他说:"一个相对自足的理论为另一个内涵更大的理论所吸收,或者归化到另一个内涵更大的理论,这种现象是不可否认的,而且是近代科学史一再出现的特征。"[1]

威廉·惠威尔也坚持这种积累主义观点,他把科学的进步比作支流汇合成江河,认为科学是通过过去的成果逐渐归并到现在的理论中而进化

---

[1] 约翰·洛西:《科学哲学历史导论》,华中工学院出版社1982年版,第193页。

的。他引用牛顿的万有引力理论作为科学通过归并而成长的范例,牛顿理论包括了开普勒定律、伽利略的自由落体定律等等。他明确主张:"科学与其说是一系列的革命,倒不如说是一种连续的进步。"①

抱有积累主义发展观的哲学家,虽然在一些具体看法上有所不同,但都是把科学理论的发展看成是真命题的数量的增加,也就是只承认进化而否认革命,只承认量的积累而否认质的飞跃,这实质上是对科学理论的发展做了静态的描述。显然,积累主义的发展观与科学理论发展的实际情形相去甚远。科学理论并不是绝对无误的知识,其发展也不仅是累进式的过程。这使得人们不得不重新考虑科学理论发展的模式。

### 2. 证伪主义的观点

以英国哲学家卡尔·波普为代表的证伪主义首先作为积累主义的对立面而出现,证伪主义在反对归纳主义的基础上提出了科学理论发展的证伪主义模式,打破了积累主义的发展观。

卡尔·波普指出,要描述科学理论发展的模式,应当先弄清楚理论进步的评价标准是什么。在他看来,说一种理论正经历着进步,或者,说一种理论比另一种理论更进步的评价标准主要是"可证伪度"。按照波普的思想,区分科学与非科学的根据不在于可证实性,而在于可证伪性。因为证实一个理论是办不到的,凡是科学理论都是可证伪的,不可证伪的不是科学理论。既然科学理论都是不能证实只可证伪的,因而,评价科学理论的优劣,考察科学理论是否在进步的标准就是看它的可证伪度如何。波普认为,一个理论的可证伪程度越高,这个理论就越好、越进步。因为科学理论的可证伪程度是与科学理论内容的丰富程度相关的,理论的内容越具有丰度,它的"潜在证伪者"(人们把能证伪某一理论的观察陈述叫作那个理论的潜在证伪者)就越多,它所冒的风险就越大,就越容易被证伪。因为"一个理论断言得越多,表明世界实际上并不以这个理论规定的方式运动的潜在机会就越多"②。这就意味着,理论内容的丰富程度与理论的可证伪程度是成正比的,因而可证伪度是评价理论进步的有效标准。试比较:

---

① 约翰·洛西:《科学哲学历史导论》,华中工学院出版社1982年版,第130页。
② 查尔默斯:《科学究竟是什么?》,商务印书馆1982年版,第51页。

(a) 太阳系各行星之间的引力与它们的距离平方成反比。
(b) 物体之间的引力与它们的距离平方成反比。

显然,作为理论定律,命题(b)蕴涵着命题(a),(b)具有更丰富的内容,(b)把(a)所说的一切都告诉了我们,并且(b)还告诉我们(a)以外的更多东西,(a)不过是(b)的一个推断。因而,(b)所承担的风险更大,可证伪的程度更高。证伪了(b)也就证伪了(a),反之却不然。据此,就可认为命题(b)是比命题(a)更高层、更好的理论。

理论内容的丰富程度与理论的可证伪度成正比,与此相随的是另一个比例,即理论内容的丰富程度与理论得到确证的概率(成真的概率)成反比。根据积累主义的发展观,科学理论的发展意味着理论为真的概率越来越高,因而理论是朝着高概率发展。现在波普却指出,理论的内容越丰富,它的成真概率越低,因而科学进步应当追求证伪度高而确证率低的理论,科学总是向着信息越来越大、概率越来越小的方向发展。他还指出,如果像积累主义那样追求高概率,那就势必要求理论的内容和信息量尽可能少,这势必导致科学的退化,显然不符合科学发展的历史。

既然可证伪度高是理论发展进步的标准,因此波普在方法论上提倡大胆的猜想与反驳,把证伪作为促使科学理论发展的手段,进而,他在《客观知识》一书中给出了证伪主义的科学理论发展的模式,即:

$$P_1 \rightarrow TT \rightarrow EE \rightarrow P_2$$

这个模式是说,科学从问题($P_1$)开始,通过试探性理论($TT$),然后用证伪消除错误($EE$),进而发展出下一个问题($P_2$)。用他自己的说法就是:"应当把科学设想为从问题到问题的不断进步——从问题到愈来愈深刻的问题。"① 就这样,科学理论的发展被波普描述为猜想与反驳,或者说不断假设又不断证伪的过程。在这个过程中,一个理论被证伪并为另一个理论所代替,如此不断变更。

波普的证伪主义发展观突破了积累主义的真命题递加的发展模式,对理论的发展做了动态的描述,是颇具启发性的。但是,这一模式所描绘的却是一幅令人灰心泄气的理论发展图景,科学理论在沼泽地上挣扎,找不到一块坚实的地基,于是真理成了可望而不可即的东西。事实上,波普的

---

① 波普:《猜想与反驳》,上海译文出版社1986年版,第317页。

证伪主义发展观也不符合科学发展的实际情况，正如前面已经说过的那样，假说的检验过程是十分复杂的，任何一次否证都不是最后的、绝对的。波普的证伪主义低估了证伪的复杂性，把理论发展过程简单化了。后来，更为精致的证伪主义对此做了修正。

精致的证伪主义主要是由拉卡托斯阐发的。他详细论述了证伪的复杂性，提出了科学研究纲领的发展模式。他所说的"研究纲领"指的是一系列理论假说的集合。这种科学研究纲领由相联系的三个部分组成。第一部分是"硬核"，它是不容反驳、不允许改变的基本理论假说。如果它遭到反驳，理论大厦就会动摇；如果它被否定，整个大厦就会瓦解。第二部分是"保护带"。保护带由辅助性假说和初始条件构成。保护带是用以保卫硬核的，它主动把反驳的矛头引向自身，使硬核免于被反驳。保护带是灵活的，可以修改或补充。第三部分是"启发法"。启发法是解题的手段，包括正面启发法和反面启发法两部分。正面启发法是一些鼓励性的规定，它告诉科学家如何去修改、精简或增加辅助性假说，使理论得到发展。反面启发法则是一些禁令，禁止把反驳的矛头指向硬核。在拉卡托斯看来，研究纲领的结构特征决定了理论不是一遇反驳就被淘汰，但他也不认为由于可调整辅助性假说因而理论永远不会被推翻。这是因为，辅助性假说的调整会使理论产生两种结果，即进化或退化。他指出，一个研究纲领，如果经过调整辅助性假说，能预言更多的新颖事实，它就是进化的。如果一个研究纲领丧失了这种朝气，它就是退化的。进化的研究纲领不怕反常事实，因为它通过消化反常事实能做出更多的预见。退化的研究纲领害怕反常事实，当退化的研究纲领遇到反常事实时，对于这个纲领来说，危机就会到来。退化的研究纲领由进化的研究纲领所否证和取代，科学理论就发展了。可以看出，拉卡托斯的科学研究纲领的发展模式既不是由猜测和反驳组成的不断革命的模式，也不是积累主义的模式，它表达了这样一种发展观：科学理论发展史是研究纲领互相竞争的历史，当某一纲领在竞争中处于进化期时，理论的发展表现为在硬核不变的前提下不断增殖，即理论内容不断丰富，这是一种稳定的、渐进的发展。如果这个纲领失去预言新颖事实的朝气而成为退化的纲领，它就会被进化的竞争对手所淘汰，这时，理论的发展就是革命式的。

拉卡托斯的精致证伪主义的发展模式克服了波普的简单化和绝对化，技术上也比较细致，因而引人注目。但是，这一发展模式并不是没有问题的，它所面临的一个主要问题是：到底要经过多长时间才能确定一个研究纲领已经严重退化，再不能做出一个新颖预见呢？这是不容易决断的。比如，哥白尼理论关于金星有盈亏现象的预见经过了70年之久才得到确证，而根据这一理论预言的恒星视差现象则是经过了几个世纪才被确证的。由于无从肯定未来的发展，因而原则上永远也不能断言任何研究纲领已经退化得不可救药。而且还存在着这样的情况：一个研究纲领在某一历史阶段被评价为退化的，可是在后来的某一历史阶段，通过保护带的创造性的修改它又做出了新的发现，从而整个纲领重新复活处于进化状态。对此，拉卡托斯本人也不得不承认，两个纲领的相对价值，只有事后才能明白。这样一来，拉卡托斯从研究纲领进化或退化的角度对科学理论发展所做的说明，只是停留在抽象的理论探讨上，并不能解决科学理论发展的实际问题。

### 3. "科学革命"的观点

"科学革命"的理论发展观是一种历史主义的观点，持有这种观点的哲学家主张从"历史再现"的角度考察科学理论的发展，他们认为科学理论发展的历史是一部科学革命史。美国哲学家托马斯·库恩把科学革命的理论发展模式概括为：前科学—常规科学—危机—科学革命—新的常规科学—新的危机—新的科学革命……。前科学阶段是指还没有形成系统理论的、众说纷纭的阶段。当一门科学形成了系统理论之后，就进入了常规科学阶段，这时，一定的科学共同体中的科学家们采用共同的范式去解决问题。当原有的范式遇到愈来愈多的无法解决的难题时，就发生了危机。危机的加深必然促使旧范式的破坏和新范式的提出，也即引起科学革命。新范式产生以后又开始了新的常规科学阶段。在库恩的发展模式中，"范式"是个举足轻重的概念，范式又称"规范"或"范型"。库恩对范式这一概念的使用并不十分确定，在广义上，范式是理论体系、研究规则、研究方法以及哲学观点的组合；在狭义上，范式仅是指具体题解的范例。后来，库恩又把范式看作"科学共同体"（专业母体）的同义语。尽管如此，库恩还是把范式的基本含义表达出来了，简略地说，范式就是指科学共同体公认的、共同采用的一套概念和定律，它是科学共同体的理论框架和行动纲领。因而，"范式的转换"也就意味着科学理论的革命，同时会使旧的科学共同体瓦解，新的共同体形成。

那么，是什么因素引导科学家放弃旧的范式和接受新的范式呢？在库恩看来，"在规范选择中就像在政治革命中一样，没有比有关团体的赞成更高的标准了"①。就是说，科学家们是"良禽择木而栖"，赞成某一范式就选择某一范式，对个别科学家来讲，范式的转换就如同宗教信仰的转换一样。一门科学由于其杰出的成就而吸引了大批拥护者，从而形成一个科学共同体，公认某一范式，就实现了范式的转换。这实际上是对科学家选择范式的原因做了社会学的、心理学的、约定主义的分析。

从"良禽择木而栖"去推论，科学家及科学共同体放弃旧范式而接受新范式应当是通过优劣的比较才做出选择的。但在库恩看来却不然，他认为人们放弃或接受某一范式的原因很复杂，但无论如何不是从比较中做出选择，因为范式是不可通约的，也就是说不同的理论之间是不可比的，范式不同，彼此的规则、标准也就不同，不存在中立的、公认的评价标准。比如牛顿的范式与爱因斯坦的范式就不可比较，即使是它们有着同样一些物理学名词（像"质量""时间""空间"等），但在两个范式中却意味着不同的东西。这就等于宣告，新旧理论之间毫无共通之处、毫无联系，范式的转换是"格式塔"转换，对于那些改变了范式的科学家或科学共同体来说，他们就像被突然运送到另一个行星上，在那里熟悉的对象是以不同的眼光来看待的。至此，我们不难看出，库恩主张按科学史的实际描述科学理论的发展，不仅注意到科学的常规发展，而且强调科学的革命性发展，是颇有见地的。但是，他的发展观却抹杀了新旧理论之间的继承联系，理论发展的过程被描述为一次一次的突变。库恩的科学革命的模式代表了历史主义关于科学发展的基本看法，因而，历史主义的科学革命的发展观也未能对科学理论的发展做出正确的说明。

纵观上述几种不同的发展观可以发现，要正确说明科学理论的发展过程，至关重要的是要解决好这样两个问题：科学理论的发展是累进式的还是革命式的，抑或是既有累进又有革命的？新旧理论之间是毫无联系还是批判继承的？从上述可见，对于这些问题，哲学家们的认识已经愈来愈趋向于辩证法，但毕竟没有给出正确的答案，仍有待辩证逻辑做出进一步的回答。

---

① 库恩：《科学革命的结构》，上海科学技术出版社1980年版，第78页。

## 二、科学理论的发展是进化与革命的辩证统一过程

### 1. 科学理论的进化式发展

科学理论的进化式发展，是在不改变基本原理的前提下，通过理论内容的修改和补充，使理论进一步普遍化和精确化。这是一种渐进的、连续的发展。科学理论的进化主要表现为三种具体的发展形式。

第一，在完善自身中发展。由于人的认识是逐步深化的，因而任何理论都要经历逐步成熟、逐步完善的过程。例如，魏格纳在20世纪初提出现代"大陆漂移说"以后，解释和预言了地质学、古生物学、古气候学等方面的许多事实，但是，由于该学说对于究竟是什么力量使大陆漂移不能做出令人满意的回答，因而遭到"大陆固定论"的种种非议。这个所谓"驱动力"问题不解决，大陆漂移说就始终是残缺不全的，也就不能彻底战胜大陆固定说。到了60年代初，海底扩张说兴起，根据地幔对流运动初步解释了大陆漂移的驱动力问题，从而进一步完善了大陆漂移说，使该学说得到了发展。

第二，在消除"反常"中发展。"反常"是反常事实的略称。反常事实指的是与理论推断不相符的经验事实，任何科学理论都难免受到反常事实的挑战和发难。正如已经指出过的那样，科学理论是有韧性的，并不是一遇反常就被推翻。面对反常事实，科学家常常是通过增加辅助性假说或重新规定初始条件消除反常，也就是使反常事实成为可解释的。每消化掉一个反常事实，理论的解释能力就进一步增加，理论的适用范围就进一步扩大，理论就呈现出进一步的发展。例如，19世纪对于天王星运动的观测结果表明，它的轨道大大地偏离了根据牛顿的引力理论所预测的轨道，对于牛顿引力理论来说，这是一个反常事实。科学家并没有因此对牛顿的引力理论丧失信心，而是仍然运用牛顿的引力理论提出了一个辅助性假说对这个反常事实给以解释，这一工作是由法国的勒弗里埃和英国的亚当斯来做的。他们两人提出，在天王星的附近有一颗未知的行星，这颗未知行星与天王星之间的引力是导致后者偏离起初预测的轨道的原因。后来这颗未知行星果然被发现，被命名为海王星。消除反常还往往包括修改或严格规定初始条件在内。比如推测中的海王星一时观察不到，我们可以指出必须在某一特定时间进行观察，望远镜必须采取某一特定方位，甚至还可以

说一时观察不到是由于望远镜的倍数还不够大,要求制造更大的望远镜等等。

当然,某一特定的理论所能消化的反常事实是有限的,最终总会碰到超出它的解释能力和范围的反常事实,这时科学革命就会到来,就需要新的理论解决反常。

第三,在排除谬误中发展。古典归纳主义曾天真地认为科学知识是绝对无误的。事实上,任何科学理论都不是白璧无瑕、完全正确的,其中或多或少会夹杂着谬误的观点。随着实践的扩大和认识的深化,这些谬误被发现并得到纠正,这也是科学理论进化式发展的一种情形。我们前面讲到的"光的波动说"的演变就说明了这种情况。惠更斯是通过把光现象与声现象进行类比而提出光波说的,因而他把光说成是一种纵波。后来,科学家通过对光的偏振、干涉等现象的研究,确定了光是一种横波。横波说的提出纠正并排除了纵波说的谬误,使光的波动说更为正确了。

我们已经知道了科学理论进化式发展的基本形式,但是,我们根据什么可以肯定科学理论进化了呢?要掌握科学理论进化式的发展,还必须对理论进化的合理性标准进行考察。一般认为,下列原则可以作为肯定理论进化的判据。

其一,在理论的基本原理不改变的情况下,理论经过发展以后,必须比它发展以前具有更多的经验内容。如果以"$A$"表示理论发展以前的阶段,以"$A'$"表示理论发展以后的阶段,那么这一原则就可表述为:$A'$既能解释$A$所能解释的所有事实,并且$A'$还能解释$A$所不能解释的反常事实。同时,凡$A$所做出的成功预见$A'$都能予以推导出来,并且$A'$还能做出新的成功预见。

其二,用以消除反常事实的假说必须是辅助性假说而不能是特设性假说。辅助性假说是可以接受独立检验的假说。"可以接受独立检验"的含义是"可运用不同于检验原来理论的方法加以检验"。特设性假说则是不能接受独立检验的。例如,当许多物质燃烧后增加了重量这一事实被发现以后,燃素说受到了反常事实的威胁(因为根据燃素说,物质燃烧时燃素将从物质中散发出来,这样,经过燃烧的物质应当变轻,不可能变重)。为了消除反常,燃素说的拥护者提出物质燃烧后变重是因为燃素具有负重量的假设。所谓"燃素具有负重量"就是一个特设性假说,因为对它的检验方法仍然是燃烧,与检验原理论的方法并无不同,就是说它是不能接受独立检验的，说得更明确，它是个不能接受检验的推断。由于特设性假说不能接受独立检验，因而不能起到消除反常的作用，既不能维护理论，更不能发展理论。

### 2. 科学理论的革命式发展

科学理论不可能永远是渐进的发展，随着原有理论与事实之间的矛盾越积越多，越来越尖锐，必然爆发科学革命，这时，科学理论就呈现出革命式的发展。科学理论的革命式发展，表现为理论的基本原理和基本规律的变更、理论体系的重建、新旧理论的更替。

科学理论是多层次、多序列的综合体，科学革命可以发生在最高层次，也可以发生在较低层次。前者是全局性、根本性的革命，后者是某一学科领域或某一分支学科的变革。例如，由哥白尼、牛顿、爱因斯坦所发动的革命，就是理论的最高层次的革命，这样的科学革命规模巨大、影响极其深远，可以改变人们的整个自然观。而电学、光学等具体领域的革命则是层次较低的局部革命，它们仅仅是分支学科领域内的革命，从更广泛的领域看，它们的母科学基本上还属于渐进式的发展。

科学理论革命式发展的主要形式是新理论取代原有理论。每一次科学革命都是淘汰一种理论而支持另一种更进步的理论。但是，理论的淘汰并不是形而上学的否定，即使是发生在最高层次的科学革命，新的理论也不是排斥、抛弃原来理论的全部内容，原有理论的一切经过证实的真理性内容，都将以新的理论形态保存下来，即归化到新理论之中。

理论的归化，是指原有理论的积极成果被新理论所吸收，原有理论的经验内容被新理论所包含，从而原有理论成为新理论的一个推断。经过归化，原有理论虽然在其适用范围内仍然有效，但实质上已不具有独立的意义，它已经遭受淘汰，被新理论取代。在科学革命中，有的新理论与原有理论的基本概念是相同的，有的新理论与原有理论的基本概念是不同的。如果取代原有理论的新理论与原有理论的基本概念相同，那就是"同质归化淘汰"。如果取代原有理论的新理论与原有理论基本概念不同，则是"异质归化淘汰"。

例如，伽利略通过落体实验发现了自由落体定律，后来，牛顿把所有力学成果总结为三大定律，这样，伽利略的自由落体定律就为牛顿的运动定律所吸收，成为牛顿力学理论的一个推断。由于伽利略的自由落体定律和牛顿三大定律具有相同的基本概念，因而这是一种同质归化淘汰。

又如，经典力学研究的是大量分子集体运动状态的宏观定律，不涉及单个分子的微观行为，不涉及热功和能量的微观本质，因而它有着自己特有的基本概念。后来，统计热力学从物质的微观运动形态出发，将宏观性质作为相应微观量的统计平均值。这样，宏观热力学定律就归并到微观的统计热力学中。统计热力学以自己特殊的概念足以推导、阐明宏观热力学的原理和定律。这是一个异质归化淘汰的例子。

可以看出，理论的淘汰是指某一个曾被确证的科学理论中断了原来的研究传统，其理论系统被肢解或归并，为另一个理论系统所取代。显然，理论的淘汰是发生在理论的竞争过程中的。一个理论不会由于遇到反常事实而自弃，这不仅是因为理论具有韧性，还在于一个理论即使不能消化某些反常事实，人们仍会接受这个不完善的理论，正所谓"破桨总比无桨好"。只是由于并存的理论相互竞争，才会产生理论的淘汰，使科学理论呈现出革命式的发展形态。

那么，理论淘汰的合理性原则是什么呢？或者说，应当根据什么去识别一个理论可以取代另一个理论呢？

其一，新理论必须比原有理论具有超量的内容。这就是说，新理论（令为 $T_y$）不仅能在原有理论（令为 $T_x$）获得成功的地方同样获得成功，而且能在 $T_x$ 失败的地方也获得成功，即 $T_y$ 应比 $T_x$ 具有更强的解释和预见能力，能推断出更多的经验事实。

其二，取代被淘汰理论的新理论，必须有部分超量的内容是已被确证的，必须具有超量的成果。这就是说，$T_y$ 不仅能比 $T_x$ 推断出更多的经验事实，而且其中有些预见性的推断必须是已被证实的。换言之，$T_y$ 应当成功地预测到 $T_x$ 无法发现的新事实，得到支持 $T_x$ 的经验证据之外更广泛的经验证据的支持。这一原则是对第一条原则的必要补充，如果 $T_y$ 所做的预见都还没有证实，那么仅凭 $T_y$ 比 $T_x$ 能做出更多的推断还不能认定 $T_y$ 可以取代 $T_x$。

其三，新理论对经验事实的描述必须比被淘汰理论所做的描述更精确。这就是说，$T_y$ 能够修正、校准 $T_x$ 的误差，$T_y$ 对于事实的反映和概括要比 $T_x$ 更符合实际，更逼近真理。

其四，新理论较之被淘汰理论必须更具逻辑简单性。逻辑简单性是说，在一个理论系统中，基本概念、基本原理的数目尽可能少。如果一个理论体系的基本假设或公理过多，就可能重复或矛盾互见，从而破坏体系的逻辑统一性。而且，一个理论体系若包含过多的基本假设或公理，就表明它的抽象程度、普遍性程度不高，从而不能揭示世界更深刻的本质和更普遍的规律。因此，具有逻辑简单性是理论进步的一个逻辑上的标志，从理论体系本身来说，新理论取代原有理论就在于它比原有理论更简单。例如，哥白尼的日心说取代托勒密的地心说，一个重要因素就是前者比后者更简单。托勒密理论从地球静止的观点解释天层表观运动时，在每个天体上都加上3个圆，使用了79个本轮和均轮，毫无必要地把宇宙体系复杂化。哥白尼假定地球在其自身的轴上每天转1周，并且每年围绕太阳转1周，从而把托勒密的79个圆减少为34个圆，使宇宙体系变得简单了。

### 3. 科学理论的发展是进化与革命的统一

科学理论的进化式发展与革命式发展是两种不同的发展形态，但是，它们并不是截然分开的发展阶段，孤立地谈论科学进化或科学革命，都不能如实地反映科学理论发展的过程。实际上，科学理论的发展是连续性与间断性的统一，是进化与革命相互交替、相互渗透的过程。

进化与革命相互交替是说，在科学理论的某一发展阶段或某一历史时期，科学理论的发展以继承和完善传统理论为主，这时，进化式发展是主导方面，理论的发展表现为量变的、进化的阶段。而在另一个阶段或另一个历史时期，科学理论的发展则以批判和中断传统理论为主，这时，革命式发展是主导方面，理论的发展表现为质变的、科学革命的阶段。

进化与革命相互渗透是说，在科学理论的进化式发展中，虽然主导方面是继承传统，发展的主要形式是量变，但其中也包含着批判传统，包含着部分创新和质变。而在科学理论的革命式发展中，虽然主导方面是批判传统，发展的主要形式是飞跃和质变，但其中也包含着对传统的继承，包含着新的量变。

进化与革命相互交替是否定之否定的过程，进化与革命相互渗透是质量互变的过程。这两个方面交织在一起，使科学理论的发展呈现出曲折的、螺旋上升的轨迹，这才是理论发展的真实图景。可见，否认科学理论发展具有进化与革命两个相对独立的发展阶段和形态，从而否认理论发展是进化与革命两个阶段的相互交替，是不能正确描述科学理论发展过程的。同样，如果以为科学进化只是继承传统而没有批判和创新或者以为科学革命只是批判传统而没有继承,也是不能对科学理论的发展过程做出正确描述的。一部科学理论发展史充分表明,无论在哪个阶段,无论在哪一历史时期,也无论哪一种科学理论,其发展都是进化的连续性与革命的间断性的统一,都是继承与批判、继承与创新的统一。

# 第六章

## 辩证思维规律

由科学性质所决定,辩证逻辑不是像形式科学那样的严密公理系统。但是,作为一个理论体系,辩证逻辑也具有相当于公理那样的基本命题,这就是辩证逻辑的基本规律。

辩证思维的基本规律是辩证思维过程的本质联系,辩证思维过程具体表现为判断、概念和科学理论这些思维形式的运动、发展过程,我们已经考察过判断、概念和科学理论的形成和发展,现在可以探讨辩证思维的基本规律了。

## 第一节 辩证思维规律概述

### 一、辩证思维规律的层次

辩证思维过程是多种思维规律共同作用的过程。这些思维规律按其普遍性程度来说可以分成三个层次,即:辩证思维的最一般规律、辩证思维的基本规律、辩证思维的局部规律。

思维和存在遵循着同样的规律,自然界、人类社会和思维这三个领域都服从于辩证法的规律,因此,辩证法的基本规律(对立统一规律、质量互变规律、否定之否定规律)是辩证思维的最一般规律;辩证思维的基本规律则是指为辩证思维所特有、并且贯穿于辩证思维过程各个阶段和方面的规律;至于辩证思维的局部规律,它们也是辩证思维所特有的,但仅在辩证思维过程某一方面或某一阶段才表现出来。例如,由抽象概念上升到具体概念的规律就是这样一种规律。

我们这一章所讲述的只是辩证思维的基本规律。

## 二、辩证思维基本规律的特征

某一领域、某一科学的基本规律必须具有这样一些特征：它们是某一领域、某一科学所特有的，并且反映该领域、该科学的本质；它们普遍适用于某一领域、某一科学的各个方面；它们制约着某一领域、某一科学的其他规律，可以推导出其他（较低层次的）规律。因此，辩证思维的基本规律是为辩证思维所特有的，并且反映辩证思维过程的本质，它们在辩证思维的各个方面和各个阶段普遍地表现出来，可以推导出辩证思维的局部规律。

对于某一领域、某一科学的基本规律的特征，还可以通过把它们与相关领域、相关科学的基本规律做比较加以考察。一般认为，研究辩证逻辑，应当把辩证逻辑与辩证法、辩证逻辑与形式逻辑进行比较，弄清楚它们之间的关系，特别是弄清楚它们之间的区别。因此，人们考察辩证思维的基本规律的特征，通常是把辩证思维基本规律与辩证法的基本规律、辩证思维基本规律与形式逻辑的基本规律进行比较研究。

辩证思维的基本规律与辩证法的基本规律在本质上具有一致性，辩证思维的基本规律是辩证法规律在思维领域中的特殊表现。但是，为了说明辩证思维基本规律的特征，我们着重指出它们之间的区别：第一，它们起作用的范围和领域不同。辩证法的基本规律在自然界、人类社会和思维领域普遍起作用，不为思维领域所专有，而辩证思维的基本规律则是辩证思维所特有的。第二，它们起作用的方式不同。辩证法的规律是以客观必然性的形式起作用的，而辩证思维的基本规律不仅有客观必然性的一面，同时有主观认识方式的一面。辩证法的客观规律是不以人的意志为转移的，而对辩证思维的基本规律来说，人们可以自觉地遵守它，也可以违背它。违背辩证思维规律就离开了辩证思维，但这毕竟是可能的。

现在，我们再来简单分析一下辩证思维基本规律与形式逻辑基本规律的区别。从根本上说，形式逻辑的基本规律是知性思维的规律，辩证思维的基本规律则是理性思维的规律。具体而言，辩证思维基本规律和形式逻辑的基本规律有三种区别：第一，它们起作用的范围和领域不同。形式逻辑的基本规律只在抽象思维过程中起作用，辩证思维的基本规律则在具体思维过程中起作用。第二，它们的客观基础不同。如前所述，形式逻辑的基本规律是以事物最简单的关系为客观基础的，辩证思维的基本规律则以事物的矛盾关系为客观基础。第三，形式逻辑的基本规律是关于思维确定性的规律，辩证思维的基本规律则是关于思维的运动发展、思维的灵活性的规律。

抽象思维（知性思维）与具体思维（理性思维）是相互关联的两个思维阶段，思维的确定性与思维的灵活性是对立统一的两个方面，因而，形式逻辑的基本规律与辩证思维的基本规律虽然有质的区别，但又是相互补充的，这特别表现在，辩证思维过程也要遵守形式逻辑的规律。

## 第二节　逻辑思维的基本矛盾

辩证思维的规律是关于思维形式运动发展的规律，而思维形式的运动发展是由其内在矛盾的运动所决定和制约的。因而，探讨辩证思维的基本规律，必须考察逻辑思维的基本矛盾。

人类的逻辑思维是一种复杂的现象，探讨在逻辑思维过程中什么是基本的矛盾，首先要解决如何入手的问题。列宁的思想为我们指点了路径。列宁指出，一谈到思维，就离不开这三项："（1）自然界；（2）人的认识＝人脑（就是那同一个自然界的最高产物）；（3）自然界在人的认识中的反映形式，这种形式就是概念、规律、范畴等等。"① 这段话提示我们：一方面，思维是客观对象在人脑中的反映，人们在进行理论思维时要以客观存在为前提，不能离开客观存在去思维，因而对于思维的基本矛盾，要从思维和存在的关系上去考察；另一方面，思维反映客观对象的方式，是以概念等思维形式对现实进行摹写、反映，人们总是通过一系列的概念、范畴去认识和把握客观世界的，因而对于思维的基本矛盾，又要从思维形式的基本特征，以及思维反映客观存在的固有方式上去考察。

逻辑思维的根本任务，是要通过理论思维去把握客观世界，使人们获得具体真理。辩证唯物论哲学认为思维能够反映客观存在，因为"我们的主观的思维和客观的世界服从于同样的规律，因而两者在自己的结果中不能互相矛盾，而必须彼此一致，这个事实绝对地统治着我们的整个理论思

---

① 列宁：《哲学笔记》，人民出版社1974年版，第194页。

维。它是我们理论思维的不自觉的和无条件的前提"①。正是由于思维和存在之间具有一致性，人们才能通过理论思维把握客观世界。但是，思维反映存在、思维与存在达到彼此一致的过程却不是简单的、无条件的。当人们运用概念摹写现实时是这样一种情景："一个事物的概念和它的现实，就像两条渐近线一样，一齐向前延伸，彼此不断接近，但是永远不会相交。两者的这种差别正好是这样一种差别，这种差别使得概念并不无条件地直接就是现实，而现实也不直接就是它自己的概念。"② 就是说，人们只能通过一个个概念、范畴，一条条规律，有条件地、近似地描绘物质运动，描绘世界图景，不能直接地、明显地、无条件地、完全地符合于现实。这种情形，是由客观事物的本来面貌与概念的基本特性之间的差别造成的。

列宁在《哲学笔记》中摘录了黑格尔这样一段话："从来造成困难的总是思维，因为思维把一个对象的实际上联结在一起的各个环节彼此分隔开来考察。"③ 实际情况正是这样，客观对象总是具有多样性的统一的整体，对象的丰富、具体的属性彼此联系着，而任何概念，都须经过人脑对感觉材料进行加工制作，把对象的各个属性分别抽象出来才能形成。这就必然要离开感性具体，并把对象的各种属性割裂开来。比如，鸵鸟和鸳鸯均属鸟类，他们分别含有具体多样的属性：鸵鸟两翼退化、群居于沙漠、杂食、强健而善走；鸳鸯羽色绚丽、飞行力强、栖息于内陆湖泊和溪流中、雌雄偶居不离；等等。可是，一经用"鸟"这个概念去摹写，我们就撇开了鸵鸟和鸳鸯的具体多样的属性，只是把"有羽毛的卵生动物"这一为鸟类共有的本质属性抽象出来了。于是产生了一个矛盾，客观对象是具体的，反映对象的概念却具有抽象性；客观对象是完整的统一体，经过抽象，概念却把对象分割成片段来反映。

我们要用概念来把握客观世界，而概念又是用语言来表达的。为了交流思想，为了如实反映客观对象，语词必须有确定的含义，概念和它所反映的对象之间要有确定的对应关系。如"鸟"这个概念反映的是具有鸟的本质属性的动物，不反映他类动物。他类动物要由其他相对应的概念去反

---

① 《马克思恩格斯全集》第20卷，人民出版社1972年版，第610页。
② 《马克思恩格斯选集》第4卷，人民出版社1972年版，第515页。
③ 列宁：《哲学笔记》，人民出版社1974年版，第285页。

映。因此，概念都有相对静止的状态和相对固定的形式。但是，客观事物是永恒运动、变化、发展的。这里又发生了概念的静止性、固定性与客观对象的永恒运动之间的矛盾。

概念不仅具有抽象性、固定性，而且具有有限性。从认识的发展来看，概念、范畴只是认识过程的环节、小阶段，只是作为人们一定的认识阶段的起点或总结。但是客观事物却是无限发展的，人们在有限的时间里无法穷尽对于客观事物的认识。在前面，我们曾经谈到恩格斯给"生命"下的定义后来得到补充和修正。类似的例子就表明了，概念都是有条件的、相对的，永远也不能包括充分发展的现象的各个方面。概念对于事物的属性及其范围的反映总是有限的。这里，又存在着概念的有限性与客观事物的无限发展之间的矛盾。

概念、范畴的抽象性、固定性和有限性这些基本特征，为判断、科学理论等思维形式所共同具有。因此，逻辑思维的基本矛盾，就是思维形式的抽象性、固定性、有限性与思维形式所反映的客观对象的具体性、流动性、无限性之间的矛盾。

我们之所以这样概括逻辑思维的基本矛盾，主要是因为：

第一，这种矛盾从思维与存在的关系上，从逻辑思维能力的固有方式上揭示了思维的本质。它为逻辑思维过程所固有，只要人类在思维着，这种矛盾就普遍地、必然地发生。因为尽管概念等思维形式带有抽象、固定、有限的局限性，却是人们进行思维活动的必要条件。离开这些基本的思维形式，人们找不到其他的思维形式。

概念具有抽象性，但人们不能不用具有抽象性的概念去反映具体、完整的客观事物。这里，概念作为对感性具体的抽象，是一种认识的上升运动，是认识过程中的一次飞跃。概念有着抽象的一面，才能剥开对象中纷繁的具体表象，揭露对象的某一方面的本质。事实上，如果不把不间断的东西割断，不使活生生的东西简单化、粗糙化，不使之僵化，那么，我们就不能想象、表达、测量、描述运动。

概念具有有限性，但人们同样不能不用具有有限性的概念去反映无限发展的客观对象。我们知道，作为思维主体的人（一定历史阶段的人类），只能在一定的空间和时间中、一定的历史条件下从事实践活动，进行认识和思维；同时，客观对象自身也有一个逐步暴露和展现的过程，不可能一下子完全呈现于人的感官之前。正是由于存在这两种制约因素，使得人们所掌握的概念总是有限的，也决定了人们不得不使用有限的概念去反映无限的对象。

第二，正是这种矛盾，推动着逻辑思维向前发展。逻辑是对人类认识史的概括和总结，而认识的运动历史表现在概念、范畴的变化与发展中，认识史不外是新概念不断产生的历史。新概念所以会产生，是思维形式的抽象性、固定性、有限性与思维对象的具体性、流动性、无限性之间的矛盾运动的要求和必然结果。思维对象总是不断变化、发展的，随着实践活动的扩大和深入，人们不断发现客观事物新的具体性、新的本质。人们的认识要日趋符合、接近客观事物，就不能停留在原有的思维形式对思维对象所做的概括上，而必须使思维形式适应变化、发展了的思维对象。我们前面讲过的概念的发展和转化的情景，就是思维形式不断适应变化、发展的思维对象的具体表现。原有的概念曾近似地反映了当时的客观对象的面貌，思维形式与思维对象之间取得了相对适应、相对稳定的状态。后来客观对象变化、发展了，人们在实践中发现了客观对象中原来未被发现的本质，就需要根据新的感觉材料制作出一批新的概念来描述变化、发展了的客观对象，这时思维形式与思维对象之间又取得一定阶段上的相对适应、相对平衡。但这些新概念仍然有着抽象性、固定性、有限性的一面，不能完全地、永远地适应客观对象。随着客观对象的进一步发展，以及人类认识的进一步深化，这些新概念又会变成旧概念，又需要用更新的概念来取代或改造它们。平衡和稳定不断被打破，这样循环往复、永无止境。在这一矛盾运动中，旧概念不断被抛弃（或者得到改造），新概念不断产生，使人类的认识和科学由低级向高级发展。对于认识史发展的每一个新的阶段，逻辑都给予概括和总结，从而逻辑思维也不断达到新水平。

第三，逻辑思维向新水平的发展结果，是思维达到辩证思维的阶段。上述的矛盾推动着逻辑思维向前发展，便促进了辩证思维的产生，这也是我们把上述矛盾作为逻辑思维基本矛盾的一个理由。

对于逻辑思维的矛盾，古代怀疑论者已经有所揭露。古希腊的芝诺提出了"二分说"。根据"二分说"，向一个目的地运动的物体，为了要走完它的全部路程，首先必须走完这路程的一半；要走完这路程的一半，又必须先经过这一半路程的一半；如此类推，以至无穷。可见，"每一个量——每一段时间和空间总是有量的——又可以分割为两半；这种一半是必须走过的，并且无论我们假定怎样小的空间，总逃不了这种关系。运动将会是走过这种无穷的时点,没有终极;因此运动者不能到达他的目的地"①。这就是芝诺所发现的在思维中表达运动会出现的矛盾。

中国先秦时期的一些哲学家也揭露了逻辑思维最初的矛盾。老子首先提出:"道可道,非常道。名可名,非常名。"②认为可用语言、概念来表达的道和名,已经不是那恒常的道和名,即"指事造形,非其常也"③。道是恒常的、发展的,名称、概念却总有所指,一有所指就有限定,一个个形象被分割开,就不是那整体、恒常的道了。

惠施、庄子、郭象等人对思维中的矛盾也有论述,特别是庄子从三个方面进行了揭露:①庄子说:"夫道未始有封,言未始有常。"④即:道是没有界限、不能分割的,一分割就不成其为整体,不成为道了。而一经语言、概念的抽象,作为思维对象的道总要被分割开。②庄子说:"夫知有所待而后当,其所待者特未定也。"⑤就是说,人的认识总要有所指,要和一定的对象相对应、相符合才恰当,但是客观对象却"无动而不变,无时而不移"⑥,认识所反映的对象片刻不停地在变化,没有静止的时候。③庄子说:"无形者,数之所不能分也;不可围者,数之所不能穷也。"⑦道是无形的、没有外围的,即无限的大全,而语言、概念却是有限的。

芝诺、老子、庄子等人虽然揭示了运动和思维中的矛盾,却不懂得矛盾即是事物以及反映事物的概念的本质,因此不能正确地解释这些矛盾。辩证法在他们那里还是偶然的、自发的,辩者本身并没有超出形而上学的束缚。芝诺发现了运动本身包含的运动与静止、间断性与不间断性的矛盾,但由此认为运动在思维中是不可理解的。他的"二分说"等命题是作为对运动的反驳、责难提出来的,意在论证运动是虚假的,世界是不动的。惠施、庄子、郭象等人则强调和夸大了事物的变化、运动,揭示出静止中有运动,但否定了事物的相对稳定性和质的规定性,把事物看成"方生方死""交一臂而失之"。由于他们各自存在片面性,都得出了思维无

---

① 黑格尔:《哲学史讲演录》第1卷,商务印书馆1959年版,第282页。
② 《老子·一章》。
③ 王弼:《老子注》。
④ 《庄子·齐物论》。
⑤ 《庄子·大宗师》。
⑥ 《庄子·秋水》。
⑦ 《庄子·秋水》。

法描述运动、概念无法把握客观对象的结论。老子认为既然用语言、概念表达的道已不是常道，因此语言、概念无法把握作为思维对象的道。庄子也责难说，由于语言、概念有抽象性，把对象分割开，所以不能表达对象的整体；由于语言、概念总有所指，带有静止性、固定性，所以不能表达"无动而不变，无时而不移"的思维对象；由于语言、概念是有限的，所以，不能表达无形、无限的思维对象。

老子、庄子等人虽然得出了概念无法把握客观世界的错误结论，但他们提出的问题却很有价值。"言"和"意"能否把握道？概念能否把握自在之物？逻辑思维能否真正把握世界的统一原理和宇宙的发展法则？这乃是辩证逻辑的根本问题。古代怀疑论者发现了思维中的矛盾，提出这样的问题是很自然的。经过他们的揭露和责难，人们感到要对思维中的矛盾给予正确解释，要对逻辑思维能否把握客观世界的问题做出科学回答，必须寻求一种新的思维方法，从而有了辩证思维的要求和可能。以古代中国来说，经过百家争鸣，到战国末期，荀子和《易经》分别达到了一定程度上的辩证思维。

这里仅举荀子为例。荀子说："名也者，所以期累实也。辞也者，兼异实之名以论一意也。辩说也者，不异名实以喻动静之道也。"[①] 就是说，每一个概念都概括同类的许多实物，每一个判断所包含的意思是不同概念的统一。而辩说（推理、论证）则是在不偷换概念的条件下来说明"动静之道"。可见，名、辞、辩说都是同一中包含差别，都有矛盾。更可贵的是，他认为作为思维对象的道，是静与动的统一。而要"喻动静之道"，一方面，不能偷换概念，要保持概念的确定性；另一方面，概念又必须是灵活的，即思维形式也应是动与静的统一。用这样的思维形式自然能把握客观事物。荀子还有一段著名的话："故善言古者必有节于今；善言天者必有征于人。凡论者，贵其有辩合，有符验。故坐而言之，起而可设，张而可施行。"[②] 就是说，善于谈论古代的一定要在现今的事实上得到验证；善于谈论天道的一定要从人事上得到验证。而任何言论，第一，"贵有辩合"，要经过正确的分析与综合；第二，"贵有符验"，理论要得到事实的

---

[①] 《荀子·正名》。
[②] 《荀子·性恶》。

验证。做到这两条，就可以"坐而言之，起而可设，张而可施行"①，达到知行、名实的统一。这段话，进一步肯定了通过辩证思维，概念能够把握客观事物，知行能够统一，名实可以相符。同时，也指出了辩证思维把握客观事物的方法，即坚持分析与综合的结合、理论与事实的统一。运用"辩合""符验"的方法，概念就可以不断得到检验和修正，就能流动起来，适应具体的、流动的、无限发展的客观世界。

## 第三节　辩证思维的基本规律

对于辩证思维的基本规律，国内外的辩证逻辑文献有不同的表述。根据判断、概念、科学理论的运动、发展过程的规律性，根据逻辑思维的基本矛盾运动，根据辩证思维的本质特征，我们把辩证思维的基本规律概括为三条，即：对立面并协律、整体综合律、具体再现律。这些规律为辩证思维所特有，反映了辩证思维过程的本质联系，从不同角度贯穿了辩证思维的全过程。

### 一、对立面并协律

"并协"即互补、结合，对立面并协律也可理解为对立面互补律，借用一种形象的说法，又可以叫作"两面神思维律"。

对立面并协律与唯物辩证法的对立统一规律并不等同。对立统一律是关于客观存在的规律，它揭示了自然界和人类社会的事物以及思维现象都包含矛盾，矛盾着的各个方面客观上是相互联系、统一在一起的。对立面并协律则是一条思维的规律。由于思维不仅依赖于客观世界，还依赖于人脑和语言，因而思维规律不仅具有客观必然性，而且渗透着思维主体的主观能动性，表现为一定的思维"操作"方式（即思维模式）。尽管根据对立统一律，思维对象的各个对立方面事实上是相互联系、相互统一的，但是，思维主体可能自觉地把对立面并协起来，也可能不这样做。这就表现出两种不同的思维方式，或者说遵循着不同的思维规律。对立统一律说明

---

① 《荀子·性恶》。

的是事物存在和发展的客观过程，对立面并协律则不仅反映辩证思维的客观过程，而且是一种思维的模式，带有思维主体能动性这一主观因素。

对立面并协律的基本内容可以表述为：在辩证思维过程中，思维对象的对立属性、关于思维对象的对立概念或对立思想达到了彼此结合，辩证思维是在对立面的并协中把握思维对象的。

对立面并协律是辩证思维的一条普遍规律，无论是判断、概念和科学理论这些思维形式的运动和发展，还是分析与综合相结合等辩证思维方法的运用，都遵循着对立面并协律。例如，从抽象概念上升到具体概念的过程就是对立面并协的过程。每一个抽象概念都是关于思维对象的一种规定，在知性思维阶段是彼此对立的，而在理性思维阶段，各种抽象规定并协为一个统一体，成为具体概念。从这里可以看出，对立面并协律以对立面相"并协"的特征，表现出辩证思维的本质，表现出理性思维与知性思维的根本区别。列宁指出："悟性提出规定，理性加以否定，理性是辩证的，因为它把悟性的规定化为无。"① 这是说，对立面是知性思维所确定起来的，理性思维则通过对立面的并协，突破了知性思维所设立的固定分明的界限。

由思维规律的基本内容可以引申出相应的逻辑要求。思维规律的基本内容与思维规律的逻辑要求之间是一种"必然之理"和"当然之则"的关系。思维规律是必然之理，它表明思维过程客观上是"如此这般"的。思维规律的逻辑要求是"当然之则"，它表明"必须如此这般"地进行思维活动。对于对立面并协律来说，由它的基本内容所决定，它的逻辑要求就是：进行辩证思维，必须充分认识一个思想的对立方面或几个对立思想的相互联系，自觉地把对立的概念或思想并协起来，从而揭示思维对象的本质。

科学认识的实践活动表明，人们揭示任何思维对象的深层本质，都是遵循对立面并协律，通过对立面并协的思维方式达到的。相对论的创立和量子力学的建立在这方面为人们提供了典范。

1919年，爱因斯坦写了一份文件，在这份文件中他对自己提出广义相对论的思维过程做了说明。他写道："就像电场是电磁感应产生的那样，引力场也只是相对的存在。因此，对于从屋顶上自由落下的一个观测者来

---

① 列宁：《哲学笔记》，人民出版社1974年版，第84页。

说，在其降落期间，是没有引力场的，至少在最靠近他的周围是不会有的。如果这个观测者又从他身上放下任何一些物体，那么，这些物体相对于观测者来说，仍然是在静止的状态，或者在匀速运动的状态。而这与这些物体的化学和物理的性质无关。（在这种考虑中，当然要忽略空气的阻力。）因此，这个观测者可认为他的状态是'静止'的……"① 美国精神病学和行为科学教授 A. 卢森堡于 1979 年首次把这份文件公开发表在《美国精神病学杂志》上。并且，卢森堡把爱因斯坦的思维方式概括为"两面神思维"。两面神是罗马的门神，他有两个面孔，能同时朝两个相反的方向。卢森堡认为："两面神思维所指的，是同时积极地构想出两个或更多并存的和（或者）同样起作用的或同样正确的相反的或对立的概念、思想或印象。在表现违反逻辑或者违反自然法则的情况下，具有创造力的人物制定了两个或更多并存和同时起作用的相反物或对立面，而这样的表述产生了完整的概念、印象和创造。"② 卢森堡指出，某人或某物能在同一时刻既处于运动状态，又处于静止状态的思想，说明"爱因斯坦有意表述出一种对立体的双方同时存在的情况"。根据一般经验，下降或者其他运动，与处于静止状态是完全对立的，而爱因斯坦却能设想出从屋顶下落时的观察者可以认为他自己处于静止状态。爱因斯坦正是由于以对立面的并协作为理论表述的逻辑基础，才使他走出了创立广义相对论的至关重要的一步。

量子力学的建立同样是对对立面并协律的证认。微观客体究竟是什么？如果对微观客体（如电子、光等等）进行不同的实验观测，会发现它们有时表现为粒子，有时表现为波。按照经典的看法，粒子是物质的集中形态，而波是物质散开形态的描述，二者显然是相矛盾的。究竟如何解释物质的波粒二象性呢？如何把这两种对立的性质统一在一个微观客体里呢？根据矩阵力学，应当只把物质看成粒子；而从波动力学出发，又应当只把物质看成波。量子力学的创始人认识到，如果不能做出一个协调而确切的物理解释，量子力学就算不上是完善的。量子力学在这里陷入了困境。经过对立观点的争论，量子力学的创始人之一、哥本哈根学派的领袖尼耳斯·玻尔提出了著名的"互补原理"（或称"并协原理"）。玻尔指

---

① 《美国科学新闻》中文版，1979 年第 21 期。
② 《美国科学新闻》中文版，1979 年第 21 期。

出:"当人们企图按照经典方式来描绘一种原子过程的历程时,所得的经验可能显得是相互矛盾的;但是,不论如何矛盾,它们却代表着有关原子系统的同样重要的知识,而且,它们的总体就包举无余地代表了这种知识;在这种意义上,这样的经验应该被看成是互补的。互补性这一概念绝不会使我们离开自然的独立观察者的地位,这一概念应该被认为是在逻辑上表现了我们在这一经验领域中进行客观描述时所占的位置。"① 根据互补原理,波粒二象性是辐射与实体物质都具有的内在和不可避免的性质。尽管这两个概念相互矛盾,每一个概念都有一个有限的适用范围,任何一个单独的经典概念或图景,都不能对同一原子客体所引起的各种量子现象做出全面说明,但是,把二者合起来却是完备描述原子过程所必需的。人们认为,互补原理解决了微观客体的位置和动量不能同时确定及波粒二象性这两个悖谬,从而使量子力学在原则上的协调一致性和完备无缺性得到了可能的维护。

可以看出,玻尔的互补原理与黑格尔的辩证法和唯物辩证法的对立统一原理是相通的。海森堡曾就此说:"在量子论的认识论分析中,尤其是在玻尔所给予它的形式中,还包含着许多会使人想起黑格尔哲学方法的特征。"② 值得注意的是,玻尔并没有把互补原理局限于对量子论的解释,而是作为他的一种哲学思想加以推广。他认为,互补原理可以推广到其他科学乃至人类文化、艺术和社会关系中去,应成为一个普遍的认识论原理。显然,互补原理作为一个普遍的哲学命题,是不能与对立统一原理相比肩的,在理论内容上,对立统一原理远比互补原理丰富和科学。但是,互补原理确实贯彻了对立统一原理的精神,对于对立面并协律这一辩证思维的规律从科学和哲学两个方面都给予了证认。对此,是应当给予高度评价的。

## 二、整体综合律

辩证思维从来就和"整体""综合"的性质联系在一起,整体综合性是辩证思维区别于知性思维的又一个本质特征。恩格斯的一段话对此做了清楚的说明:"当我们深思熟虑地考察自然界或人类历史或我们自己的精

---

① 玻尔:《原子物理学和人类知识》,商务印书馆1964年版,第82页。
② 海森堡:《严密自然科学基础近年来的变化》,上海译文出版社1978年版,第160页。

神活动的时候,首先呈现在我们眼前的,是一幅由种种联系和相互作用无穷无尽地交织起来的画面,其中没有任何东西是不动的和不变的,而是一切都在运动、变化、产生和消失。这个原始的、素朴的但实质上正确的世界观是古希腊哲学的世界观,……但是,这种观点虽然正确地把握了现象的总画面的一般性质,却不足以说明构成这幅总画面的各个细节;而我们要是不知道这些细节,就看不清总画面。为了认识这些细节,我们不得不把它们从自然的或历史的联系中抽出来,从它们的特性、它们的特殊的原因和结果等等方面来逐个地加以研究。……但是,这种做法也给我们留下了一种习惯,把自然界的事物和过程孤立起来,撇开广泛的总的联系去进行考察。"① 恩格斯的这一分析表明:古代素朴的辩证思维就是整体联系型的思维,而知性思维则是撇开整体联系的静态分析型思维。尽管世界整体联系的总画面在古代辩证论者的眼中还是混沌的表象,还缺乏细节的说明,但是,辩证思维在其充分发展以后,仍然是以整体综合性为特征的。

辩证思维的基本规律是对辩证思维本质特征的认识和反映。反映辩证思维整体综合性的规律就是整体综合律。

整体综合律的基本内容可以概括为:在辩证思维过程中,思维对象的各种属性、关于思维对象的各个概念或思想,按照它们的内在联系得到了综合,辩证思维是通过整体综合的过程把握思维对象的。

相应地,根据整体综合律的基本内容就有如下的逻辑要求:进行辩证思维,必须把在知性思维阶段被"割断"的关于思维对象的各个属性、关于对象的各个概念和思想,按照一定的组织方式,综合成一个思想的整体,从而揭示思维对象的本质。

整体综合律也是辩证思维的一条普遍规律,无论是判断、概念、科学理论这些思维形式的运动和发展,还是各种辩证思维方法的运用,都遵循着整体综合律,都是整体综合的过程。例如,通过对经验判断做出解释而概括出理论判断,通过综合各种抽象的规定而形成具体概念,通过一系列判断和概念的联系而构成科学理论,都体现着整体综合的规律。

随着科学认识活动的进步,科学家和哲学家对于整体综合律有了越来越深刻的认识,越来越懂得了探讨"知性"(分析型的)和"理性"(整体综合型的)两种不同思维方法的意义。以研究科学认识的发生和发展问

---

① 《马克思恩格斯选集》第3卷,人民出版社1972年版,第60页。

题而著名的皮亚杰,就十分敏锐地觉察到,现代科学发展的趋向是突破"原子论式"的分析性研究,代之以整体综合性的研究。他在"结构主义"这个概念下,阐发了整体综合性的研究方式,并清楚地看到,这样的研究方式具有辩证的性质。他指出:"结构主义总是同构造论紧密联系的,而且就构造论而言,因为有历史发展,对立面的对立和'矛盾解决'等特有的标记,人们是不能不承认它有辩证性质的,更不用说辩证倾向与结构主义倾向是有共同的整体性观念的了。"①

在 20 世纪上半叶,英美国家把分析哲学奉为正统,但是,当代科学的发展日益抛弃了分析哲学的观念。正如贝塔朗菲在为欧文·拉兹洛的《系统哲学导论》所写的序言中说的那样:"逻辑实证主义的认识论(及其哲学)是由物理主义、原子主义的观点以及关于知识的'照相理论'所决定的。但从今天知识状况来看,上述观念的确是相当陈腐了。……当代技术和社会是如此复杂,传统的方法和手段已远不够用了——探索'整体的'(或系统的)和有关最一般本质的研究方法便应运而生了。"②

诚然,皮亚杰的结构主义和西方的系统哲学都没有明确地把整体综合的研究和思维方式了解为辩证思维的规律。不过,他们强调思维方式和研究方式的整体性,实际上是对整体综合律的证认。在探讨整体综合律时,应当把他们的这些合理思想吸收进来。

### 三、具体再现律

辩证思维的过程是思维由抽象上升到具体的过程,辩证思维过程的必然结果是达到思维的具体,在思维中再现表象的具体。这是辩证思维的又一个本质特征,也是辩证思维与知性思维的一个显著区别。具体再现律就是由此提出来的。

具体再现律的基本内容可以表述为:在辩证思维过程中,人们对于思维对象的认识遵循着由抽象逐步上升到具体的程序,最终是以理论形态再现表象的具体,从而获得具体真理。

相应地,具体再现律的逻辑要求是:进行辩证思维,必须揭示思维对象的各种抽象规定的联系,通过建立科学理论达到多种规定的综合,形成

---

① 皮亚杰:《结构主义》,商务印书馆 1984 年版,第 84 页。
② 拉兹洛:《系统哲学导论——序言》,纽约,1972 年英文版。

思维的具体。

具体再现律说的是"表象具体以概念体系的形式在思维中再现",这条规律也是辩证思维的一条普遍规律。判断、概念和科学理论各自的运动和发展的过程,都是从抽象上升到具体的过程,其归宿都是在思维中再现表象的具体。由判断到概念,由概念到科学理论的发展过程也是从抽象上升到具体的过程。当科学理论建立之时,就达到了一定阶段上思维的具体,从而也就在思维中再现了表象的具体,获得了关于思维对象的真理性认识。这条规律同样规定着辩证思维的方法,人们运用各种辩证思维方法,其目的都在于使思维从抽象上升到具体,使人们获得具体真理。

辩证思维所追求的目标是具体真理。从真理的内容上看,具体真理是"一个具有许多规定和关系的丰富的总体"(马克思语),"是由现象、现实的一切方面的总和以及它们的(相互)关系构成的"(列宁语);从真理的形式结构上看,具体真理表现为概念体系;从把握真理的途径上看,具体真理只有通过思维由抽象上升到具体的程序才能获得。这表明,无论从辩证思维所追求的目标上说,还是从实现这一目标的途径上说,具体再现律都是辩证思维的一条基本规律。

形式科学常常从完备性、无矛盾性(相容性)和独立性这三个方面来考察公理系统中诸公理之间的关系。辩证逻辑虽然不是形式科学,但它的基本规律相当于公理系统的基本命题。因而,也可以借用完备性、相容性和独立性这几个概念,讨论辩证思维诸种基本规律的关系。

从完备性这方面看,还不能说上述三条辩证思维的基本规律已经是完备的。辩证思维是不断发展的,以辩证思维为对象的辩证逻辑也将不断发展,从而成为开放的系统。因而,不能说已经穷尽了关于辩证思维本质规律的认识,不能断言辩证思维的基本规律已经齐备。事实上,即使是对于当前的辩证思维的发展水平,我们也还没有完全认识清楚。

从相容性这方面看,可以说辩证思维的三条基本规律是相容的。它们共同反映着辩证思维过程的本质,不存在矛盾互见的问题。

从独立性这方面看,辩证思维的三条基本规律是相对独立的。对立面并协律主要揭示的是每一个概念或思想所包含的对立方面是互补的,整体综合律所揭示的是一系列概念或思想的总体联系,具体再现律揭示的则是辩证思维的基本程序和最终归宿。可见,这三条规律是从不同方面反映辩证思维过程的本质的。它们虽然相容,但是并不能互相替代。

# 第七章

## 分析-综合方法

### 第一节　辩证思维方法引言

从这一章起，开始讲述几种辩证思维的基本逻辑方法。在具体讲述这些方法之前，先对辩证思维方法的特征和本质、辩证思维方法同其他认识方法和思维方法的区别等问题给以概括的说明。

一、范畴、规律和方法

一般而言，方法就是为解决某一课题、为达到某一目的而采用的手段和方式。解决课题或实现目的都是认识活动，认识活动由主体和客体这两个"项"构成，而方法则在主体与客体、主观与客观之间起着纽带作用。方法是主观见之于客观的中介，这是方法的基本特征。正如黑格尔所说："在探索的认识中，方法也同样被列为工具，是站在主观方面的手段，主观方面通过它而与客体相关。主体在这种推论中是一端，客体则是另一端，前者通过它的方法而与后者联在一起。"[①]

认识活动是运用概念、范畴和思维规律反映和规范现实的过程，因而，方法与范畴和规律联系在一起。一方面，思维方法就是范畴和规律的运用，从这方面说，范畴和规律本身就具有方法论意义。人们从事认识活动旨在探索未知领域。要化未知为有知，必须解决主观与客观之间的矛盾，使客观事物的本质转化为观念的认识。这既需要物质手段（如生产工具、科学实验的仪器等），又需要运用已有的理论知识去指导实践和认识活动。理论指导的过程，就是运用范畴和规律反映和规范现实的过程，也就是运用思维方法的过程。另一方面，思维方法本身也具有范畴和规律的

---

① 黑格尔：《逻辑学》下卷，商务印书馆1976年版，第532页。

性质。因为只有方法正确,才能促使主观与客观之间达到统一。而一种方法既然能使主观符合客观,它就必然反映了认识过程、思维过程的本质,因而具有范畴和规律的性质。

从方法、范畴、规律之间的关系上考察方法,可得到结论:方法不是"外在"的东西,也不是纯主观的工具和手段,它本身具有规律性,是认识规律和思维规律的表现。

二、方法的基本分类

认识的方法种类繁多,但大致地可归属于下列类型。

从方法的作用范围、普遍性程度上说,有具体科学的特有方法(如物理学中的光谱分析法、地质学中利用古生物化石确定地层相对年代的方法),有一般的科学研究方法(如科学实验、系统方法),还有各门科学普遍适用的思维方法、逻辑方法(如演绎法、分析法),等等。这表明,方法是有层次的,因解决的课题不同,可以相应地采用不同的方法。不同层次的方法不能相互取代,但是,它们又按下述方式联系在一起,即:思维方法和逻辑方法是渗透在低层次的具体方法之中的,较低层次的方法都是思维方法和逻辑方法的具体化。

从方法所对应的认识阶段上说,有经验认识的方法和理论思维的方法。观察、实验等是经验认识的方法,演绎法、分析法等是理论思维的方法。经验认识方法的功能主要在于通过直感获得关于经验事实的认识,不能揭示研究对象的本质和规律。理论思维方法的功能则在于形成判断、概念,获得关于经验定律及原理定律的认识。例如,19世纪前半叶,德国著名化学家李比希在考察英国一家工厂时发现,工人们在制作绘画颜料"柏林蓝"时,使劲地用铁铲在盛有原料的大铁锅里搅拌,发出刺耳的声响。工长解释说,搅拌锅里的溶液时,响声越大,柏林蓝的质量越好。但对于为什么会这样说不出所以然。后来,李比希经过研究,对这一现象给予了科学解释。他指出,使劲搅拌而发出很大声响之所以会使柏林蓝提高质量,是由于从铁锅上蹭下了铁屑。用这种材料制作柏林蓝,只要另加些含铁的化合物就行了,并不需要这样搅拌,使劲搅拌而发出很大声响并不是柏林蓝质量好的原因。这个例子表明了经验认识方法和理论思维方法的本质区别。工人们在长期观察中得到的是经验认识,这一认识本身不能揭示柏林蓝质量好的真正原因。要把握事物的原因和规律,从而获得真理性认识，就需要理论思维的方法。

从方法的归类上说，辩证思维方法属于各门科学普遍适用的逻辑方法，属于理论思维的方法。就目前公认的内容而言，辩证思维方法包括：分析与综合相结合、归纳与演绎相结合、逻辑方法与历史方法相结合、从抽象上升到具体。

### 三、辩证思维方法的基本特征

各门科学普遍适用的逻辑方法不只是辩证思维的方法，例如还有数学的和形式逻辑的方法。从广义上说，理论思维的方法也不只是辩证思维的方法，还有知性思维的方法。那么，辩证思维方法具有哪些独具的特征，使之与其他思维方法和逻辑方法相区别呢？概括地说，主要有三点。

第一，辩证思维方法是外部世界辩证法和思维辩证法的反映方式。各种辩证思维的方法不过是外部辩证法"移入"人脑得到程序化改造的结果。分析与综合相统一的方法，是客观世界中整体与部分、系统与元素相互关系的反映。归纳与演绎相统一的方法，是客观事物的个别与一般相互关系的反映。逻辑方法与历史方法相统一的方法，是客观事物的偶然与必然、现象与本质相互关系的反映。从抽象上升到具体的方法，则是客观事物的特殊与普遍、分离与联系相互关系的反映。而总的来说，这四种方法集中反映了人的认识从简单到复杂、从个别到一般、从现象到本质的运动过程。辩证思维方法的这一特征表明，它既是哲学认识论的方法，又是逻辑思维的方法，是一种"哲学－逻辑"方法论。而且这种哲学－逻辑方法在本质上是辩证的。

第二，辩证思维方法具有整体综合的特征。形式逻辑的和知性思维的方法是静态分析的方法，通过对语言和形式结构的分析去认识事物。辩证思维的方法则是通过对事物内容的整体综合，达到对事物的多样性统一的认识。辩证思维的方法经过分析与综合、归纳与演绎、逻辑的与历史的各个环节，最终由抽象上升到思维的具体。任何对象都是由各个方面、各种关系组成的整体，辩证思维方法的各个环节都是围绕着在思维中把握对象的整体而展开的。当运用辩证思维方法使思维上升到具体时，对象的整体即对象的多样性统一就变成了理论体系的形态，具有了真理的形式。

第三，辩证思维方法具有对立的方法相统一的特征。如果撇开其他因素，我们可以简单地说，对立的方法相结合就是辩证思维的方法。分析、综合、归纳、演绎等方法，它们本身都是独立的思维方法，并且具有相对立的一面。这些方法也都是从各自的某一方面帮助人们认识真理的工具和手段，在历史上早为各门科学所运用。即使在辩证思维方法被概括出来以后，在解决某些课题时，也仍然可以侧重地使用其中的某种方法。但是，如果孤立地使用这些方法，就带有它们特定的局限性。在形式逻辑范围内，在知性思维领域，这些方法被作为对立的方法分别地加以考察，这样做，是与形式逻辑和知性思维的性质相适应的。但是，要适应理论上的更高要求和完成更复杂的科学研究任务，特别是要通过理论思维把握具体真理，就必须把这些对立的方法统一起来，形成新的思维方法。到18世纪末19世纪初，当自然科学出现综合的趋势，需要对各门科学内部各个部分的联系以及各门科学之间的联系做出说明时，把对立的方法统一起来考察就成为不可避免的事情。继黑格尔之后，恩格斯通过批判归纳主义和演绎主义、通过批判把分析与综合分割开来的片面性，提出了归纳与演绎相结合、分析与综合相结合的方法。列宁在谈到辩证法十六要素时，系统地概括了辩证思维方法的基本环节和主要内容。至此，辩证思维方法作为对立方法的统一，以其独具的对偶矛盾形式被确立起来。

辩证思维方法把对立的方法结合在一起，不是出自哲学家的喜好，而是根据认识规律和思维规律所做出的科学概括。对立的方法之间本来就存在着联系，本来就要求对方补充自己。正是由于对立方法被结合起来，辩证思维方法才具有能反映客观辩证法、能起到思维综合作用的特征。

## 第二节　分析与综合概述

在列宁所开列的辩证思维方法的清单中，分析与综合相结合的方法列在首位，一般认为，这一方法是辩证思维方法的核心方法。我们也从这种方法开始讲述辩证思维的方法。

一、分析、综合的含义

什么是分析？分析是在思维中把对象的整体分解为各个部分、方面、层次、因素而分别加以认识的方法。例如，居里夫妇研究镭的放射性时，把镭的射线放在极强的磁场中，使它分解为 α 射线、β 射线、γ 射线三个组成部分，然后分别加以考察，认识到 α 射线是带正电的高速粒子流，β 射线是电子流，γ 射线是类似于 X 射线、但波长较短的高能电子流。这就是一个分析的过程。又如，研究一个社会的生产现象，可以把生产活动的整体分解为生产力、生产关系两部分，生产力又可再分解为生产工具、科学技术、生产者等各个要素，然后分别考察它们的性质、水平、状况等等，这也是一种分析活动。应当说明，分析不是主观任意的，而是根据对象的客观规律和内在联系进行的。例如，对动物体进行分析，不能像卖肉那样随意分成各个部分，而要按照其结构分解成各种器官或消化系统、神经系统等有机联系的部分。

分析过程的实质是从整体走向部分，从复杂走向简单，从现象走向本质，从具体走向抽象。通过分析，完整的表象蒸发为抽象的规定，对象的普遍属性被一个个揭示出来。分析过程的基本特点是与事物的实际发展过程相逆行。必须先有对象整体才能进行分析，因此分析是从既有对象出发的。马克思就此说道，"对人类生活的形式的思索，从而对它的科学分析，总是采取同实际发展相反的道路。这种思索是从事后开始的，就是说，是从发展过程的完成的结果开始的"[①]。拉卡托斯也有类似的认识，他说："在分析中我们假定被寻求的东西（已经）给定，然后我们要问，什么东西产生了这个被寻求的东西，还要追问后者的先行原因是什么，等等，通过这样的追溯，直到发现某种已知的或属于第一原则之列的东西为止。我们把这种方法称为分析，作为回溯的解决。"[②]

认识客观对象，为什么要对它进行分析呢？这是因为，世界中的任何事物都是复杂的整体，而事物整体都是由它的各个部分组成的，整体是部分的集合，整体不能离开部分而存在。不仅如此，整体的各部分的性质和行为还这样或那样地制约和影响着整体的性质和情状。各个部分对整体的影响程度虽然不尽相同，比如心、脑对人体的影响较之肝、肺对人体的影响要大，但是，任何一个部分都对整体发生影响是确定的。因而，要认识一个事物整体，必须把整体分解为各个部分，逐一地加以认识。如果不运

---

① 《马克思恩格斯全集》第 23 卷，人民出版社 1972 年版，第 92 页。
② 转引自张巨青主编《科学理论的发现、验证与发展》，湖南人民出版社 1986 年版，第 265 页。

用分析的方法去考察对象，人们对事物只能有个混沌的认识。

什么是综合？综合是在思维中把已获得的关于对象的各个部分、方面、层次、因素的认识联结起来，形成对研究对象的整体认识的方法。简要地说，综合就是把关于各组成部分的认识统一起来，形成对于系统的整体认识的方法。例如，人们在分别研究了大气圈、水圈、生物圈、岩石圈，取得了各个部分的认识以后，把这些关于各个部分的认识统一起来，作为一个整体的圈层加以把握，就是一个综合的过程。又如，马克思在《资本论》中先通过分析逐步考察了商品、货币、资本，商品的价值与使用价值、劳动力价值与剩余价值等各个要素；考察了资本的生产过程、资本的流通过程等各个部分；然后把这些认识统一起来，从而形成关于资本主义经济形态的整体认识，这也是一个综合过程。如同分析不是主观任意的行为一样，综合也不是随心所欲的，而是按照客观对象各部分之间的内在联系进行的。恩格斯曾经就此说道："思维，如果它不做蠢事的话，只能把这样一种意识的要素综合为一个统一体，在这种意识的要素或它们的现实原型中，这个统一体以前就已经存在了。如果我把鞋刷子综合在哺乳动物的统一体中，那它决不会因此就长出乳腺来。"①

综合过程的实质是从部分走向整体，从简单走向复杂，从初级本质走向更深层的本质，从抽象走向思维的具体。通过综合，抽象的规定被联系起来，从而在思维中复制出客观对象。这个过程与分析的过程相反，因为必须先有关于对象各个部分的认识才能进行综合。按照拉卡托斯的说法，在综合中，要将分析的过程倒过来，把分析中最后得到的东西当作给定的，按照它们的自然次序一个个联系起来，最后就达到了对所要寻求的东西的构造。拉卡托斯把这称为综合。综合把分析的结果作为直接出发点，这是不错的。但是，这里应当注意，虽然综合是以要素、部分为直接出发点，但这些要素、部分原来就存在于一个统一体中，只不过在未经分析之前，它对于人来说是一个混沌的整体。我们把分析的结果再综合起来，仍然是把它们综合到原来的整体中，所不同的地方在于，当我们对原来的统一体达到综合的认识时，它对于人来说已不再是混沌的而是清晰的了。

认识客观对象，为什么要对它进行综合呢？这是因为：第一，认识的目的在于把握对象的整体。要认识整体虽然必须经过分析的环节去分别地

---

① 《马克思恩格斯选集》第8卷，人民出版社1972年版，第81页。

认识部分，但是，对于部分的认识不是目的，分析只是最终认识整体的手段。因而，当获得了分析的结果之后必须进行综合，以达到对于对象整体的统一认识。第二，部分在整体中的性质和行为，与它们在孤立状态下的性质和行为是不一样的，例如，用导线连接起来的三个导体的电荷不同于分别独处的导体的电荷。对此，黑格尔有个著名的说明，"割下来的手就失去了它的独立的存在，就不像原来长在身体上那样，它的灵活性、运动、形状、颜色等等都改变了，而且它就腐烂起来了，丧失它的整个存在了。只有作为机体的一部分，手才获得它的地位"[①]。这就是说，即使仅仅为了认识某一个部分，也要最终在综合中加以认识。第三，整体是由其内部相互联系的各个部分的总和构成的，整体结构的性质是孤立的部分所不具有的，整体有它自己的性质、规律和功能。只有通过综合，才能真正认识和把握整体。以前面提到的关于"圈层"的综合认识来说，人们通过分析认识到，大气圈是环绕地球最外层的气体圈，大气的活动直接作用于地表的岩石，对地壳岩石的形成和破坏有直接影响；水圈包括海洋、江河、湖泊、沼泽、冰川、地下水等，水圈一方面破坏地表及地下一定深度的岩石，一方面又形成新的岩石，同时水还是一切有机体的生长要素，而有机体是改变地球面貌的又一个重要因素，因此，水也参与地球发展和地壳变化；生物圈是地球表层有生命物质的一个圈层，生物不断地改变着地壳的物质成分和结构状态，它们也是推动地壳变迁和发展的有力因素之一。经过分析得到这些部分的认识之后，再把它们综合起来，作为整体圈层进行统一考察，人们就获得了新的更深刻的认识：在地球史上，大气圈、水圈、生物圈及岩石圈是统一发生、统一演变的，共处于一个统一体的生态平衡中，如果任意破坏它们之间的关系，破坏生态平衡，就会遭到自然界的惩罚。这种新的规律的认识是在分析阶段所不能获得的。不对事物对象进行综合，就不能从本质上认识事物。

对于分析和综合，科学史和哲学史上已有过各种论述。这些论述在两个方面表现出不同的倾向：第一，分析和综合是证明真理的方法还是发现真理的方法；第二，作为认识真理的方法，是分析更为重要还是综合更为重要。

古希腊的欧几里得是把分析和综合作为证明的方法来看待的。他在

---

① 黑格尔：《美学》第 1 卷，商务印书馆 1979 年版，第 156 页。

《几何原理》中把分析和综合明确规定为两种过程相反的演绎证明方法。在他看来,分析是由未知的、尚未证明的原理演绎出真实性早已确定了的原理,综合则是从已知的、确定无疑的原理演绎出需要证明的未知原理。拉卡托斯把欧几里得的这一思想表述为:"分析和综合的规则:由你的猜测——假定它为真——逐一地导出结论。如果你达到了一个错误的结论,那么你的猜测就是错误的。如果你达到了一个无疑为真的结论,你的猜测就可能是正确的。在这种情况下,将这个程序倒转过来,往回推,尝试由这个无疑的真理向可疑的猜测这一相反的路线推出你原先的猜测。如果你成功了,你就证明了你的猜测。上述前一部分被称为分析,后一分被称为综合。"① 例如,要证明原理 $A$,作为尚待证明的命题,$A$ 是一个猜测,是未知的。证明时先以 $A$ 为前提进行演绎,如果推导出一个已知无疑的原理 $B$,则表明 $A$ 可以成立,这是分析的过程。然后倒转过来,再以 $B$ 为前提($B$ 是已知的、无疑的原理)进行演绎,如果从 $B$ 中推导出 $A$,则 $A$ 被证明,这就是一个综合的过程了。看得出,欧几里得所说的分析和综合与现在所定义的分析和综合有很大的差别。分析和综合不是不能用于证明,但把它们仅作为几何学证明的方法,就对它们做了过分拘束的限制。

大多数的哲学家和科学家是把分析和综合了解为发现真理、认识事物的方法。但是,在不同的历史条件下,有人强调分析,有人强调综合,最后演变成整体论与分析还原论的对立。在古代,自然科学还未进化到对自然界进行精确的分析的水平,还不能分门别类地进行科学研究,人们只是朴素地把自然界看作一个整体联系的总画面,而不能说明这个画面的细节。因而从思维方法上说,这时主要强调的是综合。

到了 16、17 世纪,随着近代自然科学的兴起,在认识事物的方法中,分析法、分析还原论占据了统治地位。最早把分析还原论明确表达出来并把分析法强调到极端的是弗朗西斯·培根和笛卡尔。培根是归纳主义的代表人物,他崇尚分析是不足为怪的,因为分析与归纳虽然是两种方法,但本质上相通。笛卡尔是近代演绎主义的代表人物之一,但在当时的背景下,他也同样强调分析是最根本的方法。培根说:"只要人们还受到在复杂的状态中观察现象的习惯的束缚,就不能认识自然,只要不能分析宇

---

① 转引自张巨青主编《科学理论的发现、验证与发展》,湖南人民出版社 1986 年版,第 264 页。

宙，也就是说只要不能把宇宙割裂开来进行最精密的解剖，就不能达到认识自然的目的。"① 笛卡尔在他的《方法谈》中则把方法论归结为四条逻辑原则，其中第二条和第四条都是讲分析法的。第二条说，"把我所考察的每一个难题，都尽可能地分成细小的部分，直到可以而且适于加以圆满解决的程度为止"②。第四条是说，"把一切情形尽量完全地列举出来，尽量普遍地加以审视，使我确信毫无遗漏"③。可以看出，第二条直接强调分析法，第四条则要求分析必须是无遗漏的。在笛卡尔的四条原则中，第三条讲到了综合法，但是，他是把分析看作科学方法的核心的。

从 18 世纪下半叶开始，伴随着各主要资本主义国家进入产业革命时期，自然科学的研究方法发生了重大改变，从分门别类的研究过渡到阐明自然界各个过程的联系，从搜集材料的阶段进入到对经验材料加以综合整理的阶段。在这种背景下，综合法被重新重视就是很自然的了。最初明确提出并强调综合法的是康德。康德认为，一切知识只有经过综合才能产生，只有作为综合才是可能的。他说："在我们能把观念加以分析之前，观念本身必须被给与，所以从内容说，概念不能通过分析就先产生出来。对于多样性（不拘是经验地还是先天地给与的）的综合乃是最初产生的知识。固然，这知识起初可能是粗糙的和复杂的，因而需要分析。可是，综合却是把构成知识的诸要素加以集合，并且把它们连起来形成一定内容的东西。所以，我们如果想决定知识的最初根源，我们就要首先注意综合。"④ 在分析法占据统治地位长达几个世纪的气候下，康德重新强调综合法是颇具胆识的。但是，他又走上了另一极。虽然他并没有否认分析法，但贬低了分析的作用，并且把分析与综合割裂开来，唯独钟情于综合。

哲学史表明，在黑格尔系统论述分析与综合的辩证关系以前，分析和综合一直是作为对立的方法被分别强调的。只是当分析与综合被联系起来

---

① 转引自《坂田昌一物理学方法论论文集》，商务印书馆 1966 年版，第 21 页。
② 北京大学哲学系外国哲学史教研室：《十六—十八世纪西欧各国哲学》，商务印书馆 1975 年版，第 144 页。
③ 北京大学哲学系外国哲学史教研室：《十六—十八世纪西欧各国哲学》，商务印书馆 1975 年版，第 144 页。
④ 北京大学哲学系外国哲学史教研室：《十八世纪末—十九世纪初德国哲学》，商务印书馆 1975 年版，第 62-63 页。

考察之后，才有了分析与综合相结合这一辩证思维的方法。

二、分析、综合的类型

**1. 分析的主要类型**

分析是把整体分解为部分加以认识，这里所说的"部分"，既指事物本身实在的组成部分，也指对象的特性、方面、层次和要素等。近代英国唯物主义哲学家霍布斯曾经这样说："我们在认识整个组合物之前，必须先认识那些将被组合的东西。这里所谓部分，我不是指事物本身的部分，而是指事物的本性的部分。譬如所谓人的部分，我就不是指人的头、肩、臂等，而是指人的形状、量、运动、感觉、理性之类。这些偶性组合起来或放到一起，就构成人的整个本性，但是并不构成人本身。"① 其实，把人体作为整体分解为头、肩、臂各部分也是一种分析。但是，霍布斯这一思想还是可取的。由于"部分"可从不同方面考察，由于所要解决的课题不同，分析可分为定性分析、定量分析、因果分析、功能分析等各种类型。

定性分析旨在确定研究对象是否具有某种性质。一个简单的例子是为了确定金属是否具有导电的性质，对金属的各个部分即各种金属（如铜、铁、铅等）接上电源去测试。这就是一个定性分析。

定量分析旨在确定研究对象的各种成分的数量。例如，化学家发现同位素的其他化学性质相同，只是原子量不同，如铅的同位素有铅210、铅214、铅212、铅211。这使人们认识到，元素并非是单一的，只有通过定量分析，才能认识各种不同的同位素。

因果分析旨在确定引起某一现象发生或变化的原因。为了确定某一现象的原因，就要对被研究现象出现或不出现的各个场合、各种先行情况分别考察，把原因与非原因区别开，因而需要分析。例如，在19世纪，人们还不知道为什么有些人的甲状腺会肿大，在后来的研究中发现，甲状腺肿大盛行的各个地区，其人口、气候、风俗等状况各不相同，然而有一个共同的情况，即土壤和水流中都缺碘，导致居民的食物和饮水也缺碘，由此推断出缺碘是甲状腺肿大的原因。这是运用穆勒五法中的契合法分析出

---

① 北京大学哲学系外国哲学史教研室：《十六—十八世纪西欧各国哲学》，商务印书馆1975年版，第66-67页。

原因的。穆勒的求因果联系的五种方法是因果分析的简单模式。在因果分析中，有一种特殊类型叫作"可逆分析"。可逆分析旨在确定当现象 A 是现象 B 的原因时，是否 B 也是 A 的原因，也就是要确定某一因果之间的联系是否可逆，A 与 B 是否互为因果。例如，法国物理学家安培发现电可以产生磁，那么磁是否也可以产生电呢？英国的法拉第确定了这一点，于 1831 年概括出电磁感应定律。

功能分析也可称为结构－功能分析，因为功能与结构分不开。当被研究对象是形成系统、完成一定功能的事物时，就要运用结构－功能分析的方法去认识其结构和功能。这种分析方法对于认识多层次、有系统的事物的本质有特殊意义。例如，20 世纪 80 年代，英国生物学家肯德鲁和佩鲁茨把结构－功能分析法运用于血红蛋白的研究，发现血红蛋白具有特殊的环状结构，对氧原子有特殊的亲和力，因此有从肺中吸取新鲜的氧，对身体各部分进行输氧的特殊功能。这一分析揭示了血红蛋白输氧的结构和功能。

对于分析的方法，还可以从分析的不同方式上加以区别。在这个标准下，分析可分为实验分析和思维分析（抽象分析）。

实验分析是通过科学实验使整体实际地分解为各个部分并对它们分别认识的方法。前面讲到居里夫妇用强磁场分解镭射线就是一个实验分析。但是，由于实验分析受科学技术条件和水平的制约，不能随处施行；并且，有许多对象的整体（如思想系统）不能实际地被分解为各个部分，尤其是事物的特性、关系等因素无法从事物体中分离出来，因而，实验分析的可应用范围是有限的。相比之下，思维分析方法更具有普遍意义。

思维分析法是运用理论思维在大脑中对事物的整体进行分解的方法，例如，道尔顿和阿伏伽德罗并未在实验室中分离出单个的分子或原子，而是从大量原子或分子表现出来的客观现象中抽象出了原子和分子概念。马克思对商品的分析也是运用的思维分析法。包含在商品中的价值、人类劳动中的抽象劳动等是无法在实验室中分析出来的，即使把一件商品砸成粉末也不可能从中发现什么价值。这里必须使用思维的"解剖刀"，正如马克思所说的那样，"在经济形态的分析上，既不能用显微镜，也不能用化学反应剂。那必须用抽象力来代替二者"[①]。

---

① 马克思：《资本论》第 1 卷，人民出版社 1963 年版，第 2 页。

实验分析与思维分析是既相区别又互相补充的。然而，辩证逻辑所讲的分析方法是指的思维分析，就是说，辩证逻辑是把分析作为一个思维方法来研究的。

**2. 综合的主要类型**

综合是把事物各个部分的认识联结起来形成统一的整体的认识。统一的认识可以凝结在一个概念中，也可以通过理论体系形态表现出来，而无论是概念还是理论体系都可以用模型来表示，因而，综合一般分为三类：概念综合、体系综合、模型综合。它们都是认识的综合。

概念综合是把分析的各个结果联结起来，用一个新的概念给以表达。例如，维纳提出"负反馈"概念，普利高津提出"负熵"和"耗散结构"概念，都是概念的综合。

体系综合是以理论体系的形态把分析的各个结果联系起来形成统一的认识。任何一个科学理论体系都是对一定对象领域的综合认识。事实上，体系综合是包含了概念综合的。

模型综合是通过建立思想模型把分析的各个结果联结起来形成统一认识的综合方法。相对于事物原型而言，模型分为事物模型和思想模型。模型综合所建立的是思想模型。思想模型是对事物原型的一种本质的、必然的、近似的、简化的综合认识。模型综合具体又分为三种，即：直观模型综合、原理模型综合、数学模型综合。

直观模型综合是运用可观察的图像来表示对象的整体结构的综合方法。直观模型综合具有使理论知识具体化、逻辑过程简单化的优点。特别在科学进入宇观世界和微观世界以后，人们不能直接感知宇观世界和微观世界的整体结构，直观模型综合便更为人们所需要。例如，哥白尼的日心说宇宙模型、卢瑟福的"太阳-行星原子结构模型"，都属于直观模型。前者把人们无法掌握的太阳系、太阳和行星的相对位置和运动清晰明确地呈现在人们的感官面前。后者把原子设想为一个"太阳系"，带正电的原子核像太阳一样居于原子中心，带负电的电子像行星那样分布在核外空间并且绕原子核运动。

原理模型综合是以反映对象特性和规律的概念系统来描述对象整体结构的综合方法。原理模型综合具有抽象化、理想化的特点，它比直观模型综合更深刻、更普遍地反映了客观事物。例如，海森堡提出的测不准关系、鲍林和斯莱特提出的杂化轨道模型,都属于这一类模型综合。

数学模型是以数学方程式从整体上描述对象的特性、关系及其规律的综合方法。列宁指出:"自然界的统一性显示在关于各种现象领域的微分方程式的'惊人的类似'中。"① 例如,微观世界中一切微观粒子的能量和动量关系,都可以综合成一组共同的数学模型,即:$E = hv$  $P = h/\lambda$ (其中 $E$ 为能量,$v$ 为频率,$\lambda$ 为波长,$h$ 为普朗克常数,$P$ 为动量)。其他如里德堡的光谱线公式、牛顿的万有引力公式都是数学模型综合。

### 三、分析、综合的认识论层次

从认识的不同发展阶段去考察,分析与综合包括感性认识的分析和综合、知性思维的分析和综合、理性思维的分析和综合这样三个层次,它们有着不同的认识论特征。

人的各种感觉器官都是一种分析器,每一感官接受某一种特定的刺激信号,运用感觉器官把联结在一起的事物的外部特性(如颜色、气味等)分解开来形成各种感觉,就是感性分析的过程,而通过大脑把各种各样的个别感觉联结起来,形成对象的整体知觉表象就是感性综合的过程。感性认识的分析和综合只提供了现象的认识,还不能帮助人们认识事物的本质。

知性思维的分析与综合和理性思维的分析与综合,都是思维的分析综合方法。它们不再是运用感觉器官,而是运用抽象力在大脑中进行分析综合的。但是,这两个思维阶段上的分析和综合又有着根本的区别。

第一,知性思维的分析和综合对研究对象只是给以静态的考察,是以"整体等于部分的总和"这一加和关系为立足点的。因此,其分析满足于把整体分解为各个孤立的部分,而不考虑各个部分在整体中的地位以及各个部分之间的关系;其综合则把各个部分的认识简单相加。这是一种建立在形式逻辑同一性之上的类似算术加减法的分析和综合。理性思维的分析和综合则是对研究对象进行动态的考察,是以"整体不等于部分的总和"这一非加和关系为立足点,以事物的多样性统一原理为根据的。因此,理性思维的分析不仅把整体分解为部分,而且是在各个部分的矛盾关系、运动变化中去认识各个部分的。理性思维的综合不仅把各个部分的认识

---

① 《列宁全集》第 2 卷,人民出版社 1958 年版,第 295 页。

"加"起来,而且把各个部分的认识有机地联系起来,形成系统的、多样性统一的整体认识。对于理性思维的综合来说,各个部分的认识不是作为孤立的认识还原到整体中的,而是作为整体认识之网的网上纽结融合在整体认识之中。

第二,知性思维的分析与综合是被作为彼此不相容的方法看待的,因而,在知性思维领域,分析和综合被分割开来孤立地运用。理性思维的分析与综合则被看作一种统一方法的两个相互联系的环节,是结合在一起的。

前面说过,辩证逻辑是研究思维的分析和综合的,现在可以进一步明确,辩证逻辑研究的是理性思维的分析与综合。理性思维的分析与综合就是辩证思维的分析与综合,即分析与综合相结合的方法。当然,辩证思维的分析综合并不排斥知性思维的分析综合,因为"整体等于部分的总和"也是整体与部分之间的一种关系,静态的分析和综合对于科学研究也是必要的阶段。但是,要完全理解事物,最终还要付诸分析与综合相结合的方法。

## 第三节 分析-综合方法的根据

分析-综合方法,即分析与综合相结合的方法,是根据分析与综合之间客观存在的联系概括出来的。分析与综合的客观联系主要表现在两个方面。

一、分析与综合互相依存

没有分析就没有综合,没有综合也就没有分析,这就是分析与综合相互依存(互为前提)的含义。恩格斯说:"思维既把相互联系的要素联合为一个统一体,同样也把意识的对象分解为它们的要素。没有分析就没有综合。"[①] "以分析为主要研究形式的化学,如果没有它的对极,即综合,

---

① 《马克思恩格斯选集》第 3 卷,人民出版社 1972 年版,第 81 页。

就什么也不是了。"①

综合是把分析的结果联结起来组成统一的认识。因而，综合是建立在分析的基础上的，离开分析，综合就失去了存在的条件和前提。

一般来说，综合依赖于分析而存在是较容易理解的，那么，如何理解分析又以综合为存在的条件呢？对此，可以从下列几点给以说明：第一，分析的载体是综合。进行分析首先要有未经分析又有待分析的对象。分析的对象作为客观事物来说是整体，作为人脑的反映物来说是混沌的整体表象，而无论从哪一方面讲它都是综合的东西，没有事先存在并已被感知的综合，就无所谓分析。第二，分析离不开综合的指导。在分析过程中，一定有某种综合的观点、综合的理论或假说起着指导作用。人们从事分析活动是要从事物中提炼出事物的本质和普遍属性，把握对整体有决定意义的"细胞"。而事物的各个部分、特性、要素等不是彼此无涉孤立存在的，它们是相互关联从而组成事物整体的。如果没有综合的观点或理论，就无法了解各个部分在整体中所居的地位以及部分与部分之间的关系，从而也就无法知道哪些属性是本质的、普遍的属性。第三，分析的目的和归宿是综合。分析是认识事物的手段，不是认识的目的。分析的目的在于最后达到综合的认识，而如果离开综合，分析就是未完成的认识活动。要全面正确地认识客观事物，就不能没有综合。黑格尔曾就此打比方说："一个化学家取一块肉放在他的蒸馏器上，加以多方的割裂分解，于是告诉人说，这块肉是氮气、氧气、炭气等元素所构成。但这些抽象的元素已经不复是肉了。……用分析方法来研究对象就好像剥葱一样，将葱皮一层又一层地剥掉，但原葱已不在了。"② 这正像蛋白体一经分解成为 C、H、O、N 这样一些孤立的元素，就不再是蛋白质一样。所以，要从整体上认识肉、葱和蛋白质，就必须在分析之后进行综合。第四，分析与综合是互为验证的根据。无论是分析的结论还是综合的结论，作为主观的认识都需要验证。进行验证当然首先要付诸实践。但是，也应看到，分析与综合相互之间也是验证对方的证据和方法。通过分析，获得关于整体的各个部分的认识。如果把它们联结起来所形成的统一认识与对象的整体相符，即能够反映对象的多样性统一，就表明分析的结论是真实的。否则，就表明分析的结果不

---

① 《马克思恩格斯选集》第 3 卷，人民出版社 1972 年版，第 548 页。
② 黑格尔：《小逻辑》，商务印书馆 1980 年版，第 413 页。

正确。同时，综合的结论又是由分析来验证的。综合的结论已经不是事物整体的原型和表象，而是关于事物的整体理论的认识。综合的认识是否符合总的图景、是否反映了对象的内部联系，只有用它推导出新事实，通过对新事实进行检验才能验证。而对新事实进行检验就离不开分析。特别是在现代科学已深入到微观和宇观的情况下，有时理论的结论很难立即获得直接的实践检验，而往往要对它进行分析予以间接验证。

## 二、分析与综合相互渗透

毛泽东在《关于农村调查》一书中说过，分析中也有小综合。这指的是分析中渗透着综合。同样的，在综合中也包含着分析。用黑格尔的话说就是："在哲学方法的每一运动里所采取的态度，同时既是分析的又是综合的。"① 例如，马克思在《资本论》第一卷中考察了资本的生产过程，在第二卷中考察了资本的流通过程，在第三卷中考察了资本主义生产的总过程。在第一卷和第二卷中，马克思主要运用了分析的方法，在第三卷中主要运用了综合的方法。但是，纵观整个《资本论》的研究方法，实际上是分析中渗透着综合、综合中渗透着分析。例如，马克思在第一卷中分别分析了商品的使用价值和价值，同时又把二者结合起来进行综合考察，得出商品具有使用价值和价值二重性的统一的认识。而在第三卷中把资本的生产过程和流通过程进行综合考察时，又揭示和说明了资本运动过程所产生的各种具体形式。这表明，只要被研究对象是较复杂的事物或较广泛的现象领域、具有一定的历史过程，那么，在以分析为主导的认识过程中就包含着综合，在以综合为主导的认识过程中也包含着分析。

分析与综合的辩证关系说明，分析与综合是必然地联系在一起的，不应当在两者中牺牲一个而把另一个捧到天上去，不能孤立地运用分析方法或综合方法。

---

① 黑格尔：《小逻辑》，商务印书馆1980年版，第424页。

## 第四节　运用分析－综合方法的合理性原则

怎样才能做到分析与综合相结合？究竟应当如何运用分析－综合的方法？这就是所谓分析和综合的合理性和有效性问题。对此，要提出一套完满的合理性标准是不容易的。但是，通过总结孤立地使用分析方法与综合方法的弊病，根据分析与综合之间客观存在的依存、互补关系，我们可以提出一些原则性的条款，以启发和指导人们辩证地、合理地运用分析与综合的方法。

第一，必须在综合的指导下进行分析。这一原则是分析与综合相互依存原理的必然引申。由于分析与综合客观上互相依赖，因而单纯的分析不能独立完成认识事物的任务。

仅采用分析的方法去了解事物，不仅不可能从根本上认识事物整体，而且即使用以认识事物的部分，也是具有局限性的。正如前面指出的那样，整体与部分之间既有加和关系又有非加和关系。非加和关系是由两条原理所决定的：其一，部分在孤立状态下的性质与它们在整体中的性质是不同的；其二，不是各部分的机械相加构成整体，而是各部分相互联系的总和构成整体结构。这就意味着，部分隶属于整体，由整体来支配。因而，仅通过分析所获得的关于事物的部分的认识总是不充分的，而必须从整体的观点、联系的观点出发，在综合的指导下进行分析，才能认识各个部分之间的联系，也才能真实地认识各个部分，进而把握事物的整体。我国传统医学的辨证施治法可以说是在综合的指导下进行分析的一个典范。中医学认为人体是各部分有机联系的整体，各个脏器之间以及脏器与体表五官、肌肤、皮毛、筋骨之间相互联系和制约，由此形成了一套以整体观为指导的分析病情、用药施治的方法，在分析病情中并不仅仅着眼于某一局部的病灶、病源，而是从整体症候去把握疾病的变化和转机。例如，肝病从肾治、肺病从脾治、眼病从肝治、耳病从肾治等等，都是在综合的指导下进行分析总结出来的规律。

在人类认识发展的长河中，分析的办法曾得到不断改进。但是，由于分析的基本功能是认识事物的部分，因此无论怎样改进分析方法，仅靠分析法本身仍然不能从根本上把握对象整体。只有坚持在综合的指导下进行分析，分析法的局限性才能得到克服。哲学史上一些经验论哲学家过分推崇分析法，虽然打击了宗教创世说和唯心主义先验论，但由此带来了孤立、静止、片面地看问题的习惯。哲学史上的这一教训是应当吸取的。

第二，必须根据各个部分之间的联系进行综合。科学的综合不是各部分认识的拼合，如果不从各个部分的相互关系上整理分析的结果，就不可能做出正确的综合。在前面讲综合的类型时，曾提到卢瑟福的"太阳－行星"体系的原子结构模型。卢瑟福虽然获得了比较正确的分析性认识，但是，由于他对原子核与电子之间的特殊关系缺乏认识，仍然按照经典力学和经典电磁学的观点看待原子核与电子之间的关系，因而他的原子结构理论不能解决原子的稳定性问题，也就是说还不是正确的综合。

第三，必须根据对象的变化发展进行动态的分析和综合。研究对象不是静止不变的，在对象的变化发展中，各部分之间的关系发生变化从而事物总的图景会发生变化，因而，静态的分析和机械的综合是不能提供关于对象的正确认识的。辩证逻辑的分析与综合方法是把对象的各部分、各要素之间看成一个多变量关系，把整体结构看作运动的，从运动变化中认识事物。例如，运用分析和综合方法考察人类生存的环境，就要把环境看成一个运动着的生态系统。在生态系统中，没有孤立不变的因素，其中生物种类、种群数量、种的水平和垂直空间配置、种的发育和季节的变化等都是运动发展的。因此，在对生态系统进行分析时，必须对各个部分、各个要素在其发展的不同阶段上所表现出来的不同性质和行为给以考察，而在综合考察生态系统时，也要根据系统的变化发展综合出统一的认识。

要对研究对象给予动态的分析和综合，必须把分析与综合相结合的方法本身了解为动态模式。这个模式可大概地描述为：

综合⇌分析⇌综合

这个模式表明，分析与综合是相互转化的，这种转化表现为否定之否定的周期性运动。人们是在原有综合知识的指导下对研究对象的各个方面、部分、要素做出分析，在此基础上又进行新的综合，而新的综合又提供了进一步分析的综合知识。在这种前进运动中，人的认识就从不甚深刻进入到更深刻的水平。

第四，必须围绕揭露事物的矛盾进行分析和综合。运用分析与综合相结合的方法了解事物，目的在于把各种抽象规定联结起来，在思维中再现客观对象，从而揭示对象的本质联系。而事物的本质是由事物的内在矛盾决定的。任何事物都是一个矛盾统一体，它由矛盾着的各个方面所构成。因此，分析和综合说到底是要分析矛盾的各个方面从而把握矛盾的总体。具体地说，在对事物进行分析时，必须考察事物整体包括哪些矛盾方面，各个矛盾方面谁是主要的谁是次要的，它们如何相互依存又相互斗争。而在综合时，必须根据各个矛盾方面的联系概括出统一的认识。同时，还要考察诸矛盾方面在相互斗争中的此消彼长、旧矛盾的解决和新矛盾的产生等等，也就是要在矛盾的运动发展中进行分析和综合。这样，才能真正达到分析与综合的目的，获得关于事物的真理性认识。

# 第八章

# 归纳-演绎方法

## 第一节 归纳与演绎概述

归纳和演绎既是推理的基本形式,也是普遍的思维方法。对于归纳和演绎,逻辑史上已给予了大量的、相当充分的研究,近代以来更形成两种不同的逻辑形态,即归纳逻辑和演绎逻辑。而从方法论上说,则形成了系统的演绎科学方法论和归纳科学方法论。可是,由研究对象和研究范围所决定,演绎逻辑和归纳逻辑都不研究归纳与演绎之间的联系,不关心归纳与演绎相结合的问题。这样,归纳和演绎虽然已经得到卓有成效的研究,但是,客观上在归纳与演绎相结合的研究中留下了一块空白。而不从归纳和演绎相结合的方面研究归纳方法和演绎方法,对于归纳和演绎的本质,对于它们在认识中的地位,终究不能得到足够充分的认识。辩证逻辑从它的学科特点出发,把归纳与演绎相结合作为一种思维方法来研究,这是十分必要的,也是逻辑发展的一种必然。

### 一、归纳、演绎的含义

什么是归纳?归纳是从个别经验事实中概括出一般性知识的方法。它在逻辑上的表现形式是各种归纳推理。例如,人们在长期观察中发现,刺猬遇到敌害时会把头和四肢藏在身体下面,变成一个浑身带刺的球;乌龟遇到敌害时会把头、尾和四肢都缩在硬甲壳里;壁虎遇到敌害时会甩掉自己的尾巴诱敌;海参遇到敌害时会把自己的肠子吐出来喂给敌手。于是,人们从这些观察事实中概括出一种认识:动物都有自卫本领。这就是一个运用归纳方法的过程。

什么是演绎?演绎是从一般原理、原则出发去认识和说明个别经验事实的方法。它在逻辑上的表现形式是各种演绎推理。例如,根据"任何永动机的设计方案都是行不通的"这个一般原理,去说明某个具体的永动机设计方案行不通,就是一个演绎的过程。

在逻辑史上,最早对归纳和演绎给予专门研究的是亚里士多德。对于演绎,他是作为推理形式来研究的,他的主要功绩是发现了三段论推理。但是,这位演绎三段论的创始人并不漠视归纳。三段论是亚里士多德的研究"热点",与三段论相关的问题都会引起他的兴趣。他看到了归纳与演绎间的某些关系。因而,他不仅把归纳作为推理加以研究,而且对归纳作为认识方法也有所论述。

首先,结合对三段论的研究,亚里士多德把归纳作为推理进行了考察,其结果是提出了后来被称为完全归纳推理和简单枚举推理的两种归纳形式。在亚里士多德那里,三段论是狭义的推理,推理是广义的三段论。他把推理分成四种类型,即:证明的推理、论辩的推理、强辩的推理、误谬的推理。在论述证明的推理时,他讨论了完全归纳推理;在论述论辩的推理时,他讨论了简单枚举推理。

在亚里士多德看来,证明的推理(又称证明)是以普遍真实的原理为依据,去获得一种必然性的真实知识。他认为,不仅三段论可以用之于证明,归纳推理也可以用之于证明。他说:"任何一个确信都或者通过三段论,或是通过归纳获得的。归纳和归纳三段论是一个端词通过另一个端词与中词发生联系的三段论推论。例如,如果对于 $A$ 和 $C$ 两个端词来说,其中词是 $B$,并且通过 $C$ 来证明 $A$ 属于 $B$,那么这就是在作归纳。例如,$A$ 代表长寿,$B$——无胆汁,$C$——人、马、骡个别长寿的动物,所以,$A$ 属于所有的 $C$,因为任何无胆汁的动物皆长寿,但 $B$——无胆汁的动物——属于任何的 $C$。如果现在 $C$ 与 $B$ 互换,而中词 $B$ 没有超出小词 $C$ 的范围,那么,$A$ 必然属于 $B$,因为以前已经指出,如果两个词同属于第三个词,并且,如果端词 $C$ 与其中的一个词可互换,那么,其中另外一个端词 $A$ 也属于对之进行过换位的端词 $B$。$C$ 是指一切单一的总和,因为归纳是通过一切单一来实现的。这种三段论是由单一和直接的前提出发的:凡有中词之处,则通过中词实现三段论,凡无中词时,则通过归纳来进行推论。归纳在某些方面与三段论相反:后者通过中词表明大词对第三个词的关系,而归纳则通过第三个词表明大词对中词的关系。"[①]

---

[①] 转引自江天骥主编《西方逻辑史研究》,人民出版社1984年版,第44页。

可以看出，在这里，亚里士多德是把归纳看作一种特殊形式的三段论的。归纳三段论与标准三段论的不同之处在于，三段论借中词属于小词指出大小词的关系，而归纳推理是借小词指出大词属于中词。对此，可运用上述亚里士多德自己的例子（当然，这个例子在今天看来是不科学的）做一个演示比较。

我们先以传统三段论形式表示亚里士多德的这个例子：

  $A$ 表示长寿——大词
  $B$ 表示无胆汁的动物——中词
  $C$ 表示人、马、骡——小词

则：

  $B$ 是 $A$
  $C$ 是 $B$
  ―――――――
  ∴ $C$ 是 $A$

即：

  凡无胆汁的动物都是长寿的，
  人、马、骡是无胆汁的动物，
  ―――――――――――――
  所以，人、马、骡是长寿的。

这个推论属于三段论第一格 AAA 式，但是作为这个三段论的大前提的判断从何而来呢？它又如何得到证明呢？这就需要归纳了。根据同例，该归纳推理的形式是：

  $C$ 是 $A$
  $C$ 是 $B$
  ―――――――
  $B$ 是 $A$

即:

人、马、骡是长寿的,
人、马、骡是无胆汁的动物,
———————————————
所以,无胆汁动物长寿。

亚里士多德把这个推理形式称为归纳三段论。从演绎三段论来看,这本是一个第三格的三段论,如果没有其他特定条件,只能得特称结论(有 $B$ 是 $A$),而不能得全称结论,否则就违反亚里士多德自己所制定的规则。但是,在上面的引述中可以看到,亚里士多德已明确指出"$C$ 是指一切单一的总和",$C$ 与 $B$ 的范围相等,可以互换,因而该推理可以得到全称结论。按照这种解释,归纳三段论的实际形式应当是:

$C$ 是 $A$
只有 $C$ 是 $B$
———————————————
∴　$B$ 是 $A$

即:

人、马、骡都是长寿的,
只有人、马、骡是无胆汁动物,
———————————————
所以,凡无胆汁动物都是长寿的。

其实,这种可用于证明的所谓归纳三段论就是完全归纳推理,它可以直接转换成下列形式:

人是长寿的,
马是长寿的,
骡是长寿的,

（人、马、骡是无胆汁动物的全部）

所以，凡无胆汁动物都是长寿的。

完全归纳推理只要前提真并且无遗漏，可以必然地得到可靠结论，因而可以用于证明。由于亚里士多德以演绎观点看待完全归纳，引起了后世逻辑学家关于完全归纳推理究竟属于演绎还是属于归纳的争论。现代逻辑已把完全归纳当作必然性推理而列入演绎之中。

亚里士多德结合论辩的推理，又讨论了归纳的另一种形式，即不完全归纳推理（指简单枚举推理）。在亚里士多德看来，论辩的推理是通过双方问答从而揭露议论中自相矛盾的一种推理。他指出："这之后，就应研究有几种论辩的论证。一种是归纳，另一种是推理。什么是推理前面已经讲过。归纳这是由个别向一般的过渡。"[①] 他在这里所说的推理是由一般到个别的论辩三段论，主要指的是归谬法。而归纳则是由个别到一般。他举例说明了作为论辩推理的归纳：内行的舵手是最有效能的，内行的驾车手是最有效能的，因而，一般地说，凡在自己专业上内行的人都是最有效能的。显然，这种归纳推理是根据对一类对象中若干个别事例的考察而做出的一般性结论。在亚里士多德看来，这种归纳推理只能提供或然的结论，因而可用于论辩但不能用于证明。

在亚里士多德眼中，归纳不只是推理，同时也是科学认识方法。诚然，由于他所处的时代还没有直至近代才有的真正的实验科学，因而他尚不能提出类如培根三表法和穆勒五法那样的归纳方法，但是，他对广义的归纳法，即作为由个别事实概括出一般结论的归纳方法提出了宝贵思想。他指出，要想从个别事物中概括、总结出个别事物中所包含的一般，就离不开归纳。因为作为证明根据的原理不能由证明本身求得，演绎三段论的前提不能由演绎本身提供，特别是用作证明的第一原理是不可证明的，若要证明势必陷入循环论证。但不可证明并不意味着生而具有，第一原理是通过归纳获得的。他说："如无感性知觉，就必然不会有某种知识，如不学习，如不通过归纳或证明，就不能获得知识。证明由一般出发，而归纳则从特殊出发。把握一般不能没有归纳……事实上，正如没有归纳就不能

---

① 转引自江天骥主编《西方逻辑史研究》，人民出版社1984年版，第46页。

有一般的知识一样，没有感性知觉就不会有归纳。"① 可以看出，这是把归纳作为认识方法来谈论的。

亚里士多德对演绎和归纳的论述表明，他是围绕着演绎研究归纳的，他的注意力和主要贡献仍在于演绎方面，对于归纳的研究还是十分简单的。而且，他把归纳归属于三段论，在今天看来是不适宜的。但是，他关于演绎是从一般到个别，归纳是从个别到一般的思想，从广义方法论上说则应当肯定，他把归纳与演绎联系起来考察更是十分可贵的。

亚里士多德之后，归纳方法在一个相当长的时期里基本上被逻辑学家和哲学家置于研究的视野之外。直到17世纪，才由弗朗西斯·培根对归纳方法做了系统的研究。培根创立了实验归纳法，他对于归纳逻辑的贡献可与亚里士多德对演绎逻辑的贡献相比肩。他对被经院化了的亚里士多德的三段论法提出了尖锐批评，他在《新工具》中指出："三段论并不能用于科学的第一原理，而用于中间公理也是无效的；因为它比不上自然的微妙。因此他只能强人同意命题，而不能把握事物。"② 他也不满意亚里士多德提出的简单枚举归纳法，认为"根据简单列举来进行的归纳是很幼稚的；它的结论是不稳固的，只要碰到一个与之相矛盾的例证便会发生危险；它一般只是根据少数的、并且只是根据那些手边的事实来作决定"③。因此，他主张建立一种真正的归纳，一种对于科学与技术的发现和证明有用的归纳法。其结果是创立了著名的以"三表法"为核心的排除归纳法。不过，在肯定培根的贡献的同时，也应看到，他过分强调了归纳法的作用，结果把归纳和演绎的对立绝对化了。

在培根之后，洛克、赫歇尔、惠威尔、穆勒等哲学家和逻辑学家继续了归纳方法的研究。其中19世纪英国经验论哲学家穆勒的工作具有更广泛的影响。穆勒在培根的三表法的基础上发展出求因果联系的五种方法。可以说，穆勒五法中的契合法是对培根的具有表的精确表达，差异法是对培根的差异表的精确表达，共变法是对培根的程度表的精确表达，剩余法则是对培根的排除归纳法的基本原则的直接引申。因而，穆勒的方法也是

---

① 转引自马玉珂主编《西方逻辑史》，中国人民大学出版社1985年版，第86页。
② 北京大学哲学系外国哲学史教研室：《十六—十八世纪西欧各国哲学》，商务印书馆1975年版，第9页。
③ 北京大学哲学系外国哲学史教研室：《十六—十八世纪西欧各国哲学》，商务印书馆1975年版，第44页。

排除（又称消除）归纳方法。他的归纳方法与培根的方法一样，是以注重实验证据和排除错误的假说为特征的，从而与只对证据的数量提出要求的枚举归纳法相区别。

进入20世纪以后，现代归纳逻辑沿着耶方斯和皮尔士所开创的方向把概率概念引入归纳逻辑中，经过莱辛巴赫、卡尔纳普等人的工作，归纳逻辑与概率论结合起来，展现了新的面貌。

从演绎方法这方面看，到了近代，和培根同时代的数学家和哲学家笛卡尔继续了演绎的研究。他是解析几何的创始人，明确主张科学的本质是数学，认为演绎法是唯一可靠的方法。比笛卡尔稍晚，著名数学家、哲学家莱布尼茨提出了把思维化归于计算的计划，为演绎逻辑的发展准备了具有革命性的思想。经过一段沉默，罗素等一大批数学家和逻辑学家建立了数理逻辑直至当今的现代逻辑。与此同时，一批著名科学家，继承伽利略把数学方法运用于自然科学的传统，在自然科学数学化方面光大了演绎方法。

归纳和演绎发展到今天，不仅演绎方法已经高度成熟，归纳方法也已经相当具体和精致。同时，归纳与演绎的长处和局限性也不断被揭发出来，于是，引出了如何评价归纳和演绎的话题。在对归纳和演绎的认识作用做出评价时，在马克思主义的辩证逻辑诞生之前，只有黑格尔系统论述了归纳与演绎的辩证关系，大多数的哲学家和逻辑学家或者推崇演绎而贬低归纳，或者推崇归纳而贬低演绎，由此形成了演绎主义和归纳主义。

## 二、归纳主义与演绎主义

方法论上的归纳主义派别又称全归纳派，其基本主张是归纳万能、归纳是唯一正确的认识方法，而演绎则是不中用的。这一派的主要代表人物穆勒甚至认为，有了他的求因果联系的五种方法以后，人的智慧已很少有发挥的余地了，用他的归纳法发现因果联系就像用直尺能划出直线一样那么容易，他的归纳法把人的智力拉平了。在归纳主义者眼中，经验自然科学是科学的典范，而经验科学只需要观察、实验和归纳方法，演绎在经验科学中是没有地位的。归纳法就像一部机器，只要把观察材料放在"归纳机器"中，就可以制造出科学理论。

归纳主义者认为归纳是万能的主要是依据两点：第一，他们认为归纳原理是可靠的。归纳原理是说，如果在各种各样的条件下，观察过大量的 $S$ 类对象，所有这些被观察到的 $S$ 都毫无例外地具有 $P$ 性质，那么，可以断定，所有 $S$ 类对象都有 $P$ 性质。第二，归纳可以提供新知识。这是归纳主义最为夸耀的一点。

然而，归纳方法并非没有困难和问题。17 世纪英国经验论哲学家大卫·休谟率先对归纳的合理性提出了责难。逻辑史上把休谟的责难称为"归纳问题"或"休谟问题"，后来，归纳问题已被用来泛指所有对归纳合理性的责难。休谟的责难在于：过去的经验何以能推广到未来？从一组单称陈述中何以能过渡到全称陈述？过去吃的面包是有营养的，会不会有一天吃了面包就中毒呢？过去太阳每天都升起，会不会有一天太阳不再升起呢？显然，休谟的责难直接指向了归纳原理。

面对休谟的挑战，归纳主义者试图对归纳原理做出证明。可是，归纳原理无论在逻辑上还是在经验上都不能得到证明。

从逻辑上看，归纳的前提并不蕴涵结论，就是说，以过去的经验推论未来，从个别的单称陈述推论全称陈述是没有逻辑必然性的。在时间 $T$ 以前观察到的 $S$ 都具有 $P$ 性质，并不能保证在时间 $T$ 以后观察到的 $S$ 也都具有 $P$ 性质。

从经验上看，似乎在许多场合里多次运用归纳原理都获得成功，足以证明归纳原理的有效性和合理性。但是，从经验上证明归纳只能陷入循环论证，因为这时"我们用来想证明归纳法的正确性的推论本身就是一个归纳推论"[①]。即：

在 $x_1$ 场合运用归纳原理是有效的，

在 $x_2$ 场合运用归纳原理是有效的，

在 $x_3$ 场合运用归纳原理是有效的，

…………

在 $x_n$ 场合运用归纳原理是有效的。

---

所以，在任何场合运用归纳原理都是有效的。

---

① 莱辛巴赫：《科学哲学的兴起》，商务印书馆 1983 年版，第 72 页。

可见，以归纳原理在若干场合的有效运用为证据同样不能证明归纳是普遍有效的。

在这种情况下，一些逻辑学家开始考虑修改归纳原理。穆勒提出自然过程的齐一性原则的预设，认为自然界中存在着像平行的事例这一类事情，"过去曾经发生的，在具有足够类似程度的条件下，将再次发生；并且不仅再次发生，将经常随相同条件的出现而发生"①。可是，这个"自然齐一"的原则意味着同类对象由同样性质、同样原因引起同样结果，它仍然是个全称命题，要对它进行证明仍要诉诸归纳。即使作为假设，问题也还是得不到解决。

罗素也感到归纳原理的传统表述难以成立，他提出了这样一个归纳原则："（甲）如果发现某一种事物甲和另一种事物乙是相联系在一起的，而且从未发现它们分离开过，那么甲和乙相联系的事例次数越多，则在新事例中，（已知其中有一项存在时）它们相联系的或然性也便愈大。（乙）在同样情况下，相联系的事例其数目如果足够多，便会使一项新联系的或然性几乎接近必然性，而且会使它无止境地接近于必然性。"② 罗素的归纳原则也是"自然齐一性"的，因而也不能解决归纳问题。引人注目的是他把"或然性"概念引入了归纳原则之中。

与罗素把或然性概念引入归纳原则的做法相类似的是对归纳原理给予概率形式的修改。根据这种修改，传统归纳原理被代之以如下的表述："如果大量的 $S$ 在各种条件下被观察到，又如果所有这些观察到的 $S$ 无例外地具有 $P$ 性质，那末，所有 $S$ 很可能具有 $P$ 性质。"把或然性概念或概率引入归纳原理，看上去是避免了归纳没有必然性的困难，可是，重新的表述仍然是一个全称命题，对它的证明面临着对传统归纳原理的证明同样的困难，正所谓前门驱狼后门入虎。而且，对"或然性"的定量描述又是个难题，这一问题不解决，归纳的合理性就依然是个疑问。

用概率形式改造归纳原理是一种"弱化结论"的做法，即把归纳的结论说成概率。还有一种挽救方案是主张"强化前提"。所谓强化前提是指，在归纳的前提中附加一个条件，即，观察到的 $S$ 所具有的性质 $P$ 是本质属性。如果 $P$ 是本质属性，那么任何 $S$ 具有性质 $P$ 就不会有例外。但问题在

---

① 转引自江天骥《归纳逻辑导论》，湖南人民出版社1987年版，第95页。
② 罗素：《哲学问题》，商务印书馆1959年版，第45页。

于，$P$ 是本质从何知道，靠预设显然是不行的。$P$ 是所有 $S$ 都具有的本质属性也要通过归纳才能获得。于是困难依然如故。

对于归纳，卡尔·波普采取了一种极端的立场，根本否认了归纳与科学的联系。他试图确认科学可以不基于归纳、不包含归纳。如果真能这样确认，归纳问题当然可以避免。但是，说科学可以不包含归纳是无法成立的。

与归纳主义针锋相对，演绎主义认为演绎是万能的、是唯一有效的方法。演绎主义又称全演绎派，在这一派的眼中，数学是科学的典范，而数学不需要经验和归纳。在数学中，只要有少数几条公理和推导规则就可以推导出一系列定理，从而构成理论系统，在这里没有归纳的地位。演绎主义从归纳的局限性中得出了归纳应予排斥的结论。在他们看来，既然归纳原理千疮百孔，其结论如此不可靠，那么归纳能推出新知识云云也就没有意义了。

演绎主义认为演绎万能主要是依据两点：第一，公理化方法等演绎方法是严密的、无可挑剔的。第二，演绎的前提蕴涵结论，推导出的知识是必然的、可靠的。这一点是演绎主义最为夸耀的。

然而，归纳有归纳的困难，演绎也有演绎的问题。恰恰是在演绎主义最为得意的方面暴露了演绎的局限性。

首先，演绎所依据的一般原理、原则它自身不能提供，特别是这些一般原理的真实性没有保证。因为演绎的前提来自归纳，而归纳的结论可能是假的。

其次，公理系统并不是完美无缺的。美籍奥地利数理逻辑学家哥德尔1931年发表了一篇重要论文——《论数学原理和有关系统的形式不可判定命题》，文章证明了一条著名的、后来以他的名字命名的不完全性定理。哥德尔不完全性定理说："在包含初等数论的一致的形式系统中，存在着一个不可判定命题，该命题本身和它的否定命题都不是这个系统的定理。"该定理还有一个系定理，即"一个包含数论的形式系统的一致性，在系统内是不可证明的"。哥德尔不完全性定理对递归论的产生和发展有重大影响，它标志着现代逻辑朝形式化方向发展的高峰，是逻辑发展史上的一个里程碑。但这个定理同时也告诉我们，如果形式数论系统是无矛盾的，那么它就是不完全的，形式系统的无矛盾性的证明不可能在形式数论系统中实现。本来，无矛盾性和完备性是公理化系统必须遵循的原则，而哥德尔不完全性定理的证明却使公理化系统捉襟见肘了。这表明形式化方法并不是万能的,演绎方法存在着固有的局限性。正如哥德尔本人所说的那样:"众所周知,数学朝着更为精确的方向发展,已经导致大部分数学分支的形式化,以致人们只用少数几个机械的规则就能证明任何定理。迄今已建立起来的最完整的形式系统,一个是数学原理,另一个是策梅罗-弗兰克尔集合论系统。这两个系统是如此的全面,以致今天在数学中使用的所有证明方法都在其中形式化了,也就是说,都可以归纳为少数几条公理和推演规则。因此人们可能猜测这些公理和推理规则足以决定这些形式系统能加以表达的任何数学问题。下面将证明情况并非如此。相反,在刚才提及的两个系统中,存在着相当简单的、根据公理却不可判定的问题。并且,这种情况绝非刚才说到的系统的特殊性质,对更广泛的系统来说,也是成立的。"①

上述分析表明,无论是归纳还是演绎都不是万能的方法,归纳主义和演绎主义把它们割裂开来,完全对立起来,都犯了形而上学片面性的错误。实际上,归纳与演绎是相互联系、相互补充的,只有把它们结合起来考察才能真正理解它们在认识中的地位和作用。对此,恩格斯做了科学的说明:"归纳和演绎,正如分析和综合一样,是必然相互联系着的。不应当牺牲一个而把另一个捧到天上去,应当把每一个都用到该用的地方,而要做到这一点,就只有注意它们的相互联系,它们的相互补充。"②

## 第二节  归纳-演绎方法的根据

把归纳和演绎结合起来,构成归纳-演绎这一辩证思维的方法,是以归纳与演绎的辩证关系为客观根据的。归纳与演绎客观上存在着相互补充、相互渗透的联系。

---

① 转引自朱水林《形式化:现代逻辑的发展》,人民出版社1987年版,第152-153页。
② 《马克思恩格斯选集》第3卷,人民出版社1972年版,第548页。

## 一、归纳与演绎相互补充

归纳需要演绎补充。归纳之所以必须以演绎补充自己主要在于：

第一，归纳的先决条件是通过观察和实验获得经验事实，观察和实验实际上是归纳活动的一部分。而观察和实验具有目的性和方向性，从而归纳的目的性和方向性是由演绎规定的。就是说，观察什么、为什么要观察、如何观察都不是无目的的，而是带着问题、在一定的理论知识指导下、根据一定的一般原理或原则进行的。用现在已被普遍接受的观点说就是，观察中渗透着理论。朴素归纳主义以为观察是完全中立、不受理论污染的，实际的观察活动并非如此。赫兹在1888年进行的电学实验，使他首次发现无线电波，假如他在观察中果然不受任何理论的"干扰"，完全没有"偏见"，他就应该不仅记录各种仪表上的读数、电路的各种量度等与课题相关的材料，而且应该记录仪表的颜色、他所穿鞋子的大小、实验室的面积等许多无关的细节。赫兹当然不是那样漫无边际地进行观察，他只选择那些相关的事实予以观察，因为他观察和实验的目的是检验麦克斯韦的电磁理论，是在这一理论指导下进行观察和实验的。而以一般原理指导和规定观察和实验的活动，是运用演绎方法进行演绎的过程。又如，达尔文在远洋航海中搜集了大量的关于动植物品种演变的资料，通过归纳研究提出了物种起源理论。他之所以不是盲目地而是目的明确地搜集动植物品种演变的资料，并且选择与研究问题有关的经验事实进行归纳概括，是由于他的观察、归纳活动受着一定理论的支配。赖尔的地质演化学说指出："地球表面的一切条件都是历史地逐渐改变的，并非从来如此。"根据赖尔的地质演化学说，达尔文提出了"生物的物种也是历史地逐渐地改变的"假说。正是在这一理论的指导下，达尔文才能目的明确地进行观察和搜集材料，卓有成效地对经验事实做出归纳概括。在这里，达尔文是从他物种演变的假说中推导出动植物品种演变的，那些动植物品种演变的经验事实是作为他的假说的推断被预言的。这显然是运用演绎方法进行演绎推断的过程。

第二，从归纳概括中所得到的一般性知识，即使它被确证，也还是较低层次的理论知识。就是说，归纳的结论所提供的是经验性定律。经验定律只能说明事物"是什么"，只传达出事物"具有"某种普遍性质的信息，对于事物"为什么"会如此这般、是什么原因使事物具有这样或那样的普遍性质，经验定律并不能回答。只有运用高层原理定律对经验定律做出说明和解释，才能弄清楚事物如此这般的原因。而运用高层理论对经验定律从而对经验事实进行科学解释，是一个运用演绎方法的过程。这里表明了，归纳本身不能揭示其结论的性质和意义，必须借助演绎。例如，在英国工业城市曼彻斯特附近捕捉到的一种飞蛾，大多数是黑色的。但是，在非工业区捕捉到的同类飞蛾却多为白色的。据此，人们运用归纳法概括出一个结论："在工业区生活的飞蛾都是黑色的。"为什么会这样？原因何在？为了回答这一问题，有人运用差异法进行分析，认为工业区的飞蛾之所以是黑色的，是因为煤烟把它们的翅膀弄脏了。可是，调查的结果表明，飞蛾并不是受到煤烟的污染，而是本来就呈黑色。后来，人们运用"适者生存"法则和"基因突变"原理对此做出了科学解释："在煤烟多的工业地区，房屋、树木都是黑色的，黑飞蛾落在这些物体上，比白飞蛾不易为鸟类等外来敌人所发现。因此，白飞蛾容易被捕捉，而黑飞蛾则幸存下来。相反，在非工业地区，白飞蛾落在为白色苔藓等所覆盖的树干上，也同样不易被发现，便于生存下来。在白飞蛾容易生存的非工业区，尽管因某种原因而发生黑色变种，也会被灭绝。但当这个地区工业发展后，黑色变种却生存下来，而白色飞蛾倒反容易绝种。这就是能适应环境者得以生存下来，即'适者生存'原理的一例。这样，随着环境的变化而不断地发生着演变，也就成为另一品种的进化过程。"①

这里还须指出，由于归纳的结论超出了前提的断定范围，因而其结论是有疑问的，只有经过确证，才能成为被人们接受的经验定律，而上述演绎解释的过程，也就包含着对归纳结论的论证。

第三，归纳需要演绎补充，还在于归纳所依据的经验总是不完备、不精确的，必须由演绎来弥补经验的不足。人们的经验来自实践，实践本身是一个不断发展的过程。在不同的历史阶段，在不同的科学技术水平条件下，实践活动的深度和广度都是历史地确定的，人们只能在他所处时代的背景下进行实践，因而实践能力和成果是有限度的，所获得的经验认识也就总是不完备、不精确的。这也给归纳带来了局限性，要求演绎给以补充。在这里，演绎对归纳予以补充是指：通过演绎使观察材料精确化并且对尚未观察到的经验事实做出推断，以充实归纳的根据。例如，门捷列夫

---

① 参见田中实《科学之谜》，科学普及出版社1980年版，第53页。

通过对化学元素的属性具有重复性的事实进行归纳概括，得出了周期律，确定元素的性质随着它们的原子量以周期性方式变化着。但是，当时尚有一些元素未被发现，元素周期表上还留有空白，门捷列夫依据周期律进行演绎，对那些尚没发现的元素做出了预言，并在元素周期表的相应空白处给它们留出了位置。同时，通过演绎还纠正了以往观察中对一些元素的原子量的测量错误。

恩格斯曾经指出："我们用世界上一切归纳法都永远不能把归纳过程弄清楚。只有对这个过程的分析才能做到这一点。"[①] 归纳需要演绎补充正是说的这个道理。

现在再看演绎如何也需要归纳补充。演绎需要归纳予以补充主要在于两个方面：一方面，正如前已指出的那样，演绎不能为自己提供作为演绎依据的一般原理和原则。按照唯物主义观点，一般原理不是先验存在的，只能从经验中概括猜测出来，这就必须借助归纳的方法。另一方面，由于归纳的结论是或然性的，因而从归纳中得到的一般性知识的真实性还有待验证，演绎本身不能解决这个问题，而必须从一般性知识中推导出一系列经验事实，通过对经验事实的检验，反过来确证一般性知识。而对演绎的推断进行检验，离不开归纳。

二、归纳与演绎相互渗透

归纳与演绎不仅是互补的，而且每一方都渗透于对方之中。互相渗透进一步表明归纳和演绎是必然地联系在一起的。它们之间的互相渗透可以从下列方面去理解：

从演绎和归纳方法的模式上看，它们是相互渗透的。归纳方法有各种模式，其共同特征是从个别到一般。但是，无论哪一种归纳模式都必然有一种普遍原理寓于其中，恩格斯甚至因此说归纳也是从普遍开始的。[②] 以穆勒的求因果联系的归纳方法来说，是依赖于"普遍因果关系"原理的。这条原理指出，每一种现象都是无条件地由某种先行情况所引起的，即是说，任何一种现象都有产生它的原因。我们以差异法的模式为例做一分析：

---

① 《马克思恩格斯选集》第 3 卷，人民出版社 1972 年版，第 548 页。
② 参见恩格斯《自然辩证法》，人民出版社 1971 年版，第 205 页，注释 177 条。

$A$, $B$, $C$ —— $a$
$B$, $C$ —— $a$ 不出现
———————————————

所以，$A$ 是 $a$ 的原因

这个差异法模式包含着这样一个原则：对差异法来说，任何一个不变的先行情况都不能成为被研究对象的原因。这个一般原则实际上是普遍因果原理在差异法中的具体化。它意味着，$a$ 必有一个原因，在先行情况中，或 $A$ 或 $B$ 或 $C$ 是 $a$ 的原因，$B$ 和 $C$ 不是 $a$ 的原因，所以 $A$ 是 $a$ 的原因。

考察一下回溯法的特征，可以从另一角度体会到归纳与演绎的相互渗透。前面已经说过，回溯法是皮尔士和汉森提出和表述的，回溯法的提出与亚里士多德关于不确定论式的论述有关。亚里士多德是在《前分析篇》第二卷"丙：类似三段论的论证"中讨论不确定论式的。所谓不确定论式，是指其中第一名词清楚地属于中词，而中词与最后一个名词的关系为不确定的（比起结论来是同等地不确定或更加盖然的）论证。……例如，假定 $A$ 代表能被传授的事情，$B$ 代表知识，$C$ 代表公正。知识之能被传授，是很清楚的；但美德是否即知识，是不确定的。如果 $BC$ 这一陈述比起 $AC$ 是同等或更加盖然的，我们便得到了一个不确定论式。因为我们更加接近知识：我们采用了一个新名词。[①] 把亚里士多德的这个例子写出来是这样的：

$A$　表示能被传授的事情
$B$　表示知识
$C$　表示公正（一种美德）

$B$ 是 $A$
$C$ 是 $B$ （$BC$）
———————————————
$C$ 是 $A$ （$AC$）

---

① 参见亚里士多德《工具论》，广东人民出版社 1984 年版，第 144 页。

*知识是能被传授的，*
*美德是知识，*

---

*美德是能被传授的。*

从形式上看这是三段论第一格 AAA 式，但是，由于"美德是否即知识是不确定的"（即小词与中词的联系是不确定的），结论也不能确定。因而，亚里士多德把它称为不确定论式，归之于类似三段论的论证。显然，如果能假定"美德是知识"，就有理由推出"美德是能被传授的"，或者说，假定了"美德是知识"，那么"美德是能被传授的"就可以得到解释。皮尔士和汉森正是从这种精神中受到启发，提出了作为发现模式的回溯法，即：

*$E$ 被观察到；*
*如果 $H$ 为真，则 $E$ 理所当然可得到说明；*

---

*所以，有理由认为 $H$ 真。*

现在可以讨论回溯法的特征了，从它的来源及它的模式可以看出，它不是归纳的，因为"这里 $H$ 的内容并不来自 $E$ 的内容逐渐增加的任何保险统计"；同时它也不是演绎的，因为"它们也不是完全'想象为'$E$ 的内容可以从它们中间推演出来"。① 就是说，运用回溯法提出 $H$，不在于 $E$ 的数量的增加，因而它不是归纳的方法；同时，$E$ 不是由 $H$ 直接推断的，因而它也不是演绎法。但是也可以这样说，用 $H$ 去解释和说明 $E$，是演绎过程；根据 $E$（经验事实）提出 $H$，又包含着归纳，因而它既有演绎因素又有归纳因素，是演绎与归纳相互渗透的。

---

① 参见张巨青主编《科学理论的发现、验证与发展》，湖南人民出版社 1986 年版，第 317 页。

## 第三节　运用归纳–演绎方法的合理性原则

如何运用归纳与演绎相结合的方法才是合理的、有效的？大致可以概括为三个方面。

第一，必须在归纳的基础上进行演绎、在演绎的指导下进行归纳。这一原则是归纳与演绎辩证联系的必然引申，也是总结归纳主义和演绎主义失足的教训得出的必然结论。这一原则，不能简单地理解为归纳与演绎的交替使用，而是指在归纳与演绎的互相补充和渗透中把它们结合起来。归纳与演绎交替运用，从连续性上说也是一种结合，但还只是一种知性的结合，因为它本质上仍然是运用归纳时就是运用归纳，运用演绎时就是运用演绎。例如，R.麦克劳林在批评把发现与证明相分离的观点，阐述他的创造与判定（他用创造与判定分别代替发现和证明）不可分离的思想时，就把归纳和演绎在连续性的基础上统一起来了。如果用"$E$"表示经验证据，用"$H$"表示假说，用"$H'$"表示经过检验得到支持的假说，用"$\Rightarrow$"表示归纳支持，用"$\rightarrow$"表示演绎蕴涵，那么麦克劳林的观点可以表示如下：

$$E \Rightarrow H \rightarrow E \Rightarrow H'$$

他把"$E \Rightarrow H$"称为先验评价，这是指初始的、检验之前的支持，把"$E \Rightarrow H'$"称为后验评价，这是指检验后的支持。在这里，经过检验的 $E$ 支持 $H'$ 是不成问题的，这个模式的可贵之处在于也承认检验前的支持，即 $E$ 对 $H$ 的支持。麦克劳林认为，从 $E$ 对于 $H$ 来说，$E$ 固然不足以无误地证实 $H$，但是，$E$ 也不是和 $H$ 的判定一点关系也没有，而是提供了初始的、检验之前的支持。例如，对100只白天鹅的观察产生出假说"所有天鹅都是白的"（$H$），这些观察事实就对 $H$ 提供了某种初始的、检验之前的支持，它们赋予 $H$ 一个似真度，如果这个初始的似真值足够高，$H$ 的判定将进入检验阶段，否则 $H$ 将因为不值得进一步判定而被抛弃。[1] 现在我们

---

[1] 参见张巨青主编《科学理论的发现、验证与发展》，湖南人民出版社1986年版，第344页。

回到麦克劳林的创造与判定相互关系的模式上，看看这个模式表达了归纳和演绎的一种怎样的关系。显然，在这个模式中，"$E \Rightarrow H$"和"$E \Rightarrow H'$"都是归纳过程，都是归纳法的运用，而"$H \rightarrow E$"则是演绎过程，是演绎法的运用。概括地说，这个模式所表明的是"归纳—演绎—归纳"的过程，即先由观察事实归纳出假说，然后从假说推导出新的经验事实，继而以经过检验的新事实归纳确证 $H'$。不难看出，这个模式虽然把归纳和演绎联系起来，但却是一种相继的运用。可以说这个模式对发现与证明的相辅相成关系做了较好的证明，但没有解决归纳与演绎相结合的问题。我们所说的归纳与演绎相结合，指的是上一节所论述过的两者互相补充和渗透，而不简单地指这种相继运用。

第二，必须根据矛盾的普遍性和特殊性的辩证关系运用归纳－演绎方法。归纳是从个别到一般，演绎是从一般到个别，因此，归纳与演绎相结合的方法是以个别和一般这对范畴的对立统一关系为客观基础的，是与矛盾的特殊性和普遍性的关系联系在一起的。这样，运用归纳演绎相结合的方法，必须从分析矛盾的普遍性和特殊性入手，既要科学地把握事物的普遍性，又要准确地把握事物的特殊性。如此，才能在思维中正确地进行从个别到一般、又从一般到个别的推论。在这个方面，毛泽东同志在《中国革命战争的战略问题》一书中提供了一个典范。他在书中写道："我们现在是从事战争，我们的战争是革命战争，我们的革命战争是在中国这个半殖民地的半封建的国度里进行的。因此，我们不但要研究一般战争的规律，还要研究特殊的革命战争的规律，还要研究更加特殊的中国革命战争的规律。"① 这就是说，要正确认识当时的中国革命战争这一事物，就要在运用战争和革命战争的一般规律指导特殊的中国革命战争过程中，对中国革命战争的具体实践做出总结，从中概括出战争和革命战争的一般规律。个别与一般相结合、归纳和演绎相结合，被毛泽东同志自觉娴熟地运用，在这里得到了典型的体现。

第三，必须把实践引入归纳与演绎相结合的方法中。辩证思维的每一种方法都是以实践活动为基础的，并且，实践作为一个因素对归纳与演绎相结合的方法有着特殊的意义和作用。这是由于：①作为归纳依据的经验事实是在观察和实验的实践活动中获得并检验的。②归纳的结论的真实性

---

① 《毛泽东选集》第1卷，人民出版社1951年版，第155页。

是有疑问的,因而归纳为演绎所提供的前提的真实性也是未决的,归纳本身不能解决其结论的真实性,演绎本身也不能解决其前提的真实性,它们都只有经过实践的证实,真实性才能确定。③运用归纳和演绎发现和证明假说时,必须经过一个环节,即一个假说提出以后,应能推导出一系列经验事实(检验蕴涵),对这些事实的检验关系到假说能否确证,而对这些事实的检验也是通过实践来完成的。④对一些观察陈述和科学定律并非不能运用逻辑去证明,有时由于实践条件所限,还暂时只能进行逻辑证明,但逻辑证明代替不了实践检验,对于真理的证明最后还是要由实践来解决。概言之,归纳有归纳的问题,演绎有演绎的问题,它们的局限性通过两者的结合可以得到逻辑上的克服,但是,真正能克服归纳和演绎局限性的还是实践。

实践对于归纳问题和演绎问题,是在实践的历史发展过程中予以解决的,这是一个不间断的、无止境的过程。归纳与演绎也是在认识的历史发展中相互结合的。只有把实践引入这一方法之中,我们才能正确地认识到,归纳与演绎相结合是在运动中相互补充,这种方法是一种动态思维的方法。

# 第九章

## 逻辑-历史方法

### 第一节 逻辑与历史概述

逻辑方法与历史方法相结合，构成了又一种辩证思维的方法。要把握这种方法，首先要对逻辑和历史的含义、逻辑和历史相结合方法的思想来源，以及逻辑主义和历史主义对待逻辑和历史的态度做一些说明。

一、逻辑、历史的含义

逻辑和历史这对范畴有几种不同的含义。逻辑，既指逻辑的东西又指逻辑的方法；历史，既指历史的东西又指历史的方法。

**1. 什么是逻辑的东西和历史的东西**

首先，历史的东西是指对象自身的发展历史，即对象客观的自然历史进程。这种历史的东西是客观辩证法，是自在之物，我们称之为"对象史"。相对于这种历史的东西而言，逻辑的东西是指反映对象历史发展的理论。例如，生物这类客观对象的起源、演变和发展是历史的东西，关于生物历史发展的理论是逻辑的东西。在这里，逻辑的东西和历史的东西是主体与客体、主观与客观的关系，历史的东西是第一性的，逻辑的东西是第二性的。

其次，历史的东西也指人类认识的历史发展过程，即"认识史"。相对于这种历史的东西而言，逻辑的东西是指认识史的总结，其具体形态是范畴体系和思维规律。认识史通常是指全部科学史和思想史，但是狭义地说，各门科学的学科史也可叫认识史。相对于全部科学史和思想史来说，逻辑的东西是指哲学范畴体系和最一般的思维规律；相对于具体的学科史来说，逻辑的东西是指各门科学的范畴体系和具体思维规律。例如，生物

第九章 逻辑－历史方法

学史是学科史，生物学理论是对它的总结，前者是历史的东西，后者是逻辑的东西。在这里，历史的东西和逻辑的东西都是在思维领域之内的，不存在第一性、第二性的问题。在思维领域中历史的东西和逻辑的东西是一种类似于现象和本质那样的关系，认识史对于思维规律来说是现象，思维规律是人类认识历史发展过程的本质。

明确了逻辑的东西和历史的东西的含义，我们再来考察它们之间的联系，它们的联系可以主要概括为两点。

第一，逻辑是"修正过"的历史的东西。恩格斯就此说过下面的话："历史从哪里开始，思想进程也应当从哪里开始，而思想进程的进一步发展不过是历史进程在抽象的、理论上前后一贯的形式上的反映；这种反映是经过修正的，然而是按照现实的历史过程本身的规律修正的。"① 逻辑的东西是历史的东西的反映，因而逻辑与历史具有一致性。但是，逻辑的东西并不是历史的东西的简单复制，而是以理论形态反映历史的发展规律、反映历史发展过程的必然性。对象的历史发展是十分复杂的过程，其中包含许多细节和偶然因素，甚至会发生偏离和倒退。历史发展的规律性、历史过程的必然性不是以纯粹形态表现出来的，而是通过大量的偶然性为自己开辟道路的。必须排除无关的细节，撇开偶然性，才能发现历史的客观规律。在这方面，逻辑的东西发挥了它的特有的功能，得以在纯粹形态上再现历史的进程。逻辑的东西既然撇开了历史发展过程中的细节和偶然因素，它也就对历史的东西进行了修正。正是在这个意义上，恩格斯说逻辑的东西是修正过的历史的东西。逻辑是按照历史过程本身的规律对历史进行修正的，修正是一种合理重建，不是对历史的背离和歪曲，经过修正，逻辑的东西实质上更深刻地反映着历史过程。

第二，逻辑是认识史的总计。当我们说逻辑是对历史的修正时，是不必区分"对象史"和"认识史"的，就是说，从逻辑的东西是修正过的历史的东西这方面考察逻辑与历史的关系，逻辑对于对象史和认识史都有修正与被修正的关系。但是，逻辑与认识史之间还有一层另外的关系，即逻辑是认识史的总计、总和、总结。

关于逻辑是认识史的总计，黑格尔有许多论述，列宁在《哲学笔记》中特别摘录了黑格尔的这样一段话："我认为哲学体系在历史中的次序同

---

① 《马克思恩格斯选集》第2卷，人民出版社1972年版，第122页。

· 177 ·

观念的逻辑规定在推演中的次序是一样的。我认为，如果从出现在哲学史中的各个体系的基本概念身上清除掉属于其外在形式、属于其局部应用范围等等的东西，那末就会得出观念自身在其逻辑概念中的规定的不同阶段……反过来，如果单就逻辑的发展来说，那末在它里面也可以看出历史现象在其主要环节上的发展进程。"① 黑格尔这里讲的"观念"是指他的"绝对概念"，但是，拨开这一层唯心主义的帷幕，确实可以体会到这段话深刻表达了逻辑是认识史总计的思想。

人类认识史经历了一个个发展环节和阶段，在认识史的每一个环节、每一个阶段，都会形成相应的概念、范畴和理论，它们记录着认识史各个环节、各个阶段的水平和成果；认识史各个环节、各个阶段的联系也反映在一系列的概念、范畴和理论的联系中，因而，逻辑总体成为整个人类认识史的总计、总和。虽说是总计、总和，但并不包括认识史的细节和偶然因素，逻辑的东西是以浓缩的形式概括了认识史的发展规律。例如，"地心说"和"日心说"这两个理论就标志着天文学史发展的两个阶段，而从地心说发展到日心说，又反映了认识从直观到抽象、从简单到复杂、从低级到高级的发展规律。

从逻辑是认识史的总计这一原理中，恩格斯引申出两个重要思想：其一，恩格斯说："在思维的历史中，某种概念或概念关系（肯定和否定，原因和结果，实体和变体）的发展和它在个别辩证论者头脑中的发展的关系，正如某一有机体在古生物学中的发展和它在胚胎学中（或者不如说在历史中和在个别胚胎中）的发展的关系一样。"② 这就是说，个人意识的各个发展阶段可以看作人类的意识在历史上所经历的各个阶段的缩影，他还进一步把两者的关系比作"精神胚胎学"和"精神古生物学"。其二，恩格斯说："在我们的那些由于和人类相处而有比较高度的发展的家畜中间，我们每天都可以观察到一些和小孩的行动具有同等程度的机灵的行动。因为，正如母腹内的人的胚胎发展史，仅仅是我们的动物祖先从虫豸开始的几百万年的肉体发展史的一个缩影一样，孩童的精神发展是我们的动物祖先、至少是比较近的动物祖先的智力发展的一个缩影，只是这个缩

---

① 列宁：《哲学笔记》，人民出版社1974年版，第271－272页。
② 《马克思恩格斯选集》第3卷，人民出版社1972年版，第544页。

影更加简略一些罢了。"① 这就是说，儿童智力发展的各个阶段可以看作人类的意识在历史上所经历的各个阶段的缩影。

为什么个别人思维发展的程序和规律表现着整个人类思维发展的程序和规律性？为什么儿童智力发展的逻辑程序和规律表现着整个人类思维发展的逻辑程序和规律？其根本原因就在于逻辑是认识史的总计。逻辑作为认识史的总计，反映了整个人类的认识历史发展的必然性，个别的人和儿童的认识过程必然遵循着同样的规律，正因为有了逻辑的东西为中介，个别的人和儿童的思维发展规律才与人类认识历史发展的规律相一致，才成为人类认识史的缩影。

**2. 什么是逻辑的方法和历史的方法**

所谓逻辑的方法，是以抽象的逻辑形式在思维中重建对象的历史过程，以揭示对象发展规律的思维方法。恩格斯把这种方法叫作"按照逻辑"的研究方式。这种方法"摆脱了历史的形式以及起扰乱作用的偶然性"，通过对历史进行修正去探寻对象的本质规律。例如，从历史顺序上看，商业资本是先于产业资本的，但是，马克思在《资本论》中却是先考察产业资本然后考察商业资本。马克思认为，从资本主义的经济规律来看，不了解产业资本，就不可能了解商业资本，因为商业资本是产业资本的部分商品资本的转化形式，只有先揭示产业资本的本质，才能说明商业资本。在历史上，资本的原始积累是先于资本积累的，但是，马克思在《资本论》中却是先考察资本积累然后考察资本原始积累。马克思认为，资本的原始积累是资本形成的初始形态，而资本积累则是资本发展的成熟形态，后者是以资本家剥削工人创造的剩余价值为前提的，反映了资本主义的剥削关系，只有先了解事物在成熟形态上的本质，才能更深刻地认识它的初始形态。像这样撇开细节，不严格按照历史顺序，而是依据事物的内部联系研究客观对象的方法就是逻辑的方法。

所谓历史的方法，是通过追踪对象历史发展的自然进程揭示历史发展规律的思维方法。具体地说，它是以某种方式把历史事实组织起来，在思维中建构对象的历史，从而揭示历史规律的方法。恩格斯把这种方法叫作"按照历史"的研究方式。例如，普通化学在阐述其研究对象时，是从化

---

① 《马克思恩格斯选集》第 3 卷，人民出版社 1972 年版，第 517 页。

学元素开始的，然后才转入元素的化合物。而在阐述元素时，普通化学所遵循的又是门捷列夫的元素周期表。元素周期表本身又是从最简单的氢元素开始的，末尾则是最复杂的铀后元素。

从肖莱马开始，有机化学首先叙述的是最简单的有机化合物——碳氢化合物。而在碳氢化合物中又是从最简单的脂肪族化合物开始的。然后再经过一些特殊的有机化学反应，使碳氢化合物转化为它的衍生物。这种转化也是由一系列环节构成的过程，即从最简单、最低级的衍生物向越来越复杂、越来越高级的衍生物，直至向生物大分子转化的过程。而生物大分子则超出了化学本身的发展过程，从而使该过程进入了产生生命现象的领域。

在生物学中，系统地叙述动植物界也是如此。它是从最简单的单细胞生物开始的，然后从这些最简单的有机体开始持续不断地向越来越复杂的有机体发展，一直到从最高等的灵长类动物演化成人。由于人的出现，生物的进化越出了自然界自身的范围而进入了社会历史的领域。

可以看出，上述这些体系正是运用历史的方法，相应地研究对象的实际发展过程而建立的。

在这里，有必要对逻辑的方法和历史的方法再做一些说明。第一，这里所说的逻辑的方法是具有上述特定含义的一种一般的思维方法，它与通常泛指的具体逻辑方法是不一样的。例如，给概念下定义的方法、公理化方法等等，我们也称之为逻辑方法，但是，它们并不是这里所说的逻辑的方法。第二，历史的方法虽然以追踪历史为特征，但它并不是经验主义的描述方法，它也是运用范畴、理论揭示历史规律的思维方法。只不过它特别强调按照历史的顺序，从事物的全部具体性上去揭示历史发展的规律。第三，逻辑的方法和历史的方法都属于科学方法论的范畴，它们是沟通"史"和"论"的桥梁，它们共同的作用是：根据认识史的材料建立科学的理论，从而在思维中再现对象的历史。

辩证逻辑不满足于分别考察逻辑的方法和历史的方法，而是把这两种方法结合在一起作为统一的方法来研究。逻辑与历史相一致、逻辑的方法与历史的方法相结合的思想，最初是来自黑格尔的思想库。但是，黑格尔却把历史归结为逻辑，从而把它们的关系颠倒了。马克思吸收了黑格尔的合理思想，同时对黑格尔逻辑与历史相一致的思想做了改造，使逻辑的方法和历史的方法蜕掉了唯心主义的外壳，并将它们用于实践，特别是用于批判旧的政治经济学，至此，逻辑的方法和历史的方法才在唯物主义基础上结合起来，成为一种科学的思维方法。

二、逻辑主义与历史主义

并不是所有哲学家都像黑格尔那样看到了逻辑的方法与历史的方法的联系，也不是自从马克思主义确立了逻辑与历史相结合的方法之后，人们就普遍接受。时至今日，仍有一些哲学家或强或弱地采取极端的立场，或者关心逻辑的东西、推崇逻辑的方法，或者关心历史的东西、推崇历史的方法，由此，形成了逻辑主义和历史主义两个派别。这种情形主要表现在西方学者对科学哲学的不同研究方式中。

逻辑经验主义、证伪主义（否证论）和科学历史主义是当代科学哲学的三大学派。由于逻辑经验主义以逻辑主义为主要特征，证伪主义实质上可看作是对逻辑经验主义的补充和修改，因而，当代科学哲学可归结为两大类型：逻辑主义和历史主义。逻辑经验主义者和波普学派的哲学家都是逻辑主义者，库恩、拉卡托斯、费耶阿本德等人是历史主义者。

逻辑主义是一种重建主义，它认为科学哲学所研究的是"科学家应该如何做"，它所关心的是科学陈述的逻辑形式、科学定律的逻辑结构、科学说明的逻辑模式、科学推理的逻辑关系，一句话，它所认可的科学模型是与形式、结构联系在一起的，是与内容相脱离的，因而与科学史无关。据此，逻辑主义认为，科学结构的逻辑模型一旦确立，就不再随着具体科学理论和社会文化条件的变化而变化。逻辑主义还主张，据以评价科学理论的普遍有效的合理性标准是存在的，规范的方法论也是可以给出的，但是，这种标准和方法论与科学史、与实际的科学活动无关，那些不符合标准的历史案例和科学家的行为，不能证明标准出了差错，相反倒能证明科学家的行为不合理。

逻辑主义重视科学模型的结构形式，重视规范的方法论和评价科学理论的普遍标准。这是它的一个优点。但是，它否认科学结构的逻辑模型与科学史有联系，认为科学模型和评价标准一经确立就不再变化，这就导致了绝对主义和先验论，割裂了逻辑的东西与历史的东西、逻辑的方法与历史的方法之间的联系。

历史主义是一种建构主义，它认为科学哲学的任务应是"描述科学家如何做"，它与逻辑主义相反，不看重科学的形式，而看重科学的内容，主张研究的重点应放在活生生的具体科学理论上，研究它们如何产生、发展和变化，以及在什么样的社会、文化条件下产生、发展和变化。在历史主义看来，科学的一切都依社会、文化条件的变化而转移，科学的模型应是科学发展的历史模型，科学模型应与实际科学的历史发展相符合，因而不能脱离科学史去研究科学哲学。历史主义者对逻辑主义提出批评说，逻辑主义因其完全离开对历史的考虑，而使科学模型成为与实际科学不相干的东西，导致对科学理论的严重错误的评价。

可以看出，历史主义确实有其合理之处，但是，极端历史主义者却在三个方面走向了相对主义：其一，他们把科学理论的变化强调得过了头，不仅认为具体的科学假说和理论会随着历史的变化而变化，而且认为一些元概念，如定律和逻辑推理的规则也会随着历史的变化而变化。其二，他们否认有普遍有效的评价科学理论的标准，如库恩认为范式不可通约，费耶阿本德认为评价是因人而异的，如果两人对同一个理论做出不同的评价，并不存在一种标准可以据以判定哪一种评价更好。其三，由于他们仅着眼于描述科学实际是如何的，因而使科学哲学丧失了规范性，甚至取消了科学方法论。显然，如果科学的一切都因地因时因人而异，其中丝毫没有共同的东西，当然也就没有方法论可言了。说到底，历史主义是从夸大历史的东西和历史的方法这方面割裂了逻辑与历史的联系。

我们曾援引过恩格斯的一个思想：归纳和演绎，正如分析和综合一样是必然地联系在一起的，不应当贬低其中一个，而把另一个捧到天上去。这一思想对于逻辑的方法和历史的方法同样是适用的。逻辑的方法与历史的方法虽然是对立的方法，但是它们又具有内在的联系，具有相互结合的根据。只有从对立统一中去把握它们，才能正确地认识和运用这两种方法。

## 第二节　逻辑－历史方法的根据

辩证逻辑认为逻辑的方法与历史的方法应该也能够结合在一起，并把逻辑与历史相结合作为一种辩证思维的方法，是有其客观根据的。这里说的根据就是逻辑与历史的辩证关系，具体来说是指逻辑和历史的相互补充和相互渗透。

## 一、逻辑的方法和历史的方法是相互补充的

对此,我们可以通过考察逻辑的方法和历史的方法各自的特点和局限性加以说明。

逻辑的方法具有概括性和抽象性的特点,它通过撇开历史过程中的偶然现象和支流,能够对历史发展进程做出高度的理论概括,并以抽象的、理论上前后一贯的形式反映出历史发展的规律,因而,相比历史的方法,它可以更为直接地触及事物的本质。但是,这种方法又是不完备的,它不能完全充分地从具体历史过程、从全部事实的总和方面考察研究对象,因而在一定场合就可能陷入脱离历史实际的纯逻辑推演。例如,我国民主革命时期出现"左"倾路线的错误,原因之一就在于奉行"左"倾路线的一些人根本不对中国革命的历史和现状作具体调查和研究,仅仅搬用一些马列主义的概念和命题,进行纯粹抽象的逻辑推演,结果得出了不符合中国历史和国情的错误结论。

事实上,逻辑的方法必须由历史的方法来补充。逻辑的方法的运用,离不开历史事实材料,只有在获得大量历史材料的基础上,才能正确地运用逻辑的方法,揭示历史发展的规律。而对对象进行历史的研究,从而获得历史事实材料和研究成果,必须运用历史的方法。运用逻辑的方法进行科学研究,虽然也可以从对象的现状入手,但是,对象的现状是其以往全部历史发展的产物,是对象本身合乎规律的发展的结果,不了解历史,就不能了解现状。即使从现状入手对事物进行逻辑分析,也仍然要借助历史的方法对事物进行历史的考察。

另外,运用逻辑的方法所获得的研究结果和结论,需要运用历史的方法取得历史事实加以印证,这也表明逻辑的方法离不开历史的方法。例如,如果科学史公认牛顿的理论优于亚里士多德的物理理论,爱因斯坦的理论又优于牛顿的理论,而按照某种逻辑的方法所规定的规范评价却得出了相反的结论,那就有理由怀疑逻辑分析的正确性。

再从历史的方法这方面看,它具有追踪、跟随历史的自然进程,尽可能反映全部具体事实的优点,正如恩格斯所说的那样:"这种形式看来有

好处，就是比较明确，因为这正是跟随着现实的发展。"① 但是，历史的方法的缺点与它的优点同样明显，"历史常常是跳跃式地和曲折地前进的，如果必须处处跟随着它，那就势必不仅会注意许多无关紧要的材料，而且会常常打断思想进程"，"会使工作漫无止境"。② 而且，历史发展过程中充斥着许多细节和偶然因素，如果处处追随历史，就势必为细节和偶然因素所困扰。这又是历史的方法的局限性。

历史的方法要弥补自身的不足，必须以逻辑的方法补充。运用逻辑的方法，历史材料才能得到整理，分清其中的主流与支流、本质与非本质、必然与偶然，从而才能把握历史发展的基本线索。

一般地可以这样说，逻辑的方法提供的是必然性，历史的方法提供的是历史感。必然性若离开历史感，只能是纯粹的抽象化和理想化，这样的必然性并不是历史实际发展过程的必然性。而历史感若离开必然性，则只能是偶然事例的简单排列和堆积，这样的历史感并不是历史发展的基本线索和规律。这表明，逻辑的方法若离开历史的方法就是空洞的，历史的方法若离开逻辑的方法就是盲目的。它们客观上是互为前提、互为补充的。

## 二、逻辑的方法与历史的方法是相互渗透的

事实上，逻辑的方法和历史的方法都不可能在不包含对方的状态下存在于思维过程中，不包含历史方法的纯粹的逻辑方法和不包含逻辑方法的纯粹的历史方法都是不存在的，就是说，这两种方法本来就渗透于对方之中。

逻辑的方法以合理重建为特征，它注重规范性，运用逻辑的方法研究事物对象总是对对象的历史做出修正，因而不必与对象的历史完全一致。但是，逻辑是按照历史的规律对历史进行修正的，因而，运用逻辑的方法对历史进行修正的过程中必然渗透着历史的方法，就是说，对历史进行规范性的重建必然渗透着对历史的追踪描述，思想进程与历史进程本质上是一致的。恩格斯对此说得更明确，他在谈到逻辑的研究方式时指出："……实际上这种方式无非是历史的研究方式，不过摆脱了历史的形式以

---

① 《马克思恩格斯选集》第 2 卷，人民出版社 1972 年版，第 122 页。
② 《马克思恩格斯选集》第 2 卷，人民出版社 1972 年版，第 122 页。

及起扰乱作用的偶然性而已。"① 我们知道，马克思曾强调，对于写《资本论》来说，"逻辑的研究方式是唯一适用的方式"，"把经济范畴按它们在历史上起决定作用的先后次序来安排是不行的、错误的"。② 据此，马克思在《资本论》中，先考察资本而后考察历史上在先的地租，先考察产业资本而后考察历史上在先的商业资本，先考察资本积累而后考察历史上在先的资本原始积累，如此等等，都是运用了逻辑的方法。但是，《资本论》的整个体系又是通过分析资本主义生产关系的各个环节，即分析资本主义的生产、流通、分配而展开的，这又是根据资本主义经济活动的实际过程进行的追踪描述。其中，对于资本主义生产的研究，是依商品到货币再到资本的顺序展开的，这又是依据资本主义生产的历史过程进行的追踪描述。根据这些范畴的内在联系安排这些范畴，当然仍然运用的是逻辑的方法，但在其中渗透着历史的方法也是明显可见的。

渗透总是相互的，逻辑的方法中渗透着历史的方法，历史的方法中同样渗透着逻辑的方法。历史的方法是以追踪描述对象的历史进程为特征的，它对全部历史事实予以关心。但是，追踪描述不等于堆积轶事和年表，关心具体历史事实不等于把事实加以简单排列。历史的方法是把历史事实按照某种特定方式组织起来，在对历史进行思维的"建构"中描述历史进程，进而揭示历史的规律。而如何组织历史事实，如何建构即如何"写"对象的历史，是由逻辑的东西和逻辑的方法支配和规范的，在对历史进行追踪描述的过程中，就渗透着逻辑的方法。例如，科学史家在写历史之前，头脑中就已经有了什么是科学（如牛顿理论）、什么是非科学（如占星术）的观点，而确定科学与非科学的标准是科学方法论的任务。科学史家头脑中的逻辑规范不同，就会写出不同的科学史。如果一个科学史家是由归纳主义方法论支配的，他写出的科学史必然以事实的发现和概括为基点，他一定选择这一类历史材料来描述科学史，用这一类案例组成科学史。例如，他会选择波义耳通过对实验数据进行归纳概括发现了波义耳定律、安培通过对有关电流的观察事实进行归纳概括发现了电动力学定律等历史材料。如果一个科学史家是受证伪主义方法论支配的，他写出的科学史必然以理论的发现和证伪为基点，他一定选择那些理论发现和证伪

---

① 《马克思恩格斯选集》第 2 卷，人民出版社 1972 年版，第 122 页。
② 《马克思恩格斯选集》第 2 卷，人民出版社 1972 年版，第 122 页。

的历史材料来描述科学史，用这一类案例组成科学史。虽然科学史家研究和撰写科学史，主要运用的是历史的方法，但是上述分析告诉我们，在运用历史的方法研究科学史的过程中，是逻辑的方法规定着历史材料的选择和组织，决定着科学史家对于科学史的基本看法。这充分表明了在历史的方法中渗透着逻辑的方法。

当然，某一种方法论是无法将全部历史事实都容纳在自己的理论规范之中的。例如，归纳主义方法论虽然可以说明波义耳定律、安培的电动力学定律是通过归纳而发现的，但不能说明凯库勒在半睡眠状态中发现苯分子环状结构的事实。然而，这种情况也同样印证着逻辑和历史相互渗透，它表明，按照一定的逻辑规范撰写科学史，所得到的结论要经受历史事实的检验，如果有些历史材料不能得到说明，就证明那种逻辑方法是有缺欠的，不能全面地总结科学史，因而也就不能正确地揭示科学史的发展规律。

## 第三节　运用逻辑 - 历史方法的合理性原则

按照逻辑的方法与历史的方法之间所固有的辩证关系，在运用逻辑与历史相结合的方法的合理性方面，可以提出三点基本原则。

第一，运用逻辑与历史相结合的方法，必须以历史为依据，以逻辑为指导。逻辑的东西是历史的东西的合理重建，逻辑只有以历史为依据，才能在思维中重现历史的过程和规律。恩格斯指出："逻辑的发展完全不必限于纯抽象的领域。相反，它需要历史的例证，需要不断接触现实。"① 拿达尔文建立生物进化论来说，如果没有那些表现着生物物种进化的历史例证和现实材料，达尔文的物种进化论和物种进化的序列就建立不起来。逻辑必须以历史为依据，不仅在于逻辑的东西只有在历史的东西的基础上才能够建立，而且还在于逻辑要能够对历史何以会这样而不是那样做出合理说明，必须考虑具体的历史条件。例如，只有依据中国社会历史发展的具体条件，才能说明中国社会的历史为什么会经历漫长的封建社会，而在

---

① 《马克思恩格斯选集》第 2 卷，人民出版社 1972 年版，第 124 页。

资本主义未得到充分发展的情况下却能够跃迁到社会主义社会的历史轨道。

反之,研究和描述历史,又必须以逻辑的东西为指导。运用历史的方法研究对象的历史,需要追随历史发展的具体形式,对重大历史事件和历史人物都要给以考察,如果不以逻辑为指导,就会被历史发展过程中的表面、偶然因素所困扰,无法揭示历史过程的本质和规律。在马克思主义产生之前,历史学中普遍存在脱离逻辑指导的弊病,致使撰写历史长期停留在编年史的水平上,单纯按照历史事件和人物在时间上的先后次序描述历史。这虽然为史学研究积累了大量史料,但不能提供历史发展的清晰线索,不能从理论上说明历史发展的规律。

以逻辑为指导,以历史为依据,也就是要求把历史的描述与理论的分析(即史与论)结合起来。这样,逻辑分析才不至于陷入抽象、空洞的推演,历史的描述才不至于陷入历史资料的堆砌和罗列。

第二,运用逻辑与历史相结合的方法,必须根据历史考察"现在",又依据"现在"考察历史。被研究的对象总是以"现在"形态呈现在人们面前的。但是,要认识对象的现在却不能脱离它的历史。历史学中有一句名言,"用现在不能说明现在",现在要由历史来说明,因为现在是历史的延续,是历史发展的结果,割断现在与过去的联系不能正确地说明现在。列宁就此指出:"为了解决社会科学问题,为了真正获得正确处理这个问题的本领而不被一大堆细节或各种争执意见所迷惑,为了用科学眼光观察这个问题,最可靠、最必需、最重要的就是不要忘记基本的历史联系,考察每个问题都要看某种现象在历史上怎样产生,在发展中经过了哪些主要阶段,并根据它的这种发展去考察这一事物现在是怎样的。"①

另一方面,要认识对象的历史,又必须考察对象的现在,从现在出发进行历史的追溯。因为历史已经成为过去,已经无法直接观察,要认识历史,只能从对象的现在出发,根据搜集到的历史"痕迹"进行推演,对历史进行重建。由于人类掌握了逻辑的方法,由于逻辑与历史相一致,因而根据现在去认识历史是可能的。拿天体演化史的研究来说,恒星的寿命最短的也有几十万到上百万年,最长的达几万亿年。而人们开始观测、研究星星,到现在只有几千年,获得对恒星演化的研究直接有用的资料只有

---

① 《列宁选集》第4卷,人民出版社1972年版,第43页。

100多年的历史。但是，天文学家就是运用这100多年中积累起来的资料勾勒出了天体在几百万、几万万年中的演化史。天文学家之所以从天体的现状能写出天体的历史，原因就在于逻辑与历史是一致的，人们根据现在的情况和资料对历史进行逻辑的重建，在本质上是与历史相吻合的。我国一位著名天文学家指出："研究恒星演化所使用的方法，同19世纪生物学家达尔文研究生物进化时所用的方法是类似的。达尔文通过几十年辛勤的考察、实验、分析，发现现存于地球上的各种类生物，加上留下了化石的各种类古代生物，都是处于不同进化阶段的生物。有许多资料表明，今天我们看到的各种各类恒星也是处于不同演化阶段的。……我们看到的恒星既然有娃娃星、年轻星、中年星、老年星，恒星的一生就清楚了，我们就得到了一套恒星演化的连环画，恒星演化史就可以写出来了。"[①]

从对象的历史认识对象的现在，又从对象的现在认识对象的历史，是运用逻辑与历史相结合方法的一个基本原则。如果割断现在与历史的联系，在考察对象时仅着眼于它的现在或仅着眼于它的历史，那么即使运用了逻辑与历史相结合的方法，也不能完整准确地描述出历史的进程，不能合理地重建历史，从而不能达到揭示历史发展规律的目的。

第三，运用逻辑与历史相结合的方法，应当在完全成熟、具有典型形式的发展点上研究对象。对象完全成熟的典型形态，是对象经过充分发展达到的高级阶段。从逻辑与历史的统一来看，从简单到复杂、从低级到高级的逻辑进程是符合历史发展规律的，为什么又要求从对象的成熟形态上去研究对象呢？这是因为：①对象只有达到成熟形态时才能暴露和显现出基本特征。任何事情都具有丰富多样的特性，但在其原始形态中往往是隐蔽、潜在的，这些特性只是当对象发展到成熟阶段才能表现出来，这时，人们才能对对象的原始形态做清楚全面的分析，从而揭示对象历史发展的内在联系。马克思说："人体解剖对于猴体解剖是一把钥匙。低等动物身上表露的高等动物的征兆，反而只有在高等动物本身已被认识之后才能理解。"[②] 马克思的这一比喻讲的就是上述道理。例如，在认识了资本主义社会以后，人们才对原始社会、奴隶社会、封建社会做出了科学说明，才对整个人类社会历史的发展规律有了科学认识，产生了历史唯物论。因为

---

① 参见戴文赛《天文学和哲学》，中国社会科学出版社1984年版，第42－43页。
② 《马克思恩格斯选集》第2卷，人民出版社1972年版，第108页。

资本主义社会是一个成熟的、具有典型形式的社会形态，通过它可以透视一切已经覆灭的社会形式的结构和生产关系。②只有从对象的成熟形态上研究对象，才能减少偶然因素的干扰，揭示对象的本质。事物从低级状态发展到高级状态，作为矛盾发展的过程来说，是矛盾从潜在到展开的过程。对象达到成熟形态，客观过程才能清楚地暴露出来，矛盾才得到充分展开，这样，人们就容易分清本质和非本质，从而摆脱偶然因素的干扰，对事物矛盾的各个方面的相互关系做出科学说明，从本质上把握所研究的对象。

# 第十章 从抽象上升到具体的方法

## 第一节 抽象与具体概述

从抽象上升到具体的方法涉及"抽象"和"具体"这两个范畴,讲述从抽象上升到具体的方法,首先要考察抽象和具体这对范畴。

一、抽象、具体的含义

抽象和具体,相对于不同的领域而言,有着不同的含义,它们具有客观辩证法的意义,又是认识论和逻辑的范畴。

在客观辩证法的意义之下,所谓"具体"指的是具体的客观事物,所谓"抽象"指的是对象的本质属性。在这里,具体和抽象的关系是对象与对象的属性、现象与本质的关系。列宁说,"自然界既是具体的又是抽象的,既是现象又是本质"①,这段话,就是在客观辩证法的意义上谈论抽象和具体的。

作为认识论的范畴,抽象和具体标志着不同的认识阶段。其中,"具体"有两种指谓,一是指感性的具体,二是指思维的具体;而"抽象"则是指思维的抽象。

感性的具体是人的认识对客观对象的外部整体形象的反映,是感性认识阶段所达到的关于对象的完整表象的认识,因而,感性具体也叫作表象具体,在感性的具体认识中,客观事物的现象与本质、偶然性与必然性、个别性与普遍性还没有分开,因此马克思把感性的具体叫作"混沌的表象"。

思维的具体是人的认识对客观对象多种规定性的统一的反映,是理性

---

① 列宁:《哲学笔记》,人民出版社1974年版,第223页。

认识阶段所达到的关于对象本质联系的认识。因此，马克思称思维的具体是"许多规定的综合""多样性的统一"。

感性的具体是通过知觉、表象把握对象外部的整体联系，思维的具体是通过概念、范畴的体系再现具体的客观对象。感性的具体是被感知的现实，思维的具体是被理解了的现实。

至于思维的抽象，则是反映客观事物某种一般规定性的抽象思想，是知性认识阶段所达到的关于对象的一般属性的认识。在思维的抽象中，客观对象是被分割为一个个方面、一种种属性来把握的，因而思维的抽象也就是抽象的规定。

当我们说思维抽象是抽象的思想或抽象的规定时，是从认识阶段和认识成果上对它做出说明的。在这里，抽象是一种"名词"的东西，可称为"名词的抽象"。抽象还可理解为一种思维的操作活动，在获得大量感性经验材料之后，人们在思维中对感觉材料进行逻辑加工，从中抽象出客观对象的一个个规定性，这种思维活动也叫抽象，不妨称为"动词的抽象"。

我们还可以进一步考虑应当如何进行抽象活动，抽象活动应包括哪些环节，什么样的抽象是合理的、科学的。像这样从规范性上考察抽象时，它就被作为方法来谈论了。

认识过程包括不同的阶段，马克思把认识的运动过程概括为两段行程，即"完整的表象蒸发为抽象的规定"和"抽象的规定在思维行程中导致具体的再现"。我们已经知道，认识运动的第一段行程是从感性的具体达到抽象的规定，第二段行程是从抽象的规定达到思维的具体。马克思的这一概括，表明了作为认识论范畴的抽象与具体之间的关系。

通过以上简要的分析，我们明确了抽象与具体的各种含义。那么，从抽象上升到具体的方法所涉及的是何种意义的抽象和具体呢？对于这种方法来说，抽象是指思维的抽象，即抽象的规定；具体指的是思维的具体，即多种规定的综合。

## 二、抽象和具体的辩证关系

如前所述，抽象和具体的关系可以在不同的意义上考察。由于从抽象上升到具体的方法所涉及的是思维中的抽象和具体，因此，我们只在思维的抽象和思维的具体的意义上讨论抽象和具体的关系。思维的抽象把对象本来联系在一起的属性分割开来，只表示对象的某一方面、某一属性；思维的具体把对象的各种属性综合在一起，它表示对象的多样性的统一，它们之间有着明显的差别和对立。但是，正如其他对偶范畴一样，抽象和具体之间的关系是对立而又统一的。这主要表现在：

第一，抽象与具体的区别是相对的。在思维过程中，标志着认识过程一定阶段和环节的科学范畴，在一定意义上是具体的，在另一种意义上又是抽象的。以马克思的《资本论》为例，其中每一个经济范畴都包含了丰富的内容，因而都是具体的。但是，比较而言，后继的范畴比先行的范畴包含更丰富的内容，因而更具体，而先行的范畴则比后继的范畴抽象。例如，"商品"这一范畴，是使用价值和价值两个对立的规定的综合，因而是具体的。但是，与它的后继范畴"货币"相比较，"商品"范畴是抽象的，"货币"范畴是具体的。因为货币也是商品，它具有商品所具有的一切规定性。但是，它又是特殊的商品，是起着一般等价物作用的商品，它比"商品"范畴包含着更丰富的内容。然而，"货币"范畴对于它的后继范畴"资本"来说，则又是抽象的，"资本"范畴是具体的。因为资本比货币有更丰富的内容，只是带来剩余价值的货币才是资本。

第二，抽象和具体是相互依存、相互联系的。思维的具体是许多抽象规定的综合，必须先获得一系列关于对象的抽象的规定，才能够在思维中进行具体的综合，可见，思维的抽象是思维的具体的基础。反之，思维的抽象又以思维的具体为归宿，抽象的规定如果不上升为思维的具体，就不能克服它固有的片面性和隔离性的缺陷，从而不能把握运动变化着的具体事物。

## 第二节 从抽象上升到具体方法的实质

讨论抽象和具体的含义，目的在于说明从抽象上升到具体的方法。下面，我们就对从抽象上升到具体的方法的特征、从抽象上升到具体的逻辑行程等问题给以考察。

一、什么是从抽象上升到具体的方法

所谓从抽象上升到具体的方法，就是把从对象中抽取出来的各种抽象

# 第十章　从抽象上升到具体的方法

的规定综合起来，形成思维的具体，从而在思维中再现对象整体的思维方法。抽象的规定是由命题加以表述，以概念、范畴的形式固定下来的，因而，各种抽象的规定综合起来所形成的思维的具体，总是表现为范畴体系的形态，所以说，从抽象上升到具体的方法是一种建立科学理论体系的方法。形成了科学理论体系，也就在思维中以理论体系的形式再现了客观对象的全体，使客观对象成为被理解的现实，也即获得了关于客观对象的真理性认识，因此又可以说，从抽象上升到具体的方法是获得真理的方法。例如，牛顿建立经典力学体系就运用了从抽象上升到具体的方法。他从力学现象中抽取出几个基本概念，即质量、动量、惯性和力，以及时间、空间、绝对运动、相对运动等，以这些概念为基础，他提出了三个基本的运动定律，由这三大定律出发，导出了一系列力学的普遍定律，如动量守恒、能量守恒、角动量守恒、万有引力定律、流体静力学及流体动力学。然后，他把这些定律运用于宇宙系统，又推论出重力。可以看出，牛顿建立经典力学体系的过程正是一个由抽象上升到具体的过程。质量、动量、惯性、力这些基本概念，是从力学现象中提取出来的一些抽象的规定，以它们作为出发的范畴，推演出运动三定律，继而又推演出万有引力定律等。在这个推导过程中，抽象的规定逐步上升为思维的具体，运动三定律比质量、动量、惯性、力要具体，因为它们包含着更为丰富的规定。而相对于万有引力定律来说，运动三定律又是抽象的，万有引力定律则是具体的。随着这些范畴和定律的逐步展开，力学现象的各种规定就联结起来，在思维中得到了综合，从而经典力学体系建立起来。经典力学体系概括了地上和天上的所有宏观力学现象，成为这一领域的真理性知识。从具体的逻辑方法上说，牛顿建立经典力学体系运用的是公理化方法。而公理化方法的实质是从抽象上升到具体，可以说，公理化方法是从抽象上升到具体的方法的一种表现形式。公理化方法以少数几个原始概念和原始命题作为出发公理。这些原始概念和命题都是抽象的规定，根据它们推导出的各个层次的定理，是越来越具体的。而当某一公理化系统建成以后，就最终达到了思维的具体。从抽象上升到具体，表现为由相对抽象的范畴推演出相对具体的范畴这样一种过程，这个过程的结果是织成范畴之网，也即建立起范畴体系。范畴体系的建立标志着认识已经达到了思维的具体，意味着客观对象的整体再现于思维中，人们已经获得了关于客观对象的真理。

建立范畴体系的具体逻辑方法不只是公理化方法这一种，还有假说 -

演绎法和模型方法等等。但是，我们可以说，这些方法都是以从抽象上升到具体的方法为原则的，都是从抽象上升到具体的方法的实际运用。公理化方法是从客观现象中抽象出一些原始的概念和命题作为公理，从中推导出一系列定理，从而形成公理化系统。假说－演绎法是为了说明观察到的意外事实，为了解答某一"问题"而猜测地提出假说性命题或理论，这也是一个抽象的过程。所提出的假说将推导出一系列已知事实和未知事实，并对已知的经验定律做出解释。如果经过实践检验，假说得到确证，假说就转化为理论，客观对象的各个方面和各个层次，都在理论体系中得到了统一的说明，思维就由抽象上升到了具体。模型的方法是一种理想化方法，它包括三个基本步骤：①从客体原型中抽象出理想化客体。②对理想化客体进行研究，建立思想模型。③从思想模型过渡到客观原型，即把研究思想模型的结果转移到客观原型上。显而易见，模型方法的三个步骤实际上就是从抽象上升到具体的过程。模型方法与公理化方法和假说－演绎法一样，都是通过从抽象上升到具体的逻辑程序建立起理论体系，从而在思维中再现对象的整体。

从抽象上升到具体的方法，不仅在上述具体逻辑方法中得到实际应用，不仅体现于建立某一个理论体系的过程之中，而且体现于科学理论的发展和理论体系的转换过程中。我们以原子结构模型的转换为例，对此做一简要说明。

1904年，英国物理学家 J. J. 汤姆生提出了被称为"葡萄干蛋糕模型"的原子结构模型。他认为，原子是一个均匀的阳电球，电子对称地嵌在球内，分别以某种频率在各自的平衡位置附近振动，从而发出电磁辐射，辐射的频率就等于电子振动频率。

1911年，曾是汤姆生学生的英国物理学家卢瑟福用 α 粒子散射实验否定了汤姆生的模型。他用高速飞行的 α 粒子做炮弹去轰击原子，发现大多数 α 粒子的偏折角度不大，可是有少数 α 粒子发生了大角度的散射，有的甚至完全折回去了，说明 α 粒子一定是碰到了某种质量大而坚硬的东西。根据汤姆生的模型，这种大角度的散射是根本不应产生的。卢瑟福根据实验的结果，推知原子的正电荷必然集中在很小的核上。于是，他提出了原子有核模型来代替汤姆生的无核模型。他认为，原子的中心有一个带正电的核心，即原子核，它集中了原子的全部正电荷和原子的几乎全部质量，电子则分布在原子核外的空间里绕核运动，仿佛是一个小太阳系。

但是，卢瑟福的太阳-行星原子模型与古典理论发生了尖锐矛盾。首先，根据卢瑟福的模型，电子绕核运动有向心加速度，这样，按照古典理论，电子将自动地辐射，原子的能量将逐渐减少，频率也逐渐改变，因而所发生的光谱将是连续的。但事实上，原子的光谱是不连续的。其次，按照古典理论，原子自动辐射时，由于能量不断减少，电子运动轨道的半径就将逐渐靠近原子核，最后将坠落到原子核上，因此原子应是非常不稳定的。但事实上，原子是一个稳定系统。这种情况一方面说明古典理论有局限性，另一方面也说明卢瑟福的原子结构模型是不完善的。

1913年，丹麦物理学家玻尔把普朗克的量子化概念引进卢瑟福的原子结构模型，提出了原子结构的量子化轨道理论。这一理论以三个基本假设为基础，提出了原子定态、能级、能量跃迁的概念，突破了古典理论的框架，一举解释了热辐射和光谱学的基本定律。

这一段科学史的回顾表明，理论体系的进步和转换也表现为思维从抽象上升到具体的过程，科学家们是遵循着从抽象上升到具体这一思维的一般方法，使理论得到修改和补充的。从抽象上升到具体的过程就一定阶段而言是有始有终的，但从整个认识史上说，则是无止境的上升过程。玻尔的原子结构理论也只是量子力学理论形成和发展的一个里程碑，其后的发展还要充分得多。

在哲学史上，从抽象上升到具体的方法的提出是和黑格尔的名字联系在一起的。黑格尔第一个提出了这种方法并运用这种方法建立了他的《逻辑学》体系。他指出："认识是从内容到内容向前转动的。首先，这种前进是这样规定自身的，即：它从单纯的规定性开始，而后继的总是愈加丰富和愈加具体。因为结果包含它的开端，而开端的过程以新的规定性丰富了结果。普遍的东西构成基础；……普遍的东西在以后规定的每一阶段，都提高了它们以前的全部内容，它不仅没有因它的辩证的前进而丧失什么，丢下什么，而且还带着一切收获和自己一起，使自身更丰富、更密实。"① 然而，黑格尔第一个提出从抽象上升到具体的方法虽然功不可没，但是，他错误地把思维由抽象上升到具体的运动看作是脱离具体事物的纯粹的概念自身的运动。

对此，马克思批评说，在黑格尔哲学中，"范畴的运动表现为现实的生产行为（只可惜它从外界取得一种推动），而世界是这种生产行为的结果"②。这就从根本上指出了黑格尔的从抽象上升到具体的方法论的不足之处。在黑格尔看来，思维从抽象上升到具体的运动，是他的那个"绝对概念"自身由简单到复杂的运动，当认识达到思维的具体时，不是在思维中再现客观对象，而是从"绝对概念"中派生出客观对象。现实的真正关系完全被黑格尔弄颠倒了。思维从抽象上升到具体，诚然是表现为概念、范畴的运动，但是，这种概念、范畴的运动是在对现实事物进行反映的基础上进行的，是对客观事物的直观表象进行逻辑加工的结果，是人脑以特有的方式对客观对象进行认识的过程。从抽象上升到具体的思维运动，绝不是与现实无关的纯思维的运动或概念的自我运动。马克思就此指出："其实，从抽象上升到具体的方法，只是思维用来掌握具体并把它当作一个精神上的具体再现出来的方式。但决不是具体本身的产生过程。"③"具体总体作为思维总体、作为思维具体，事实上是思维的、理解的产物；但是，决不是处于直观和表象之外或驾于其上而思维着的、自我产生着的概念的产物，而是把直观和表象加工成概念这一过程的产物。"④

根据马克思对黑格尔的从抽象上升到具体的方法论的批判，我们还可以得到这样一个结论：从抽象上升到具体的方法，虽然以抽象的规定作为逻辑起点，但是，不能把从抽象到具体的行程与从感性具体到思维抽象的行程割裂开来。抽象的规定来自对客观具体的抽象，如果割裂这两段行程，就会像黑格尔一样，在从抽象上升到具体的道路上"陷入幻觉"。

## 二、从抽象上升到具体的逻辑行程

由抽象上升到具体的方法，表现为从思维的抽象上升到思维的具体的

---

① 黑格尔：《逻辑学》下卷，商务印书馆1976年版，第549页。
② 《马克思恩格斯选集》第2卷，人民出版社1972年版，第104页。
③ 《马克思恩格斯选集》第2卷，人民出版社1972年版，第103页。
④ 《马克思恩格斯选集》第2卷，人民出版社1972年版，第104页。

逻辑行程。这个逻辑行程的实质，是确定每一个范畴在范畴体系中的地位，以及某一范畴与其他范畴是怎样联系着的。每一个科学理论的范畴体系都是由一群特定的范畴构成的，要具体地描述由抽象上升到具体的逻辑行程，就必须解剖某一个理论体系，指出其中一个范畴在体系中的地位，诸范畴是如何展开、怎样相互联系的。例如，解剖《资本论》的逻辑体系或解剖经典力学的体系。但是，从抽象上升到具体的方法是一种普遍的思维方法，辩证逻辑研究从抽象上升到具体的逻辑行程，是着眼于这一逻辑行程的一般模式，它所关心的是这一逻辑行程的几个关键环节，即：从抽象上升到具体的起点、中介、终点和逻辑顺序。因而，我们就从这几个环节入手，考察从抽象上升到具体的逻辑行程。

## 1. 从抽象上升到具体的逻辑起点

如何确定从抽象上升到具体的逻辑起点，是运用这种思维方法的一个至关重要的问题。如果把不适宜作为逻辑起点的东西确定为逻辑起点，就无法展开从抽象上升到具体的逻辑行程，从而不能达到思维的具体，不能建立起科学理论体系。

在这个问题上，首先要划清一个基本的界限，即：从抽象上升到具体只能从抽象的规定出发，不能从实在的具体出发。这是因为，实在的具体是混沌的整体表象，它本身还需要分解，而分解的结果只能得到抽象的规定，却不能直接达到思维的具体，因而把实在的具体作为逻辑起点是不合适的。黑格尔就此说："假如把一个具体物造成开端，那么，被包含在具体物中的各种规定，它们之间的联系所需要的证明，也还是缺少的。"①对此，马克思做了更为具体、深刻的说明。他指出："从实在和具体开始，从现实的前提开始，因而，例如在经济学上从作为全部社会生产行为的基础和主体的人口开始，似乎是正确的。但是，更仔细地考察起来，这是错误的。如果我抛开构成人口的阶级，人口就是一个抽象。如果我不知道这些阶级所依据的因素，如雇佣劳动、资本等等，阶级又是一句空话。而这些因素是以交换、分工、价格等等为前提的。"② 例如，17 世纪资产阶级经济学家总是从生动的整体，从人口、民族、国家等开始，其结果总是从中分析出一些个别的、分散的抽象概念，如分工、价值、货币等等。由于

---

① 黑格尔：《逻辑学》上卷，商务印书馆 1966 年版，第 64 页。
② 《马克思恩格斯选集》第 2 卷，人民出版社 1972 年版，第 102—103 页。

他们错误地把实在的具体作为起点,因而当得到一些抽象的规定以后,就以为到达了研究的终点,于是直接把这些抽象的规定还原于实在的具体,最终不能把握客观对象的多样性的统一。

当然,指出从抽象上升到具体不能以实在的具体作为起点,并不是说从抽象上升到具体可以脱离实在的具体。从整个认识过程来说,仍然要以实在的具体为认识的基础和出发点。但是,从抽象上升到具体是思维的逻辑行程,对于这个行程而言,逻辑起点只能是抽象的规定,不能是实在的具体。

从抽象上升到具体的逻辑起点是抽象的规定,并不意味着任何抽象的规定都能作为逻辑起点。确定逻辑起点也就是寻找多样性统一的基础。那么,什么样的抽象的规定能成为多样性统一的基础,从而可以确定为逻辑起点呢?概括地说,能够作为逻辑起点的抽象的规定,应具备三个基本特征。

第一,从抽象上升到具体的逻辑起点必须是对象最一般的本质规定。就是说,作为逻辑起点的抽象的规定,应在对象领域中具有最大普遍性,渗透在对象的各个方面。例如,地球上已知的动植物体有 200 万种左右,并且还不断发现新的品种。这些动植物体千差万别,它们是不是统一的整体?如果是统一整体,那么,多样性统一的基础又是什么?对此,人们长期找不到答案。到 19 世纪中叶,德国生物学家施莱登和施旺证明了一切动、植物都是由细胞组成的,细胞是动植物体内普遍存在的结构,从而揭示了千差万别的动植物机体在基本构造上的统一性。因此,就细胞形态的生物体而言,以"细胞"作为研究生物体的逻辑起点就是合理的。其他如研究普通化学以"化学元素"作为起点,研究资本主义经济形态以"商品"作为起点,也都符合"最一般的本质规定"这一逻辑要求。如果所选择的起点不是最一般的范畴,不能渗透到对象的各个方面,就无法在思维中再现对象的全体。例如,在 16—18 世纪,由于经典力学取得巨大的成功,使得人们把"力"的概念理解为最一般、最普遍的范畴,不仅用"力"来解释一切物理现象,而且把这个概念推广到其他运动形态和其他领域中,产生了各种力的学说。其实,"力"概念即使在物理学范围内也不能成为多样性统一的基础,用它不能合理地解释微观现象,如电磁现象、光现象等等,它并没有反映一切物理现象最一般的本质规定。

第二,从抽象上升到具体的逻辑起点必须是对象最基本的本质规定。

这是指,作为逻辑起点的抽象的规定,必须是所研究对象的基本单位。或者说,对于特定的研究领域、范围而言,它必须是最后的抽象。所谓最后的抽象是这样一种抽象的规定:它本身不需要对象领域内其他的抽象规定对它加以规定和说明,而它却能够规定和说明其他的抽象规定。对于最后的抽象来说,在它前边再没有先行的范畴。例如,在细胞形态的动植物体领域中,"细胞"是最基本的规定。但是,若以全部生物体、全部生命现象作为研究的领域,"细胞"又不是最后的抽象。现在已经发现一类没有细胞结构但却有遗传、变异、共生、干扰等生命现象的微生物,即病毒。因而,对于全部生物体、全部生命现象而言,必须以由蛋白质和核酸组成的蛋白体作为逻辑起点,才能对细胞结构和非细胞结构的生物体都给以说明。在这个对象领域内,最后的抽象、最基本的本质规定是"蛋白体"。

考察一种抽象的规定是否最基本的本质规定,是否最后的抽象,要特别注意两点:一是只能在特定的对象领域中去考察某一抽象规定是不是最后的抽象。最后的抽象或最基本的单位总是相对于一定的对象领域而言的,并不是漫无边际的。二是要遵守"适度原则"。这是说,既不能把尚有先行范畴的范畴作为逻辑起点,也不能把超出对象领域的抽象规定作为逻辑起点。例如,对于全部生物体这一研究领域来说,不能以"细胞"作为起点,因为它不是最后的抽象,它还有先行的范畴,即"蛋白体"。同时,也不能以构成蛋白体的化学元素作为逻辑起点。化学元素虽然比蛋白体更为抽象,但是,它已经超出了生命现象的范围,已经不是生命现象领域的基本单位了。

第三,从抽象上升到具体的逻辑起点必须包含对象一切矛盾的萌芽。从抽象上升到具体的目的,是要在思维中再现认识对象的整体,把握对象的多样性的统一。多样性的统一实质是矛盾诸方面的统一。在思维中再现对象的整体,实质是再现矛盾的统一体,从抽象上升到具体的过程实际是潜在的矛盾得以展开的过程。因而,作为逻辑起点的抽象的规定,必须潜在地包含对象一切矛盾的胚胎和萌芽,这样,才能在上升过程中把矛盾的各个方面逐步展开,达到思维的具体。马克思在《资本论》中以"商品"作为逻辑起点,就贯彻了这一逻辑要求。资本主义的矛盾是在商品生产与交换的矛盾基础上发展起来的。商品是私人劳动产品,又是通过交换来确定数量的社会劳动产品。两件商品的价值相等,意味着它们包含等量的社会劳动。而社会劳动与同一产品中所包含的私人劳动是有差别的,由于生产者进行生产活动的主客观条件和劳动生产率不同,他们花费同样的时间生产出来的产品所包含的社会劳动量是不同的。因而,在竞争过程中,由于价值规律的作用,小生产必然产生两极分化,有些人成为资本家,有些人成为雇佣劳动者。可见,在私有制条件下,商品生产孕育着资本主义的基本矛盾。马克思就此指出:"……在产品的价值形式中,已经包含着整个资本主义生产形式、资本家和雇佣工人的对立、产业后备军和危机的萌芽。"① 列宁也就此说:"某种商品和其他商品交换的个别行为,作为一种简单的价值形式来说,其中就已经包含着资本主义的尚未展开的一切主要矛盾。"② 马克思建立了《资本论》的科学体系,揭露了资本主义社会的各种矛盾,揭示了现代社会的发展规律,也使政治经济学发生了根本变革。这是与马克思确定"商品"为逻辑起点有直接关系的。

### 2. 从抽象上升到具体的逻辑中介

中介是联系的环节。列宁说:"一切都是经过中介,连成一体。"③ 从抽象上升到具体过程中的中介,是指从逻辑起点到逻辑终点之间的一系列相互联系和转化的范畴。从抽象上升到具体的逻辑中介具有两个特征。

第一,逻辑中介具有抽象和具体的二重性。作为逻辑中介的各个范畴,相对于它的先行范畴来说是具体的,而相对于它的后继范畴来说则是抽象的。

第二,逻辑中介以扬弃的形式保留先行范畴的基本内容。逻辑中介是一系列范畴,这些范畴不是以形而上学的否定形式一个取代另一个,而是每一个后继范畴都以扬弃的形式把先行范畴的基本内容保存下来。例如,在《资本论》中,"货币""资本""剩余价值"是三个相继的逻辑中介,这三个范畴就都是后继者扬弃先行者。"资本"包含着"货币"的基本内容,又具有超出"货币"的思想内容。"剩余价值"则包含着"资本"的基本内容,又具有超出"资本"的思想内容。

正是由于后继范畴总是以扬弃的形式包含着先行的范畴,后继范畴才比先行范畴更具体,具有更丰富的内容;也正是由于后继范畴以扬弃的形式包含着先行的范畴,范畴与范畴之间才具有内在的联系,范畴的转化才

---

① 《马克思恩格斯选集》第3卷,人民出版社1972年版,第349页。
② 列宁:《哲学笔记》,人民出版社1974年版,第190页。
③ 列宁:《哲学笔记》,人民出版社1974年版,第103页。

具有内在的根据，从抽象上升到具体才成为具有逻辑必然性的过程。逻辑中介是联结起点和终点的媒介。逻辑中介之所以能成为媒介，之所以具有媒介作用，其原因也在于此。

**3. 从抽象上升到具体的逻辑终点**

不言而喻，从抽象上升到具体这一逻辑行程的终点是达到了思维的具体。思维的具体是许多规定的综合、多样性的统一；思维的具体表现为科学理论形态，思维的具体是客观对象的整体在思维中的再现，是被理解了的现实。思维的具体所具有的这些特征表明：从抽象上升到具体的逻辑终点具有完备性和真理性。说思维达到了具体，与说形成了具体概念、形成了科学理论体系、获得了具体真理是一个意思。

但是，必须看到，思维的具体实质上是没有终点的，逻辑终点是有条件的、具有相对性的。只是对于某一特定对象领域而言，才能说某一思维过程达到了思维的具体。从更大范围或更高层次上说，原来的思维具体又转化为抽象的规定，原来的逻辑终点又转化为新的逻辑起点，从而在新的发展点上又展开从抽象上升到具体的逻辑行程。

**4. 从抽象上升到具体的逻辑顺序**

从抽象上升到具体遵循着一定的逻辑顺序，不是主观任意确定的。客观事物的联系是复杂的，因而，反映客观事物的各个范畴的联系方式是多样的。但是，概括地说，从抽象上升到具体基本上遵循两种逻辑顺序。

一种逻辑顺序可以叫作"继起式"。继起式的顺序是历时态的。这种逻辑顺序按照客观对象或人类认识的历史发展过程展开范畴推演，体现了逻辑与历史的一致性。它反映的是客观对象和人的认识由简单到复杂、由低级到高级的发展过程。例如，《资本论》中按照"商品""货币""资本"的次序展开范畴推演，所遵循的就是继起式的逻辑顺序。

另一种逻辑顺序可叫作"从属式"。从属式的顺序是共时态的。这种逻辑顺序并不按照历史顺序展开范畴的推演，而是根据客观对象各种规定性之间的从属关系或蕴涵关系，根据各个范畴在体系中所居的地位来铺陈范畴。我们曾经提到，在历史上，是产业资本先于商业资本，但是，由于在资本主义经济形态中起决定作用的是商业资本，因而马克思在《资本论》中先考察商业资本而后考察产业资本，就是遵循从属式的逻辑顺序进行范畴推演的。运用公理化方法、假说－演绎法和模型方法建立理论体系，所遵循的也是从属式的逻辑顺序。

对于某一个从抽象上升到具体的过程来说，往往侧重于某种逻辑顺序。但是，一般而论，继起的逻辑顺序和从属的逻辑顺序并不相互排斥。当研究对象较为复杂时，从抽象上升到具体的过程，往往是两种逻辑顺序互相补充、互相交替地展开的过程。这在《资本论》中得到了充分体现。

## 第三节　运用从抽象上升到具体方法的合理性原则

运用从抽象上升到具体的方法，旨在把客观对象的各种抽象规定在思维中综合起来，从而在思维中再现客观对象的整体，取得关于对象的真理性认识。要实现这一目的，必须合理地运用从抽象上升到具体的方法。关于运用这一方法的合理性原则，可以概括出若干条款，其中有两项原则更为基本。

第一，运用从抽象上升到具体的方法，必须把握住客观的具体。

客观的具体（或称实在的具体）是被研究的客观对象，马克思又把它称为"实在的主体""研究的主体"。他强调说，在思维从抽象上升到具体的过程中，要时刻把握住研究的主体，一定要让主体"经常作为前提浮现在表象面前"。这实际上提出了运用从抽象上升到具体方法的唯物论原则。从抽象上升到具体的起点是抽象的规定，终点是思维的具体，中介是一系列范畴，这往往使人产生错觉，以为这一过程是与客观实在无涉的，甚至以为实在的具体是主观思维的产物。因而，马克思特别强调要让实在的主体经常浮现在面前。

遵守这一原则还有方法论上的意义。从抽象上升到具体的方法是建立和构造科学理论体系的方法。按照什么样的逻辑顺序安排各个范畴、进行范畴推演，从而建立起范畴体系，是受客观对象各个方面的联系情况制约的。要在思维中再现对象的整体，范畴体系中诸范畴的联系和转化必须反映客观对象各个方面的联系。按照继起式的逻辑顺序或者按照从属式的逻辑顺序或者在两种顺序相交替中去构造范畴体系，都必须以对象各个方面的客观关系为根据。否则，范畴推演就会陷入逻辑主义，所建立的范畴体系就不能再现客观对象。马克思在对《资本论》的逻辑体系进行构思时，

# 第十章　从抽象上升到具体的方法

充分研究了古典政治经济学的逻辑体系。他指出，古典政治经济学的逻辑体系有三个根本缺陷：一是体系内的循环论证；二是跳过必要的逻辑中介，强求形式上的一贯；三是体系的结构不合理。以第三个缺陷来说，亚当·斯密在他的代表作《国民财富的性质和原因的研究》中，对范畴次序做了不合理安排：分工—货币—商品的交换价值—商品的交换价值分解而来的三个基本阶级的收入。而大卫·李嘉图在其代表作《政治经济学及赋税原理》一书中则跳过必要的逻辑环节，一开始就假定工资、资本、利润和一般利润率的存在。一些庸俗政治经济学的学者更炮制了一个资本—利润、土地—地租、劳动—工资的三位一体的公式，把本来不能综合在一起的命题综合在一起，把利润和地租说成是与工资同样的社会收入，抹杀了剥削和劳动的界限。古典政治经济学的逻辑体系在结构上存在着不合理性，原因是多方面的。其中根本的原因在于那些经济学家没有理解被研究对象各种规定之间的内在联系，从而脱离了客观具体去构造理论体系。斯密和李嘉图的经济理论虽然有精华之处，可是，由于他们没有把握住实在的具体，致使所建立的政治经济学体系不能正确地反映资本主义的经济关系和经济规律。

第二，运用从抽象上升到具体的方法，必须分清科学抽象与非科学抽象。

要通过从抽象上升到具体的过程，在思维中再现对象的整体，一个先决条件是必须保证从客观对象中抽取出来的各种规定是对象的本质规定。要保证这一点，保证在抽象的道路上不犯错误，必须运用科学的抽象。

抽象并非都是科学的，还存在着非科学的抽象。非科学抽象表现为表面形式的抽象或主观片面的抽象。非科学抽象是由思想方法的主观片面性或科学知识的不足造成的，世界观上的神秘主义也会导致非科学的抽象。非科学抽象只能抽象出对象的表面的特征，不足以揭示对象的本质规定。例如，在分析抗日战争的前途时，有人得出速胜的结论，有人得出亡国的结论，就是因思想方法上的主观片面性，做出非科学抽象的结果。在《资本论》中，马克思批评了李嘉图对"一般利润率"所做的简单的形式抽象。"一般利润率"是指"使用等量资本的不同生产领域取得相同的利润"。马克思认为，要阐明一般利润率，应当运用科学的抽象，从剩余价值出发，通过资本的有机构成和生产价格、部门利润率等逻辑中介，最后通过竞争造成的利润平均化而得出"一般利润率"的概念。但是，李嘉图却是用资本家追求利润的强烈要求来解释利润平均化的。他说："在一般情况下，没有一种商品能长期继续恰好按照人类的需要和愿望所要求的数量得到供给，所以也没有一种商品能免除价格上偶然的和暂时的变动。……当每一个人都可以随意把自己的资本爱用到什么地方就用到什么地方的时候，他自然会寻找到那种最有利的行业。……这种孜孜不息的要求具有一种强烈的趋势，使大家的利润率都平均化。"① 马克思指出，李嘉图这样解释"一般利润率"，只是把竞争造成的表面现象抽象化，完全脱离了价值概念，不懂得利润率平均化和价值转化为价格的过程。

要获得对象的本质规定，必须做到科学的抽象。那么，什么是科学抽象？概言之，科学抽象是以实践为基础，通过正确运用抽象力和想象力，从诸多特性、方面、要素中抽取出本质规定的过程和方法。科学抽象具有三个基本特征。

首先，科学的抽象必须从普遍的存在出发，从事物的全部总和出发。客观对象的本质不是通过个别现象零星地表现出来的，必须对事物现象的总和进行研究才能抽取出本质的规定。这就意味着，抽象不能抽象没有的东西，也不能依据个别现象进行抽象。当对事物的普遍存在形式还不了解，或者事物的普遍存在形式尚未形成时，不能盲目、草率地进行抽象。例如，关于"价值"的抽象，只有在商品交换已经普遍化的时候才是可能的。尽管亚里士多德已经发现了"五床等于一屋"，在个别的商品交换中发现了一种均等关系，但在当时他无论如何抽象不出价值范畴。因为那时商品交换还是个别的活动，还没有成为普遍的存在形式。

其次，科学抽象必须撇开事物外部的非本质联系，撇开掩盖事物内部联系的现象。事物的本质总是外化为现象，本质要透过现象去认识。然而，要透过现象认识本质，就必须对现象进行分析和鉴别，区分真象与假象，把那些非本质的联系、那些掩盖本质的现象撇开。这样，才能通过科学抽象揭示对象的本质，确定事物发展的趋势。例如，维萨里曾经做过活体内结扎神经的实验。他观察到，结扎神经后，其所支配的肌肉失去作用；解开结扎，肌肉即恢复作用。他把这种情况与血液在血管中流动进行类比，认为神经将脑内的动物元气或者神经液传送到肌肉使之收缩，神经结扎后，动物元气过不来，所以肌肉没有活动。但是，所谓"动物元气支

---

① 李嘉图：《政治经济学及赋税原理》，商务印书馆1976年版，第73页。

配肌肉活动"到底是不是事物的真实联系呢？还需要进一步分析。后来，哈勒观察到动物临床死亡后，脑的机能已经停止，动物已经失去感觉和随意运动，但是机体的某些神经和肌肉还没有死亡。这时，刺激神经，肌肉则收缩；而切断神经，肌肉仍然能收缩。这说明，肌肉的活动并不受什么从脑中而来的动物元气或神经液的支配。排除了掩盖本质的现象、排除了非本质的因素，人们才抽象出事物的本质，得出了"肌肉的神经支配是借助生物电来实现"的正确结论。

最后，科学抽象必须撇开无关因素、次要过程的干扰，在纯粹形态上考察事物。客观事物十分复杂，其内部过程并不是纯粹单一的，有许多无关因素和次要过程插在中间，使事物的面貌模糊不清。特别是，一般的东西未必就是本质的东西，那些并非本质的一般，对于认识事物的本质更具迷惑和干扰作用。这就要求进行抽象活动必须把无关、次要的因素撇开，从纯粹形态上考察事物。为了在纯粹形态上考察事物，在观察中可以用选择典型的方法，在较少干扰的地方考察对象；在实验中可以用实验的手段把自然过程纯化。但是，观察和实验并不能完全排除无关和次要的因素，而且观察和实验也不是思维的抽象活动。因而，人们常常借助抽象思维的力量，在思维中使研究对象理想化，使之成为理论纯化的过程。理想化方法成为科学抽象的一种基本形式，其原因就在于此。

至此，我们分别讲述了辩证思维的基本逻辑方法。这些方法，不仅其本身是对立方法的结合，而且这些方法之间也是相互联系、相互补充的。一个辩证思维的过程，往往不是单独地使用某一种方法，而是同时运用着这些逻辑方法。从方法的作用方面说，这些方法也有着共同性。概括地说，它们都是建立科学理论体系、把握客观真理的方法，它们从不同的方面在建立理论体系、获得真理性认识中发挥着作用。

# 第十一章

# 科学进步的目标：真理

辩证逻辑研究思维运动发展的形式及其规律，旨在揭示理论思维如何把握客观真理，从而为科学向着真理进步提供哲学—逻辑方法论。

但是，在谈论辩证逻辑对于把握真理的作用之前，先得回答真理是什么。因为对于真理的理解不同，会使对科学进步的目标理解不同。这一章我们就来论述辩证逻辑如何看待真理。

哲学家和科学家一般公认，科学有其进步的目标，科学是由追求它的目标所构成的事业。但是，科学进步的目标是什么？科学是朝着真理进步吗？对此，人们却存在尖锐的分歧。按照"绝对无误论"的观点，科学的目标是真理，真理是指那种绝对确定的真知识。由于这种知识并不存在，追求绝对无误的理论无法实现，一些哲学家和科学家对科学追求真理表示了怀疑乃至否定。逻辑经验主义提出，科学的目的在于提高理论的概率，科学追求的是成真概率越来越高的理论。波普则认为，科学活动永远是猜想与反驳的试错过程，因而不仅追求绝对无误的理论是幻想，追求概率更高的理论同样是幻想。在他看来，没有任何一种理论可以严格地说是真的，理论总是有待否证的，科学可以探索真理，但永远不能认识和占有真理。尽管追求真理可以作为科学的目标，但只是预设的目标，与其说科学的目标是真理，不如说是追求逼真度更为合适。真理在波普眼中成了近似于真理的程度，也即"类真理性"或"逼真性"，科学进步的目标被他确定为追求逼真度更大的理论。

然而，试图给逼真性以准确定义的种种努力至今均未获得成功，严格判定一种理论较之另一种理论更具逼真度尚存在许多困难。于是，一些哲学家又为科学寻求另外的目标，而不把真理或似真理作为科学的目标。科恩指出，人们往往因知道某一假说是真的（或似真的）而接受它，但科学还要求进一步知道该假说何以为真（或似真），即追求证明该假说为真（或似真）的证据。这样，科学追求的目标就是知识而不是真理。追求知识，也就是追求因果解释，追求最近于必然性的解释。据此，科恩提出了"近律性"概念。近律性即"归纳可靠性"或"近自然的必然性"。因而科恩又有一提法：科学不是追求逼真性而是追求近律性，科学的目的是要获得自然律或因果律。劳丹的看法则不同，他认为科学的目标是获得具有高度解决问题效力的理论。在劳丹看来，一个理论解决问题的效力独立于它的真理性或逼真性，科学进步的合理性只在于后继的理论能够比先行的理论解决更多的问题，并能避免异例。

在否认科学追求真理的意见中，库恩的"范式不可通约论"影响更大。范式不可通约是指，在新旧理论之间，或者说，在任何相互竞争的理论之间，没有共同的度量单位，没有客观的衡量标尺。他认为，竞争的理论双方对同一客观过程的预测、对同一观察活动的报告都仅依赖于各自的理论框架，因而没有中立的观察语言。同时，也没有中立的观察内容，因为观察渗透着理论，观察者看到什么，取决于他所掌握的理论范式。因此，人们找不到一种客观标准衡量竞争的理论以决定取舍。新旧理论的更替是一种神秘的格式塔转换，是科学家的信仰的转换，不是根据客观标准权衡的结果。竞争的理论既然不可通约，也就不能准确计算它们的概率或逼真度，不能说一种理论比另一种理论更逼近真理。库恩的范式不可通约论，不仅否认了科学进步的目标是真理，也排斥了劳丹的观点。显然，如果新旧理论之间没有客观的衡量标准，如何知道一种理论比另一种理论的解题能力更大或效力更高呢？

可以看出，绝对无误论把真理看成绝对确定性的知识，逻辑经验主义和波普用概率或逼真度取代真理，科恩和劳丹避开真理而另有所求，库恩用范式不可通约论否认科学朝着真理进步，甚至否认科学是朝着某个目的前进。他们或者绝对主义地肯定科学的目标是真理，或者采取相对主义进步观，否认科学的目标是真理，都未能对科学进步的目标做出正确的解释。究其根源，概出于不理解真理的辩证本性。在我们看来，科学进步的目标无疑是真理，问题是必须辩证地看待进步、辩证地认识真理。

那么，真理究竟是什么？

## 第一节　真理是事物本质的反映

古代朴素的唯物论者，对感觉有天真的信赖。中国先秦哲学中的墨家完全相信感官的报道，认为看到的、听到的都一定是存在的、真实的。（"是与天下之所以察知有与无之道者，必以众之耳目之实知有与亡为仪者也。请惑闻之见之，必以为有，莫闻莫见，则必以为无。"①）古希腊原子唯物主义者德谟克利特及其学说的继承者伊壁鸠鲁也认为，一切出现在感觉中的事物必然是真实的，一切感官都是真理的报道者。感觉本身不会出错，错误只存在于人们对感觉的理解之中。由古及今，相信感觉器官具有准确再现外部世界的能力，相信感觉经验完全可靠，已经成为一种传统的信念，根植于人类文化的经验体系之中。到了近代，这种信念更被系统化，成为一种理论规范，这就是古典归纳主义。按照这种理论，感知觉过程就如照相，知觉对象与刺激客体没有差别。

这种观念，表现在真理观上，就认为真理是事物的现象。例如，"德谟克里特就明白地说真理和现象是同一的，真理和显现于感觉中的东西毫无区别，凡是对每一个人显现，并且对他显得存在的，就是真的。"② 这种观点，虽然在真理观上坚持了唯物主义，但把真理等同于事物的现象，得出了真理就是呈现在感官之前的东西的表浅结论。

古代唯物主义的这种真理观，为近代唯物主义者所继承。实际上，马克思主义以前的旧唯物主义者，直至路德维希·费尔巴哈，都是主张真理发生的直观说的。他们承认认识和真理是主体对客体的反映，但把这种反映说成是照镜子、照相那样的活动。在他们看来，外部世界刺激人们的感官，感官接受了刺激并输送到大脑，造成外部世界的映象，就能获得对外部世界的真理性认识。这样，真理就是靠人的感觉器官对外部世界的直接观察、摄像获得的。按照这种观点，若把真理作为自在之物考察、作为客观对象考察，则真理只能是事物的现象。

---

① 《墨子闲诂·明鬼下》，《诸子集成》（四），中华书局1984年版，第139页。
② 北京大学哲学系：《古希腊罗马哲学》，商务印书馆1961年版，第104页。

不可否认，真理的获得离不开感性认识活动，离不开对事物现象的考察，但是，事物的现象、呈现在感官之前的东西并不是真理。这是因为：

**1. 事物的现象是通过感知活动认识的，而人的感知能力是有限的**

首先，感知觉在时间上和空间上有局限性。在时间上限于"当前"，在空间上限于"当前的感受范围"。

其次，运用感官进行直接观察又受到生理上的限制。主要表现在：第一，感官的感知范围是有限的。并非任何刺激都能引起感觉，感官都有一定的阈限，超出相应的界限，被观察对象就不能被直接感知。例如，我们看不到极微弱的光，觉察不到尘埃落在皮肤上。第二，感官的感知精确度是有限的。人的感官只能对观察到的对象的情状做出大概的估计，不能做出精确的定量测量。例如，在设置有200支烛光的大厅里，增加一定数量的烛光后，我们能够感觉出刺激强度发生了变化，感到大厅里更亮了。但到底光的强度增加了多大，却是靠感官所不能度量的。第三，感官在观察的速度方面也是有限的。对于那些运动速度极快或极慢的被观察对象，人的感官就觉察不到它的运动。例如，凭感官不能把握每秒30万公里的光的运动。

人的感知能力的有限性决定了事物的现象不能是真理。运用感官进行直接观察，在时间、空间和生理上都有局限性。如果事物的现象、呈现在感官之前的东西是真理的话，感官能力所不及的事物的真理性就无从谈起了。

**2. 对事物的现象直接认识的结果是感觉经验，而感觉经验是可谬的**

心理学的研究揭示：感觉经验的获得具有明显的主观加工成分，并不与外部世界存在线性关系；感觉不仅取决于外部刺激，还受到多种内在因素的影响。"登芝兰之室，久而不闻其香"，这是受到刺激时间的影响；同一盆水，冷手触及觉得热，热手触及感到冷，这是受到感官原有状态的影响；常人听来和谐的乐曲，乐队指挥却听到了刺耳的杂音，这是以往经验的影响所致。于是：

一方面，完全不同的物理刺激可以引起同样的感知觉。例如，黑板上的一个圆，在课室中间学生的视网膜上的投影是一个圆，在课室两侧学生的视网膜上的投影是一个椭圆。但由于授课环境的影响，学生已有先入之见，都把黑板上的圆感知为正圆形。

另一方面，完全相同的物理刺激却可以引起不同的感觉。例如，英国哲学家查尔默斯曾用图 11 - 1 说明这一点。

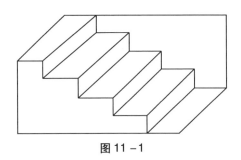

图 11 - 1

同是一个图，由于以往的经验和理论知识的背景不同，观察者会得到不同的感觉。对于具有"用二维透视画来描述三维物体的文化"的观察者来说，会把它看作是一个显露梯级表面的楼梯。然而，对一些非洲部落的成员进行实验表明，他们并不将其看作楼梯，而是看作一种二维的线条排列。因为他们不具有"用二维透视画描述三维物体的文化"。

感觉经验的可谬性也决定了呈现在感官之前的事物的现象不是真理。同一个观察者在不同的物理条件下观察同一个对象物，会得到不同的视觉经验，甚至会产生错觉。如果事物的现象是真理，那么真理就成了变化不定的东西，错觉也可以披上真理的外衣了。不同的观察者，由于所具备的经验和理论水平不同，在同样的物理条件下观察同一个对象，会得到不同的感觉经验。这样，如果事物的现象、呈现在感官之前的东西是真理，那么真理就变成因人而异的了，就不具有普遍客观性了。

**3. 现象只是事物的外部联系和表面特征，而外部联系和表面特征不是事物的原因和规律**

现象也是事物的某种联系和特征，但它所体现的仅是事物的外部联系和表面特征。因而，现象本身并不能回答事物发生、发展的原因，不能回答事物运动的规律。例如，"水往低处流""潮水有涨落"这些现象本身，并不能直接告诉人们为什么水往低处流，潮水何以有涨落。事物的现象所固有的这种特性，也决定了真理不是事物的现象，不是呈现在感官之前的东西。

事物的现象虽然不等于事物的原因和规律，但它以外露的形式表现着事物的原因和规律，即表现着事物的本质。本质隐藏在现象背后，支配着现象，事物的本质才是事物的原因和规律，决定着事物的面貌。真理必须是反映事物规律和本来面貌的，这样，真理就不能是现象，只能是事物的本质。只有揭示现象背后的本质，才能获得真理、认识事物。例如，隐藏在"水往低处流""潮水有涨落"这些现象背后、支配这些现象的是万有引力定律。只是万有引力定律被发现以后，水为什么往低处流，潮水何以有涨落才得到科学解释，人们才获得了关于该事物的真理性认识。辩证唯物主义承认有客观真理，认为真理或客观真理是包含在人类的认识中、不依赖于人类的客观内容。这种客观内容指的就是事物的本质。由于本质是深藏的，不能运用感官直接感知，只能通过科学研究活动、借助理智的抽象才能把握，因而，挖掘事物的本质就成为科学研究活动的目的。我们说科学进步的目标是真理，指的也是通过科学研究活动，透过现象揭示事物的本质，揭示支配现象的根本法则。

## 第二节　逻辑真理与事实真理

考察真理是什么，必须回答如何看待逻辑真理（又称形式真理）与事实真理（又称经验真理）的区分问题。区分逻辑真理与事实真理的思想，来自德国著名哲学家、数学家莱布尼茨。他说，真理有两种，"它们或者是属于理性的真理之列，或者是属于事实的真理之列。理性的真理是必然的，事实的真理是偶然的"①。理性的真理是必然的，就是说其反面是不可能的；事实的真理是偶然的，就是说其反面是可能的。他还指出，理性的真理又有"原始的真理"与"推理的真理"之别。原始的真理是自明的命题，不能证明也不必证明，它其实就是同一律和矛盾律的运用。依据原始真理通过定义和推理引出的命题，就是推理的真理。

英国哲学家休谟也严格区分了两类命题。他说："人类理性或研究的全部对象，可以自然地区分为两类，即：观念的关系和事实。……任何一个命题，只要由直观而发现其确切性，或者由证明而发现其确切性，就是

---

① 莱布尼茨：《人类理智新论》，商务印书馆1982年版，第411－412页。

属于前一类的。"① 在休谟看来，这类命题，只凭思想的作用就能将它发现出来，而不以任何事实为依据。他举例说，纵然在自然中并没有圆形或三角形，欧几里得所证明的真理仍然是可靠和自明的。休谟认为，后一类的事实命题则不能用同样的方式加以确定，因为事实的反面仍然是可能的，一个事实命题及其反面可以不包含任何矛盾，可以同样明晰地被心灵设想到。例如，"太阳明天将不出来"与"太阳明天将出来"，是没有矛盾的。

在区分逻辑真理与事实真理这方面，奥地利哲学家维特根斯坦的早期工作特别受到重视。他认为："只有作为现实的形象，命题才能是真的或是假的。"② 这就是说，命题的真，表明命题与现实相符。由于他把事实区分为简单的原子事实和复杂的分子事实，因而命题也被分为简单的基本命题和复杂的一般命题。他所说的一般命题可理解为复合命题，基本命题即为简单命题。在逻辑上，一般命题的真值取决于基本命题的真值，因此人们可以通过真值表弄清一般命题的真理性。在这里，显然有两种特殊的情形。

  在一种情况下，命题对于基本命题的所有一切真值的可能性都是真的，我们说这种真值条件是重言式的。
  在第二种情况下，命题对于所有一切真值的可能性都是假的。真值的条件是矛盾的。
  在第一种情况下，我们管命题叫重言式的命题，在第二种情况下，我们管它叫矛盾命题。③

进而，维特根斯坦指出：

  真值条件决定了命题留给事实的领域。
  重言式留给现实的是整个无限的逻辑空间，矛盾则充塞了整个逻

---

① 北京大学哲学系外国哲学史教研室：《十六—十八世纪西欧各国哲学》，商务印书馆1975年版，第633页。
② 维特根斯坦：《逻辑哲学论》，商务印书馆1962年版，第42页。
③ 维特根斯坦：《逻辑哲学论》，商务印书馆1962年版，第54页。

辑空间，给现实没有留下一点。因此它们之中没有一个能用任何方法决定现实。①

据此，维特根斯坦断言：

> 命题表明它所说的东西，重言式和矛盾则表明它们什么也没有说。②
> 重言式的真是确定的，命题的真是可能的，而矛盾的真则是不可能的。③

指出重言式与通常的命题不同，也就区分了逻辑命题与非逻辑命题（非逻辑命题就是指事实命题或经验命题）。然后，维特根斯坦具体分析了逻辑命题与事实命题的真理性。他说：

> 逻辑的命题是重言式。
> 因此逻辑命题就什么也没说（它们是分析命题）。
> 人们单是从符号中就能够知道其为真的，这是逻辑命题的特征。
> 而非逻辑命题的真或假不能单从这些命题来认识。④

这就是说，由于逻辑命题什么也没说，即不包含任何事实内容，因而，"既不能为经验所证实，同样地不能为经验所否定"⑤，这样，逻辑命题的真理性就是仅由逻辑符号的用法（或"记号语言的逻辑句法"）决定的。从逻辑命题本身的形式就可以认识其真或假。所以，逻辑的真是确定的、必然的。而非逻辑命题的真理性则不能由其自身（的形式）来认识，而要看它与经验事实是否相符。所以，非逻辑命题的真是可能的、或然的。

维特根斯坦的这些思想，给现代分析真理论的形成奠定了基础。分析

---

① 维特根斯坦：《逻辑哲学论》，商务印书馆1962年版，第55页。
② 维特根斯坦：《逻辑哲学论》，商务印书馆1962年版，第54页。
③ 维特根斯坦：《逻辑哲学论》，商务印书馆1962年版，第55页。
④ 维特根斯坦：《逻辑哲学论》，商务印书馆1962年版，第82页。
⑤ 维特根斯坦：《逻辑哲学论》，商务印书馆1962年版，第85页。

真理论为逻辑经验主义所主张,维也纳学派的领袖石里克、英国哲学家艾耶尔等人通过重新解释康德提出的分析命题和综合命题的含义,对逻辑真理与事实真理的区别做出了更为明确、详细的阐述。

在逻辑经验主义看来,逻辑真理就是分析命题,事实真理就是综合命题。分析命题有两类,对于第一类分析命题,艾耶尔有个解释:"当一个命题的效准仅依据于它所包括的那些符号的定义,我们称之为分析命题。"① 第二类分析命题,它的真理性,是建立在词的同义性基础上的。在逻辑经验主义看来,分析命题具有如下特点:它们关于事实内容什么也没说,其真理性与经验事实无关,不能在经验上证实或证伪。并且,它们最终能归约于逻辑同一律"A 是 A"所决定的形式,例如:

①明天下雨或者不下雨。
②单身汉是没有结婚的男人。

命题①属于第一类分析命题,因为只依据"或者""不"这些词的用法和定义就可以断定该命题为真,不需要实际观察明天是否下雨。命题②属于第二类分析命题。因为"单身汉"与"没有结婚的男人"是同义词,它是通过同义词的转换而形成的一个逻辑真理,也与经验无关。关于综合命题,逻辑经验主义定义如下:"当一个命题的效准决定于经验事实,我们称之为综合命题。"② 例如,"有的蚂蚁建立了一个奴役体系"是一个综合命题,因为该命题的真假不能依靠它所包括的符号的定义来确定,必须借助经验。

通过以上的引述,我们知道了逻辑真理与事实真理的含义。那么,区别逻辑真理与事实真理是否有认识意义?是否可以按照逻辑经验主义提出的标准区分出两种截然不同的真理?

应当说,根据命题抽象程度的不同,根据命题与客观事物联系方式的不同,是可以区别分析命题与综合命题(或称形式命题与事实命题)的。从抽象程度即从与客观事物的联系方式上考察,这两种命题是有所不同的。形式命题抽象程度较高,间接地反映着客观事实;事实命题抽象程度

---

① 艾耶尔:《语言、逻辑与真理》,上海译文出版社1981年版,第85页。
② 艾耶尔:《语言、逻辑与真理》,上海译文出版社1981年版,第85页。

较低，直接地反映着客观事实。区别这两种命题，至少有两点认识论意义。

第一，区别形式命题和事实命题，有助于揭示形式科学与经验科学的不同特征。两千多年前，亚里士多德就把知识分为"关于事实的知识"和"关于推得事实的知识"。前者称为实质科学，指经验自然科学，后者称为形式科学，指数学和逻辑学。科学是命题组成的体系，形式命题与事实命题有别，由它们分别构成的形式科学和经验科学也表现出不同特征。首先，形式科学是形式化的公理系统，其中的命题、谓词、关系、个体、逻辑联结词和量词都已成为记号语言，语句成为系统中的公式。而自然科学本质上虽然也是演绎体系，但不能达到纯粹的形式化。其次，形式科学诚然根植于客观世界中，但它的科学性质却是舍弃了经验内容，以形式作为独立的对象，这使形式科学的对象成为理想化的对象。例如，自然界中存在各种球形物体，但在数学中被抽象为理想对象"几何球"。自然界中存在多种变量的联系，但在数学中被抽象为理想对象"函数"。而自然科学虽然也具有抽象性，也借助一定的理想模型和概念（如"绝对刚体""理想气体"），但它们并不具有独立自在的意义，自然科学始终离不开现实，始终以物理世界为对象。最后，形式科学的论断具有确定不变性。例如，不能想象"$3\times 3$"不等于"$9$"，不能想象从"$[p \wedge (p \rightarrow q)]$"中推不出"$q$"。而自然科学的定律在逻辑上则是允许破坏的，因为这些定律直接联系着经验事实，随着实践的发展会得到补充完善，或被淘汰。如此等等。这表明，区分形式命题和事实命题对于认识形式科学和经验科学的特征是必要的。反过来也可以说，形式科学与经验科学有别，因而有必要认识形式命题和事实命题的不同特征。

第二，区别形式命题与事实命题有助于了解逻辑证明的性质。形式命题也是客观事物及其关系的反映，但经过千百万次的实践，已作为逻辑的"格"在人脑中固定下来，从而获得了相对独立的"逻辑真"的意义，这为逻辑证明的逻辑必然性提供了依据。严格的逻辑证明是演绎证明。逻辑证明的论题和论据的真实性虽然必须通过实践检验才能确定，但逻辑证明本身则不允许借助经验。逻辑证明的必然性是由其系统内部给以保证的。逻辑证明的前提必须是公理或已被证明的定理，它们都表现为重言式命题，依据一定的推导规则从前提中引申出结论，实质是重言式的转换。如果不区别形式命题和事实命题，不承认形式命题具有"逻辑真"的特征，就不能说明逻辑证明的逻辑必然性。

但是，肯定区别形式命题和事实命题的认识论意义，并不意味着应当接受逻辑经验主义的区别标准及其分析真理论。逻辑经验主义的真理论在两个重要问题上导致了错误结论。

第一，割裂了真理的客观性和普遍必然性。逻辑经验主义把逻辑真理和事实真理的区别变成了教条。根据他们的解释，分析命题只具有必然性而不具有客观性（因为分析命题与经验无涉），而综合命题则只具有客观性而不具有必然性（因为综合命题的真是或然的）。他们从根本上拒绝康德提出的先天综合判断，因而也就拒绝了既有客观性又有普遍必然性的真理。这实际上是重复了西方哲学史上经验论与唯理论的对立。康德因看到经验论和唯理论各自的片面性，力图寻求一种既有先天分析性又有后天综合性，既有必然性又有客观性的判断。寻求的结果，他提出了先天综合判断。康德的这一工作虽然没有摆脱先验论，但他的这一追求是应当肯定的。逻辑经验主义在这一点上反对康德，是一种倒退。

从真理的本性上看，任何真理都既是客观的，又是普遍必然的。逻辑真理并非与经验事实无涉，它也是客观现实的反映。事实真理也并非是或然的，它同样具有普遍必然性。因为从根本上说，真理的必然性，并不在于它具有重言式的逻辑结构，而是在于它反映了事物的本质和规律性，而事物的本质和规律是普遍必然的。一个具体的真理虽然只是近似地反映着客观规律，具有相对性的一面，但相对中包含着绝对，包含着普遍必然性。逻辑经验主义认为事实真理是或然的，主要理由是事实真理可由经验所证伪。但问题是如何看待理论的证伪。一个包含真理内容的科学命题被反常的经验事实所证伪，只是它的应用范围被限制，并不是完全推翻。它的真理内容将由新的理论所吸收，在可应用的范围内，它仍具有普遍必然性。因事实真理可由经验证伪而认定它只是或然真理，这个观点并不能成立。还须指出，区别逻辑真理和事实真理，其认识论意义是有限的。从一般认识论上说，真理只有一个，它就是以理论形态对客观事物本质和规律的系统反映。无论逻辑真理还是事实真理都归约于这种共同本质。真理反映不依赖于人类的客观内容，因而真理和客观真理是一回事；真理反映的是客观事物的本质和规律，因而真理是普遍必然的。只具有必然性不具有客观性，或者只具有客观性不具有必然性的真理是不存在的。

第二，逻辑经验主义的真理论否定了逻辑真理的客观性。逻辑经验主义割裂真理的客观性与普遍必然性的要害在于否认逻辑真理的客观性。他们否认逻辑真理客观性的第一个论据是：逻辑真理没有经验内容，与经验事实无涉。然而，事实并非如此。列宁指出："逻辑规律就是客观事物在人的主观意识中的反映。"① 他又说："人的实践经过千百万次的重复，它在人的意识中以逻辑的格固定下来。这些格正是（而且只是）由于千百万次的重复才有着先入之见的巩固性和公理的性质。"② 诚然，形式命题、形式科学并不像经验命题、经验科学那样直接联系着经验事实，形式科学在对自然界的直接反映中产生以后，不断地使自己离开现实，在很大的程度上是通过内部的发展途径，通过理论的逻辑证明以及新概念的构成、新理论的建立而日益巩固和发展的。随着向更高抽象阶段的上升，形式科学，如数学和逻辑，它们与现实的联系也就不那么直接，而是以其他科学为中介，与现实间接地联系着。但是，这并不意味着逻辑真理可以与经验事实无涉。

蒯因已经看到，逻辑经验主义所谓的第二类分析命题并不能离开经验事实。他指出，"单身汉是没有结婚的男人"是分析命题，因为"单身汉"与"没有结婚的男人"是同义词。但是，说这两个词是同义词的根据在哪里？有人可能会说，这是词典的规定。然而，有理由继续追问：是谁做出了这种规定？词典不是圣书，它是由词典编纂者们写成的，那么词典编纂者做出这种规定的根据何在？他可能抄自另一部权威著作。然而，权威做出这种规定的根据又是什么呢？穷追本源，最后只能归结到经验事实，即这是来自经验的综合或归纳。③

可是，蒯因却默许了第一类分析命题，而事实上这类分析命题同样依赖于经验事实。以排中律来说，"$p \vee \neg p$"是典型的第一类分析命题。在逻辑经验主义看来，只根据其中的"$\vee$"和"$\neg$"这些符号的定义就知道该命题是常真的。但是，约定某一符号，定义它的用法和含义，所依据的是事物之间的关系，符号是从逻辑上反映事物之间一般关系的。根据布尔代数，"$p \vee \neg p$"可写作"$p + \bar{p} = 1$"，这实际反映了"某个类及其补类等于全类"的关系。基于这种客观的关系，"$\vee$"和"$\neg$"的定义才被理

---

① 列宁：《哲学笔记》，人民出版社1974年版，第195页。
② 列宁：《哲学笔记》，人民出版社1974年版，第233页。
③ 参见蒯因《从逻辑的观点看》，上海译文出版社1987年版，第23页。

解和通用，才能根据它们的用法知道"$p \vee \neg p$"为重言式。再者，逻辑形式是有内容的形式，人们可以撇开经验内容研究逻辑形式，并不是说逻辑形式与经验内容没有联系。仍以"$p \vee \neg p$"来说，作为复合命题形式，它的真值决定于$p$和$\neg p$这些支命题的真值，而支命题是陈述个别经验事实的。它的真值又受符号"$\vee$"的制约，而"$\vee$"反映的仍是客观事物的一般关系。这都决定了逻辑形式依赖于经验内容。对此，亚里士多德已有所认识，他分析了下列的论证：

①或者明天将有海战，或者明天将没有海战。

这似乎和下面的断言等值：

②或者陈述句"明天将有海战"是真的，而这个陈述句的否定是假的，或者陈述句"明天将有海战"是假的，而它的否定是真的。

但是，似乎也有理由这样说：

③如果明天将有海战现在是真的，则就现在这个事实而言，明天必将有海战；同样，如果明天将没有海战现在是真的，则就现在这个事实而言，明天必将没有海战。

从②和③可以推出下面的结论：

④明天要发生的事情不管我们怎样努力总之已经被决定了，所以一切考虑是无济于事的。

这意味着，如果承认①是真的，就会得出④所陈述的宿命论结论。而若认为①是假的，又没有什么根据。可见，①的真假只能有待明天的经验事实来验证，依靠符号的定义不能解决问题。亚里士多德从这里看出了排中律有问题。他指出："显然不是必然在一个肯定命题和一个否定命题中间其中之一必须是正确的而另外一个必须是错误的。因为关于那些可能存在而不是实际存在着的东西，那适用于实际存在着的东西的规律乃是不适用的。"① 就是说，对于未来偶然命题，不能根据它具有"$p \lor \neg p$"的形式就断定它为真，而是必须付诸经验。

逻辑经验主义否认逻辑真理客观性的第二个论据是：逻辑真理不能在经验上驳倒。这一断言也是经不起推敲的。逻辑经验主义是以一个个孤立的命题为单位谈论逻辑真理和事实真理的。这种逻辑原子主义的着眼点，从一开始就把逻辑经验主义引入了歧途。真理并不是个别命题，而是命题组成的理论体系，真理是以科学理论的形态系统地反映事物全体的。这样，谈论逻辑真理能否在经验上证伪，就不是指个别分析命题能否为经验证伪，而是形式科学能否由经验证伪。蒯因从科学整体论的立场已经看到这一点。他指出，单独地就每一个孤立的命题去谈论对它们的经验检验是无意义的，因为，科学是一个由许多互相联系、彼此影响的命题和原理所组成的大网络。因此，经验检验的基本单位应当是科学整体，科学是以理论整体出庭接受经验审判的。其实，无论是个别命题还是科学理论都是可以由经验证伪的。就个别命题来说，原则上并不存在永远免于修改的分析命题。有人提出修改排中律以简化量子力学，排中律在多值逻辑中不再适用就说明了这一点。就科学理论来说，虽然它在经验检验面前具有很大"韧性"，可以通过不断修改或提出辅助性假说来消化"不顺从的经验事实"，但是，科学理论同样可能被经验证伪而为新的理论所取代。即使是形式科学（如数学理论），如果在实践性的应用中，不适用于客观事实的某个方面，或者根本不具有任何的实践应用，那就表明它存在局限性或根本不能成立，也就是说被经验所证伪了。

概言之，用"逻辑真理不包含任何事实内容""逻辑真理不能在经验上被驳倒"这两个断言论证逻辑真理没有客观性，是不足为据的。事实上，也根本找不到任何论据证明逻辑真理没有客观性，因为真理和客观真理是一回事，逻辑真理并不例外。

---

① 亚里士多德：《范畴篇 解释篇》，商务印书馆1986年版，第67页。

## 第三节　真理是反映世界总图景的理论体系

本章第一节是把真理作为客观对象，作为自在之物，来谈论什么是真理的。在那种意义上，我们指出了真理是事物的本质而不是事物的现象。这样说，并不意味着客观事物本身是真理。客观事物是无所谓真假的。而是说，事物的现象不能成为真理的客观内容，真理的客观内容是事物的本质。但是，真理不仅有着客观内容，又有着主观形式，真理是通过命题的形式表现出来的。这样，就要对下列问题再做出回答：什么是真命题？真理是个别真命题还是由真命题组成的命题体系？

### 一、什么是真命题

命题联系着一个思想，归根结底联系着一件事实。命题又是由句子表达的。因而，"一个句子的真是什么意思""一个命题怎样为真"，这是由古及今的哲学家、逻辑学家都十分关心的问题。围绕这样的问题，形成了许多见解。其中，古希腊伟大学者亚里士多德和美籍波兰著名逻辑学家塔尔斯基的思想更引人注目。

亚里士多德指出："真假的问题依事物对象的是否联合或分离而定，若对象相合者认为相合，相离者认为相离就得其真实。"① 相应地，亚里士多德还有这样的表述：说不存在的东西存在，或存在的东西不存在是假的，说存在的东西存在，或者不存在的东西不存在是真的。他并举例解释："并不因为我们说你脸白，所以你脸才白；只因为你脸是白的，所以我们这样说才算说得对。"② 根据这种思想，命题真就是指命题符合一定的事物情况。在这里，亚里士多德实际上也定义了什么是真理。他的这一真理定义，对后世产生了很大影响，被公认为古典的、传统的真理定义，被称为真理符合论。该定义具有明显的唯物主义倾向，后来的唯物主义哲学，实质上都贯彻了这种真理符合论。

---

① 亚里士多德：《形而上学》，商务印书馆1959年版，第186页。
② 亚里士多德：《形而上学》，商务印书馆1959年版，第186页。

塔尔斯基的工作与亚里士多德有所不同。在亚里士多德那里，对真假问题是诉诸命题的，讨论的是一个命题何以为真或为假。塔尔斯基则把"真的""假的"这两个形容词应用于语句，讨论句子的真假问题。塔尔斯基认为，亚里士多德的真理定义，用现代语言来表述，可以说成这样："真语句是这样一种语句，它说事物的情形是如此这般的，而事物的情形确实是如此这般的。"① 就是说，语句的真在于它与现实相符；如果一个语句指谓一个存在的事件，它就是真的。

把亚里士多德的真理定义做这样的表述，直观上的意义是很清楚的，但塔尔斯基却指出，亚里士多德的真理定义容易引起"撒谎者悖论"。

现在考虑这样的命题：

　　本页第 22 行印着的句子是假的

我们用"$C$"指代该语句，而 $C$ 就是"本页第 22 行印着的句子"，因而也可用 $C$ 指代"本页第 22 行印着的句子"。根据同一律就有：

　　①"$C$ 是假的"等同于 $C$。

在塔尔斯基看来，真理定义的形式应该是："$x$ 是真的，当且仅当 $p$。"这一形式称为 T 公式，其中，$p$ 代表任何语句，可代入任何句子。$x$ 是 $p$ 的语句名称。在构造具体例子时，采用给 $x$ 加引号的办法，表示 $x$ 是 $p$ 的名字。

那么，依据 T 公式则有：

　　②"$C$ 是假的"是真的，当且仅当 $C$ 是假的。

由①②又有：

　　③$C$ 是真的，当且仅当 $C$ 是假的。矛盾。

---

① 塔尔斯基：《逻辑、语义学、元数学》，牛津大学 1956 年英文版，第 155 页。

关于导致悖论的根源，塔尔斯基正确地指出是在于日常语言不分层级。在日常语言中，既包括"语句表达式"（如：本页第22行印着的句子是假的），又包括"指称语句表达式的表达式"（如：本页第22行印着的句子）。并且在自然语言中，传统逻辑规律适用。这就使得用$C$指代"本页第22行印着的句子是假的"，又用$C$指代"本页第22行印着的句子"，看起来是自然的。而当我们这样指代时，就混淆了语言层级，就容易导致语义悖论。

塔尔斯基分析了语言层级。他指出，语言有"对象语言"与"元语言"的层级之别。对象语言指称外界对象，元语言则指称对象语言。元语言对于对象语言来说是高层的，它是用以谈论对象语言的。并且，语言层级应当理解为：

$$\forall x \exists y Hxy$$

就是说，对任何语言$x$而言，都存在一种语言$y$，$y$的阶高于$x$。

这样，若"命题A"是$n$层语言，则"命题A是真的（或假的）"就是$n+1$层语言，余可递推。

用$L_m$表示元语言，用$L_0$表示对象语言，那么，上面举的例子就可分析为：

"本页第22行印着的句子是假的"——$C_m$
"本页第22行印着的句子"——$C_0$

于是有：

$C_m$是真的，当且仅当$C_0$是假的。

这就不引起悖论。

但是，塔尔斯基指出，不分层级的、包含自身语义学概念的、传统逻辑规律适用的语言是语义上封闭的语言。如果一种语言是语义上封闭的，那么运用T公式立即就可造成语义悖论。因而，他对于在日常语言中构造真理定义表示了彻底的怀疑，转而致力于在特定形式语言中构造真理定义。塔尔斯基这方面的工作技术性较强。简略地说，他把类演算作为对象语言的形式语言，对象语言的词汇极其有限，句法结构非常简洁；而元语言则比对象语言足够丰富，包含对象语言表达式的名称，以及指称对象语言表达式的表达式。他运用递归定义的方法，首先借 T 公式定义每个原子语句，得到真理的部分定义，进而将复合语句真理解释为原子语句真理的函项，最后把握部分定义的总和的真理定义。为了达到这一目的，他先定义出关于类演算所有语句函项的"满足"，借"满足"的定义进而定义了"真理"。

塔尔斯基的真理定义是语义学的，被称为"语义真理论"。他运用现代逻辑分析和语义分析的手段，在形式语言中构造了实质充分形式正确的真理定义，为唯物主义真理符合论提供了精致的语义解释。但是，由于他的真理定义不能应用于日常语言，而"真"显然必须允许应用于日常语言，这使得塔尔斯基的语义真理论的适用范围受到很大限制。

另外，他把真理单单说成是"语义学的概念"，又要求真理依赖于所选择的语言系统，这会推出"真理取消论"。他的理论的局限性像他的工作的意义一样，非常明显。

亚里士多德从唯物主义反映论的立场，塔尔斯基从语义学的角度对如何定义真命题、真语句做出了实质上正确的解释。

## 二、真理是真命题组成的理论体系

人们认识事物，理想目的是把握事物的全体。但是，人的思维却总是要把一个对象实际上联结在一起的各个环节彼此分隔开来考察，形成关于各环节的一个个命题。这些个别命题，如果它是真的，它就包含着真理的"片段"，就反映着对象的某一方面的特征。不过，不能因此断言个别真命题即真理。关于真理是个别真命题还是真命题组成的理论体系，只有一种正确答案：真理是理论体系。这是因为，真理必须是把握世界全貌的，而个别真命题对此不能胜任。

前面已经讲过，按照认识的层次和形成的途径不同，命题可大概地分为经验命题和理论命题。而无论何种命题，都不能孤立地成为真理。

经验命题是观察主体通过对客体进行直接观察或实验做出的断定。它反映经验知识，一般以单称命题的形式出现。单称命题只要对某一单独对象进行观察就可做出。它们通过看一看、数一数或查一查等简单的观察手续就能确知真伪。做出经验命题不是什么困难的事情；经验命题的真理性，是非常直观、很容易确认的。如果把这样的命题当作真理，显然近于迂腐。恩格斯早在撰写《反杜林论》时就已指出，谁若把"拿破仑死于1821 年 5 月 5 日""巴黎在法国"这样的命题称为真理，那就是"对极简单的事物使用大字眼"，这样做，在认识上不会有什么收获，只不过是重复一些陈词滥调和老生常谈。①

理论命题是通过理性思维活动对客体的本质和规律做出的断定。它表述科学定律或原理，反映理论知识，是一种全称的规律性概括。作为规律概括的理论命题同样不能孤立地成为真理。事物的本质不是唯一的，而是多方面的，个别理论命题却只能反映事物某一方面的本质；事物是变化发展的，在不同时空条件下会表现出不同的规律性，个别理论命题却只能反映事物在特定条件下的规律性。因此，尽管理论命题在认识层次上已深入到事物的本质，也仍然不能孤立地成为真理。

说到底，一个命题的真与真理还不是一回事。某一事物的真理是对整个事物及其过程的正确反映，是对事物本质的系统化的反映，单个的真命题对此是无法胜任的。个别真命题若离开与其他真命题的联系，在一定条件下甚至可能成为谬误。只有形成了关于某一事物的理论体系，才能从全体上、从本质上反映世界的面貌，才意味着获得了关于事物的真理。

真理不能是个别命题，必须是理论体系，其根本在于真理是具体的。事物本身的辩证法表明，作为认识客体的客观事物都是具体的，客观事物包含各种规定和各种属性，它们相互联系和依存。这样，要获得关于客观事物的真理性认识，必须在思维中再现事物的具体。这就决定了真理总是具体的。我们已经说过，在思维中再现具体，并不是把客观事物的原型移入思维中，而是通过科学抽象，把事物的各种规定和各种属性抽取出来分别加以研究，形成一个个命题和概念，进而以推理和论证的形式把命题、概念联系起来，构成完整的理论体系，以理论体系的形态再现事物的具体。因而，就真理的现实的存在形式来说，必然是完整的理论体系。正如黑格尔所说的，真理是全体，"真理只作为体系才是现实的"②。作为理论体系组成部分的个别命题，其真理性是与理论体系联系在一起的。如果把它们从体系中孤立出来，就会失掉它在体系中的意义，于是也失去真理性。尽管某些命题相对于完整客体的某一方面，也可展开为一个理论体系

---

① 参见《马克思恩格斯选集》第 3 卷，人民出版社 1972 年版，第 127、129 页。
② 黑格尔：《精神现象学》上卷，商务印书馆 1979 年版，第 15 页。

（如伽利略的力学也是一个体系），但问题依然是，该体系还是关于个别方面的认识，不是关于完整客体的真理。列宁指出："真理就是由现象、现实的一切方面的总和以及它们的（相互）关系构成的。"① "单个的存在（对象、现象等等）（仅仅）是观念（真理）的一个方面。真理还需要现实的其他方面，这些方面也只是好像独立的和单个的（独自存在着）。真理只是在它们的总和中以及在它们的关系中才会实现。"②

## 第四节 真理是过程

真理是以科学理论的形态对事物本质做出的系统反映。那么，这是否意味着可以构造一个理论体系，"立即地、完全地、绝对地"描述世界总图景？不能。客观世界的本质转化为思想的内容、思想与客观事物相符合才产生真理，但这种"转化"和"符合"都是无限发展的过程。

真理的源泉是客观世界。客观世界中的任何事物都可以成为认识的对象，都可以转化为思想内容而成为真理。但是，由于客观世界处在永恒的运动变化之中，具有发展的无限性和联系的复杂性，客观事物的本质转化为思想内容就不可能一次完成。现实地转化为思想内容的事物，只能是呈现在人们面前的有限、暂时的事物。人们只能通过不断地认识有限的、暂时的事物去认识无限的、永恒的世界，只能不断地揭示事物更深层的本质，而不能对事物的本质一览无遗。物质世界的矛盾运动决定了真理必然是无限发展的过程。

真理来源于客观世界，又是通过思维把握的。恩格斯指出："人的思维是至上的，同样，又是不至上的，它的认识能力是无限的，同样又是有限的。按它的本性、使命、可能和历史的终极目的来说，是至上的和无限的；按它的个别实现和每次的现实来说，又是不至上的和有限的。"③ 这是思维本身不可避免的矛盾。从人类总体上说，思维是无限的、至上的，

---

① 列宁：《哲学笔记》，人民出版社1974年版，第210页。
② 列宁：《哲学笔记》，人民出版社1974年版，第209页。
③ 《马克思恩格斯选集》第3卷，人民出版社1972年版，第126页。

可以认识无限的、永恒的物质世界。但是，对于个别的人或每一时代的人来说，思维又是有限的、非至上的，只能认识有限的、暂时的事物。这个矛盾存在于人类认识无止境的过程中。思维的矛盾运动也表明，思维从物质世界中获得内容，掌握客观真理，也必然是个过程。

真理作为过程，表现为相对真理无穷尽地走向绝对真理。每一个科学理论都只是一定时代的认识的结晶，都是绝对真理的发展长河中的相对真理。人们在一定条件下对客观世界本质规律的描述总是近似正确的，总是不完全的。人们是在无穷系列的认识发展过程中，经过无数相对真理的环节，逐步逼近绝对真理的。这样，把真理作为追求目标的科学，就是在无穷接近真理的过程中进步，永无止境。因而就不能企望画出一张完善的图画，去描述世界总的图景，也不能对科学接近真理的逼真性进行定量测量。

在科学史上，曾有为数不少的科学家坚持科学理论绝对无误的观点，认为科学的目标是提供绝对确定的可证明的知识。19世纪末，经典物理学硕果累累，使许多科学家更加坚持科学理论完备无误，一些人甚至认为，完全精确地揭示自然界的秘密已是指日可待了。可是，接着而来的却是黑体辐射、光电效应等一连串的奇异事实被发现。这些异常事实动摇了经典物理学的基础，曾被认为完美无缺的理论陷入了困境，这使绝对无误论的幻想彻底破灭。科学家们不得不接受这样一个现实：科学进步的目标是真理，这种进步是理论越来越接近真理，不断提高逼真性的无穷过程。但是，这样规定科学的进步，就要求对逼真性概念做出具体解释，使之成为明显可理解的。波普经过长时间的思索，公布了逼真性概念的简单定义：

$$V_s(a) = C_t T(a) - C_t F(a)$$

其中，$V_s(a)$ 表示理论 $a$ 的逼真性，$C_t T(a)$ 是理论 $a$ 的真理内容的量度，$C_t F(a)$ 是理论 $a$ 的虚假内容的量度。波普指出，如果假定理论 $a$ 的内容和真理的内容都是原则上可度量的，那么就可以给 $V_s(a)$ 的逼真性的测度做出如此这般的定义。就是说，理论 $a$ 的逼真度，等于它的真理内容减去它的虚假内容的量度。这样，"假设两种理论 $t_1$ 和 $t_2$ 的真理内容和虚假内容是可比的，我们就可以说 $t_2$ 比 $t_1$ 更相似于真理或更符合于事实，当且仅当（a）$t_2$ 的真理内容而不是虚假内容超过 $t_1$ 的，（b）$t_1$ 的虚假内容而不是真理内容超过 $t_2$ 的"[1]。但是，波普的逼真度定义被证明是失败的，把理论的真理内容和虚假内容进行定量的比较是行不通的。例如，对于任何两个相区别的假理论来讲，说其中任何一个比另一个具有较少的逼真性都是错误的。而按照波普的证伪主义立场，一个假的理论可以比另一个假的理论更接近真理。说到底，科学从相对真理走向绝对真理，不断地逼近绝对真理是一个复杂的过程，这种逼真性可以给出一定的评价标准，但不能定量地计算。一种理论所包含的真理内容和虚假内容是由实践来检验的，是与一定条件下、一定时代的实践手段和水平联系在一起的。由于实践活动受到历史条件的限制，因而科学史上经常发生这样的情况：曾被确证的理论内容，后来却被推翻了；曾被淘汰的理论内容，后来却又复活了。科学理论的淘汰、更替、复活，呈现出纷繁复杂的局面，科学进步表现为无穷接近真理的复杂过程，不是定量测量逼真度所能解释的。

---

[1] 波普：《猜想与反驳》，上海译文出版社1986年版，第334页。

# 第十二章

## 辩证逻辑与真理

我们已经用辩证逻辑的观点论述了什么是真理。但是，辩证逻辑作为关于真理的学说，并不仅仅在于对真理给予科学说明，更重要的是在于辩证逻辑为人们运用理论思维把握真理提供了最一般的方法论。

科学以真理作为进步的目标。为了实现这一目标，科学必须有理论体系，又必须有建立理论体系的独特方法。但是，这些独特方法，例如，观察和实验、抽象和概括、假说－演绎法、公理化方法等等，虽然能够回答理论体系这张图片是如何画出来的，但不足以解决科学向真理进步过程中存在的一系列矛盾：要获得真理，首先要通过感官的门窗提供感觉经验，但感觉经验却是可谬的，这是一个矛盾；有了经验事实，又必须通过归纳的程序形成普遍必然性的知识，建立科学理论，可是这其中却没有逻辑通道，这也是一个矛盾；其他的还有真理与谬误、实践的确定性与不确定性等矛盾。这些矛盾充塞于科学实现目标的过程中，解决这些矛盾，要求有更一般的方法论——认识论和逻辑，而这种认识论和逻辑又必须是辩证的。因此，科学的最一般方法论是与认识论、辩证法相一致的辩证逻辑。辩证逻辑为解决科学进步中的各种矛盾提供了正确方法和答案。

## 第一节 辩证逻辑——科学最一般的方法论

按照辩证逻辑，对于认识真理过程中所遇到的上述一系列矛盾，必须运用整体综合性思维和矛盾互补性思维的方法去把握和解决。具体来说有四点。

## 一、在至上性与非至上性的对立统一中认识感觉能力

认识的源泉是感觉经验,"不通过感觉,我们就不能知道实物的任何形式,也不能知道运动的任何形式"①。然而,感觉经验又往往是靠不住的。由于情绪、意志等心理因素和以往经验的参与,由于观察中渗透着理论,相同的物理刺激可以引起不同的感觉,不同的物理刺激又可以引起相同的感觉,在对感觉材料进行逻辑加工时,还会产生错觉。于是造成了一个矛盾:人们必须通过感觉去认识事物,但感觉却是可谬的,这就是所谓的"感觉悖论"。对于这个矛盾,人们很自然地提出了一个问题:感觉能否给予客观实在?

科学理论作为理论认识的结晶,是来自感觉经验,在经验概括的基础上形成的。科学进步能否达到真理,首先就要解决感觉悖论,对感觉能否给予客观实在做出回答。如果感觉能够提供关于客观实在的报道,理论的真理性就有了可靠的经验基础,否则就可以怀疑。面对感觉悖论,面对感觉能否给予客观实在的疑难,哲学家提出了不同的解决方案,做出了不同的回答。在哲学史上,展开了经验论与唯理论之争。

唯物主义的经验论者,如古希腊罗马时期的伊壁鸠鲁、近代前期的英国哲学家弗朗西斯·培根、霍布斯和洛克等人坚持认为感觉是认识的唯一源泉。在这一点上他们无疑是正确的。他们中间的一些人,如培根也觉察到了感性认识的片面性和表面性。但从实质上说,经验论者完全相信感官的报道,夸大了感觉能力。培根虽然看到了感性认识的缺陷,但认为通过实验就可以弥补感觉经验的不足。而实验毕竟也是经验认识的手段,因此,经验论者对于感觉能否给予客观实在的问题,是做出了绝对主义的肯定的。

唯理论者则走上了另一个极端,他们看到了感觉经验的可谬性,但由此却根本否认了感觉是认识的源泉。例如,笛卡尔就认为,感觉只能提供一些关于事物的模糊观念,甚至会使我们误入歧途,只有理性和理性所特有的直觉才能提供正确的认识。这样,唯理论者就完全抹杀了感觉能力,对感觉能否给予客观实在的问题,做出了绝对主义的否定。

经验论与唯理论的对立,根本在于前者夸大感性认识的作用,后者夸

---

① 《列宁选集》第 2 卷,人民出版社 1972 年版,第 308 页。

大理性认识的作用,割断了感性认识与理性认识的联系。这种对立反映在感觉能否给予客观实在这个问题的看法上,就做出了相反的回答。唯理论者否认感觉能够给予客观实在,否认人的认识来源于感觉经验,固然是错误的,但经验论者认为感觉经验可以没有误差地反映客观实在,也是不足取的。在这里,确实没有辩证逻辑就不能科学地回答感觉能否给予客观实在的问题。

在辩证逻辑看来,感觉是能够给予客观实在的,对此,并不能因感觉经验的可谬性而得出相反的结论。但是,对于感觉能力,必须放在认识的至上性和非至上性的对立统一中去辩证考察,不能像古典经验论者那样简单化。

感觉能力的非至上性主要表现在三个方面。

第一,感觉能力在生理上受到限制,感官是不完善的,尽管费尔巴哈曾经说过:"我们没有任何理由设想,如果人有了更多的感觉或器官,他就能够认识自然界更多的属性或事物。"① 但这并不足以说明人的感官已十全十美。世界上许多事物我们之所以认识得迟缓,是与感官的不完善直接相关的。

第二,感觉活动受个体性和时代性的限制,就每个人和特定时代的人来说,感觉能力总是有限的。

第三,感觉具有主观因素,受情绪、意志、经验、理论水平的影响。

感觉能力的非至上性决定了感觉并不是外界客观事物的绝对正确的映象,感觉对客观事物的摹写绝不会与原型完全相同。

但是,感觉能力又有至上性的一面。

第一,各种感官可以互相补充。客观事物有多种多样的属性,不同的属性作用于不同的感官,可以引起不同的感觉。但是,各种感官的功能并不是各自孤立、互不沟通的,某种感官所提供的感觉是否反映了客观实在,可以用另一种感官去检验。例如,盲人以听觉代替视觉,聋人以视觉代替听觉。

第二,感觉器官的延长是无限的。人的感官无限延长,可以弥补感官的不完善,克服感官的局限性。人类可以制造各种仪器,延长各种感觉器官,从宏观和微观两方面扩大感知范围。

---

① 转引自列宁《哲学笔记》,人民出版社1974年版,第64页。

第三，就人类总体来说，感觉能力是无限的，感觉经验可以代代相传并不断发展。并且，由于感觉的发生总有共同的结构，因而具有社会普遍性。个体的经验感受可以纳入社会的共同经验系统，从而得到整理和综合，作为人类共同的经验流传下去。

第四，人的感觉能力可以通过实践活动得到锻炼和提高。人的实践活动本身就是可感知的物质活动。随着实践活动的发展，感性认识也向广度和深度发展。而且，实践活动的结果，创造出人化的自然；人化的自然也培养了相应的感觉能力。如前面所说，交响乐培养了能欣赏它的耳朵，造型艺术培养了能欣赏它的眼睛。人类改造世界的活动是无止境的，感觉能力的提高就不会有限度。

第五，感觉能力又可以通过理论知识的指导得到提高。人类的感性认识本来就与理性认识不可分割，在人类的感知活动中不可避免地渗透着理论。由于理论知识的参与，人的感觉大大高于动物的感觉。例如，鹰比人看得远、看得高，但人的眼睛远胜于鹰。在科学思维活动和科学理论的指导下，感觉经验的片面性和表面性可以得到克服。

在至上性和非至上性的矛盾运动中考察感觉能力，才能解决感觉悖论，对感觉能否给予客观实在做出正确的回答。感觉是人的认识的唯一源泉，虽然感觉只是近似地、相对准确地反映客观实在，但是总的趋向却是无穷接近客观实在。因为认识活动是人类的活动，认识是一个无限发展的过程，感性认识是在实践中发生的。从这些方面看待感觉，就可以得出感觉能够给予客观实在的结论。

认识能力包括感觉能力和思维能力两个方面。我们为了说明感觉能否给予客观实在的问题，在上面仅考察了感觉能力的至上性与非至上性。同样的，人的认识的至上性与非至上性的对立统一，也表现在思维既是至上的又是非至上的这方面。关于思维的至上性和非至上性对立统一的一般原理，我们在上一章讲到"真理是过程"时曾有所涉及，在此不再展开论述。但是，需要指出的是，思维的至上性与非至上性的矛盾，也给认识真理造成了困难。这主要表现在：离开逻辑思维方法不能使感性认识上升为理性认识，而普遍必然性知识的获得，又不能仅靠逻辑思维的方法。这就是我们下面所要谈论的问题。

## 二、在逻辑因素与非逻辑因素的对立统一中考察普遍必然性知识的形成

感觉能够给予客观实在，但感觉所提供的知识毕竟是零碎的、表面的，科学要达到真理，还必须对感觉经验进行思维加工，形成具有普遍必然性的理性知识，从而深入到对事物本质的认识。但是，在形成普遍必然性知识方面，却存在着逻辑困难：普遍必然性的理论必须从一系列个别经验事实中抽象出来，这要借助归纳来实现；而从个别经验事实中归纳出普遍必然性的知识却没有逻辑必然性。这又是一个矛盾。于是，普遍必然性知识何以可能的问题被提了出来。如果普遍必然性知识是可能的，那么科学理论就能够建立，真理就可以把握；反之，人的认识就只能停留在感觉表象上，不能达到客观真理。

普遍必然性知识何以可能，是经过休谟对古典归纳主义的怀疑，才成为问题的。在古典归纳主义看来，由于有归纳原理做保障，获得普遍必然性知识并不存在困难。通过归纳的手续，普遍必然性知识完全可以从经验事实中推导出来。但是，自从休谟提出归纳问题以后，单纯通过归纳即可概括出普遍必然性知识的观念被推翻了。人们发现，归纳原理关于"大量观察"和"在各种各样条件下观察"的规定是含糊的，并且归纳原理既不能在逻辑上也不能从经验上得到证明。作为归纳前提的陈述，都是指称个别经验事实的单称陈述，而归纳的结论却是全称陈述，其前提与结论没有必然联系。这样，从个别经验事实中概括出普遍性知识也就没有逻辑通道。矛盾显而易见地摆了出来。

对这个难题，休谟自己用"习惯原则"来解决。他说，任何一种动作在屡次重复之后，就会产生一种偏向，使人们不借任何推论，就能再度重复同样的动作，这种偏向就是"习惯"。"在相似的例证屡见不鲜以后，人心就受到了习惯的影响，在看到了一件事情出现以后，就来期待它的恒常的伴随。"① 因此，根据经验所做出的关于因果联系、必然联系的推论，都是由于习惯的作用。休谟以习惯原则说明"必然联系"的观念的生成，完全否定了逻辑因素、理性因素对于形成普遍必然性知识的作用。可是，休谟所谓的"必然联系"必须是加引号的，因为休谟提出习惯原则，不仅

---

① 休谟：《人类理解研究》，商务印书馆1957年版，第61页。

## 第十二章　辩证逻辑与真理

没有为普遍必然性知识的形成找到正确途径，反而抹杀了普遍必然性知识。在他看来，人们看到对象的恒常伴随之后形成的"必然联系"的观念，只不过是人心中形成的一种习惯，而习惯其实是一种主观感觉或印象。就是说，"必然联系"只存在于感觉之中，客观世界是否存在必然联系是不可知的。这样，休谟既在感性与理性之间划了一条鸿沟，又在主观感觉与外部世界之间划了一条鸿沟。只承认感觉经验，只是用习惯原则来解释"必然联系"观念如何"生起"，不承认理性的抽象概括具有形成普遍必然性知识、把握事物本质和规律的能力，也不承认客观世界中存在必然联系，于是，涉及事实和经验的命题就只能是或然的，不能具有普遍必然性了。

由于休谟局限在主观感觉的圈子内谈论"必然联系"的观念的"生起"，因而他自己也得出了普遍性知识不可能形成的结论。他反复强调，"必然联系"的观念，只是当人们看到对象恒常伴随的无数例证之后才引起的，不能依赖于看到某一次例证。既然从一次例证中看不到必然联系，那么，这种例证无论重复多少次，也永远不能发现对象之间的必然联系。因而，普遍必然性知识是不可能的。休谟在这里看到了归纳的或然性。但问题在于：必然联系存在于客观事物之中，客观事物相互联系的规律性是可以认识的。逻辑因素对于认识事物的必然联系，从而形成普遍必然性知识起着重要作用。休谟的怀疑主义、主观经验论的立场，使他对此不能理解，虽然提出了归纳问题，却找不到正确答案，最终导致不可知论。

康德对于普遍必然性知识何以可能的问题做了更系统的研究。他提出用"形式"（先天认识能力）去整理"质料"（后天感觉经验），从而形成普遍必然性知识的解决办法。前面讲过莱布尼茨曾把知识分成推理的真理和事实的真理两大类，休谟也曾做出类似的分类。他们都认为推理的真理（逻辑命题）具有普遍必然性，不具有普遍必然性的是事实真理（经验命题）。休谟的怀疑也是针对后者的。沿着这条线索，康德把判断分成分析判断和综合判断。分析判断的宾词包含于主词之中，因而具有先天的普遍必然性，无须凭借经验就可理解。但这种判断也有缺点，它只是解释性的，不能增加新知识。综合判断的宾词超出主词，须凭借经验才能理解，因而具有客观性，能扩展知识。但这种判断同样有缺点，它有赖于经验事实，故不具有普遍必然性。然后，康德提出一个问题：是否存在一种既具有客观性、能够扩展知识，又具有普遍必然性的判断呢？康德认为这样的判断是存在的，否则就没有科学知识。他称之为"先天综合判断"。他所追求的普遍必然性知识指的就是这种判断。

那么，先天综合判断如何形成呢？康德认为，知识有两个来源，一是外物作用于感官所引起的感觉经验，二是理性先天固有的认识能力。用先天的认识能力去整理后天的感觉经验，就形成了先天综合判断，使零散的、或然的感觉经验变成具有普遍必然性的知识。他所说的先天认识能力是指感性直观形式（"时间"和"空间"）和知性范畴（"因果性""必然性"等）。感性直观形式和知性范畴都是人脑先天具有的，能为自然立法，从而使知识具有普遍必然性。

康德力图克服经验论和唯理论各执一端，割裂感性认识和理性认识的片面性，并且注重用理性因素解释普遍必然性知识的形成。但是，他关于普遍必然性知识如何形成所做出的回答，在本质上是不正确的。首先，他错误地认为，在感觉经验之外，还有一种先天认识能力也是认识的来源，并认为普遍性知识所以可能，是由于人脑中具有先天的认识形式，它们能为自然立法。这样一来，人的认识就不是在实践中概括经验事实、反映客观事物的本质和规律的过程，反倒是由理性形式向客观事物颁布法令，把普遍必然的规律强加于客观事物的过程。康德的先验论，把普遍必然性知识的形成过程完全颠倒了。其次，康德承认在"现象世界"（指人们的感觉表象）之外存在"自在之物"，又把认识分为感性、知性和理性三个环节。在他看来，现象世界可以通过感性环节和知性环节去认识；理性环节要求超越现象世界去认识自在之物，则不能实现。因为理性环节没有相应的先天认识形式，要借助知性范畴去认识自在之物，但知性范畴只在现象世界有效，不能把握自在之物。于是，人的认识只能停留在现象世界的此岸，不能达到自在之物的彼岸。人们所获得的普遍必然性知识只限于数学、几何学和自然科学的先天综合判断，反映整个客观世界的本质及规律的普遍必然性知识却是不能获得的，用他的话说就是"形而上学"的先天综合判断不能成立。康德限制了人们的认识能力，沿着先验论走上不可知论，普遍必然性知识的形成被他说成只在局部领域才可能。这样，人们就根本无法认识客观世界，无法把握客观真理了。康德的最后结论，使他先前的工作大打折扣。

到了现代，普遍必然性知识何以可能成为与科学理论的发现相等价的问题，从这个角度得到了进一步讨论。然而，这个问题所面临的矛盾和困难并未改变。那么,人们又提出了什么样的解决矛盾的办法呢?

一种做法是修改古典归纳主义的科学发现模式,以巩固归纳推理在普遍必然性知识形成中的地位。在这方面,应当特别提到约翰·赫歇尔和威廉·惠威尔的工作。约翰·赫歇尔看到,许多重要的科学发现并不符合弗朗西斯·培根的模式,但他仍然尊重培根的归纳模式。由于这样,他认为,从观察上升到定律和理论,可以有两种不同的方式:一种方式是应用特定的归纳格,这实际是允许继续沿用培根的归纳模式;另一种方式是提出假说。美国科学家约翰·洛西在《科学哲学历史导论》中用图式表示了赫歇尔的发现模式(如图12-1所示)。

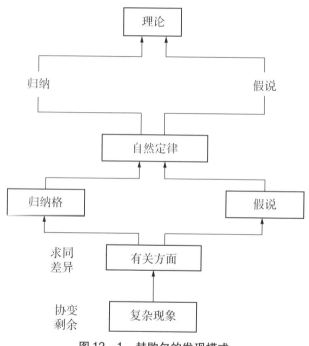

图12-1 赫歇尔的发现模式

赫歇尔认为,有些理论是通过第一种方式获得的,如波义耳定律的发现;有些理论则是通过第二种方式获得的,如惠更斯关于"光的椭圆传播"假说的提出。与赫歇尔不同,惠威尔对培根发现模式的改造,表现为他提出了"序曲—归纳期—结局"这样一个理论发现模式。序曲由事实的搜集、分解和概念的澄清组成。当一个特定概念引入一组事实中时,就开

· 235 ·

始了归纳期。经过序曲和归纳期所达到的综合就是结局。惠威尔发现模式的特色在于：把理论引入了归纳发现过程。这样，普遍必然性知识的形成过程，就不再是从个别经验事实直接归纳上升了。

积极从事改造古典归纳理论，改造普通归纳逻辑工作的还有现代归纳主义者莱辛巴赫和卡尔纳普等人。但是，正如我们在前面指出过的那样，他们不是像赫歇尔和惠威尔那样，通过改造归纳模式，使归纳逻辑在科学发现方面站稳脚跟，而是否认了归纳逻辑在科学发现中的作用，认为归纳逻辑只在证明中起作用，只是一种给理论提供经验证据的支持，为理论进行辩护的逻辑工具。把科学发现归之于科学心理学、科学社会学的研究领域。

与莱辛巴赫、卡尔纳普异曲同工，以卡尔·波普为代表的反归纳主义也否认了归纳逻辑在理论发现中的作用，他们合成一股潮流：完全用非逻辑因素解释普遍必然性知识的形成，把科学理论发现归结为非理性的、心理的作用。波普自称在知识来源问题上是多元论者，认为经验、理性和历史传统都是知识的来源，但实际上仅承认理论来自灵感，经验、理性和历史传统只不过是灵感提出理论时的参考。波普混淆了知识来源和科学家建立理论的依据问题，他用灵感说明普遍必然性知识的产生，是一种非理性主义和神秘主义的解释。科学家爱因斯坦也是主张科学发现在归纳之外的，他用"思维的自由创造"来说明普遍必然性知识的形成。

但是，理论的发现如果仅仅是灵感的释放，是所谓思维自由创造的产物，普遍必然性知识的形成就无规律可言，就成为不能描述、不能把握的过程。因而，如同古典归纳主义对于普遍性知识的形成给予了片面、简单的回答一样，波普等人仅用灵感对此加以解释也是简单、片面的。

在科学发现是归纳过程与科学发现是心理过程两种意见争执不下之际，美国科学哲学家 H. A. 西蒙提出了一种独特见解。他认为，在科学理论发现问题上，既要"剪掉"归纳，又要拒斥直觉。发现的逻辑、发现的规范理论是可构造的，但这与归纳毫无关系。他用两个定义表述了基本看法：

> 定律发现过程是以简短方式对经验资料重组编码的过程。
> 科学发现的规范理论是一种评价定律发现过程的根据。

他举例说，现在有下列字母串：

ABMCDMEFMGHMIJMKLMMNMOPMQRMSTMUVMWXMYZMABMC……

这个字母序列已被图式化，因此，只要定义这图式，就能较简洁地描述它。具体来说，它可描述成一个三元组序列。每个三元组的前两个字母按照 ABC 次序继续，第三个字母是 M。于是，可用如下图式表示这序列的一般三元组：

①$n(\alpha)\ n(\alpha)\ s(\beta); \alpha = Z, \beta = M$

其中，"$n(\alpha)$"意为用α的后续符号取代符号α；"$s(\beta)$"意为重复与β相同的符号；表达式"$\alpha = Z$"和"$\beta = M$"分别把字母串上的初始位置定为 Z 和 M。假定字母串是循环的，则 A 继续 Z。

西蒙认为，图式①是以简短方式对经验资料的重组编码，它就是该字母序列的规律。因为它能应用于该字母序列，并与字母串上的字母相匹配，并且图式①还预言，外推将从 DMEFM 开始，循序而行。西蒙承认发现的逻辑是一种"外推"过程，但只有在"以简短方式对经验资料重组编码"的意义上理解"外推"，才有发现的逻辑。

但是，西蒙对理论、定律发现过程的解释仍然是成问题的。按照西蒙的"定律发现过程"所发现的东西根本不是定律，因为定律通常是指普遍化陈述，是从一组材料中推导出来的，而西蒙所谓的"用简短方式对经验资料重组编码"，只不过是对同样的材料做出更节省、更经济的重新描述。

我们已经看到，对于"普遍必然性知识何以可能"的问题，释家蜂起，答案繁多，但概括起来不外两种对立的观点：一种观点认为普遍性知识的形成是单纯归纳的过程，把理论的发现归结为理性因素、逻辑因素的作用。另一种观点认为普遍必然性知识的形成只是心理过程，把理论发现归结为非理性因素、非逻辑因素。在我们看来，这两种解释都是失之偏颇的。应当运用辩证逻辑的观点和方法，在逻辑因素与非逻辑因素的对立统一中去考察普遍必然性知识的形成。

归纳是一种逻辑推理和逻辑方法，灵感作为一种认识形态却是缺乏中间推导过程的非逻辑思维，是一种心理现象，它们有着明显的差别和对立。但是，在普遍必然性知识形成过程中，在理论发现过程中，它们又是互补的，具有统一性。

一方面，必须承认在普遍必然性知识形成过程中存在着想象、联想、灵感释放等非逻辑因素。这些非逻辑因素在三个方面制约着普遍性知识的形成：第一，由于存在这些非逻辑因素，人们才能够超越个别经验认识而把握事物的普遍性，形成普遍性的知识。第二，由于存在这些非逻辑因素，人们才能越过具体时间界限，对事物发展的必然性趋势做出预测。第三，由于存在这些非逻辑因素，才使普遍必然性知识最初以假说的形式出现，带有假说的性质。

另一方面，又必须承认普遍必然性知识的形成离不开逻辑因素的作用，离不开归纳逻辑。若否定归纳法，就会切断认识从个别上升到一般的道路。事实上，归纳逻辑为理论发现提供了逻辑框架。这主要表现在：第一，作为归纳前提的有限、个别的经验事实是通过比较、分类，根据它们具有某种共同性才被选择出来的，归纳前提的共同性为归纳推理提供了逻辑根据，使个别经验性认识上升为普遍规律性认识成为合理的过程。第二，归纳的前提限制了想象的范围，在由个别经验性认识上升到普遍规律性认识的过程中，想象活动总是在前提所提供的逻辑可能性范围内进行的，"思维的自由想象"并不是那么自由。

普遍必然性知识的实际发现过程表明，是逻辑因素与非逻辑因素交互作用，使个别经验性知识上升为普遍规律性知识。理论发现的过程是包含两个基本步骤的。在过程的第一步，是运用比较、分析等逻辑方法对个别经验事实进行考察，找出它们的共同点，这完全属于逻辑思维的活动。在这里，根据所考察的个别经验事实分别具有同样的属性特征，从而概括出这个范围内的经验事实都具有某一属性特征，是具有逻辑必然性的。在过程的第二步，是由对上述共同点的认识向普遍规律性认识转化，这中间以假说为过渡环节，这时，就需要非逻辑因素的参与，运用猜想、联想等手段，提出假说，做出预言。但即使在这时，也仍然需要理智的抽象和归纳、类比、外推等逻辑方法，仍然离不开理性因素和逻辑因素，并且逻辑因素对非逻辑因素还起着制约作用。根据假说所提出的一系列预言都为实践反复证实，假说就转化为理论，成为普遍必然性知识，人们也就获得了关于某一事物的真理性认识。

## 三、在相对与绝对的对立统一中把握真理和谬误的对立

著称于世的亚里士多德的真理定义,在定义真理的同时,也定义了谬误:"真理的问题依事物对象的是否联合或分离而定,若对象相合者认为相合,相离者认为相离就得其真实;反之,以相离为合,以相合为离,那就弄错了。"可见,真理和谬误从一开始就是作为两个完全对立的概念提出来的。但是,恩格斯却指出:"真理和谬误,正如一切在两极对立中运动的逻辑范畴一样,只是在非常有限的领域内才具有绝对的意义。"① 超出了这个有限的领域,真理和谬误的对立就只具有相对的意义,"今天被认为是合乎真理的认识都有它隐蔽着的、以后会显露出来的错误的方面,同样,今天已经被认为是错误的认识也有它合乎真理的方面,因而它从前才能被认为是合乎真理的"②。于是,矛盾又发生了:真理与谬误的对立有绝对的一面,同时又有相对的一面。科学向真理进步,如果不能正确认识这一矛盾,在向目标接近时就会陷入迷惘。

这个矛盾,确曾使许多人陷入迷途,他们在试图解决矛盾时,有的走向绝对主义,有的走向相对主义。

绝对主义过分强调真理与谬误的对立,以致把两者看成毫无关联、互不相干。在哲学史上,一些哲学家把真理与谬误的对立绝对化,是与割裂感性认识与理性认识联系在一起的。经验论者认为感觉绝对不会出差错,感觉所提供的认识一定是真理,而谬误则出自心灵,存在于理性之中,由于理性对感觉材料做了不正确的解释和判断才产生谬误。唯理论则认为,恰恰是感觉经验中才产生谬误,真理则只存在于理性认识之中,只与理性相联系。经验论者夸大感性认识能力,唯理论者夸大理性认识能力,但在真理与谬误的关系问题上,他们却殊途同归,都把真理与谬误的对立绝对化了。

绝对主义地看待真理与谬误的对立,还有一种表现,就是不承认有相对真理,只承认纯粹的绝对真理。由于否认了真理的相对性,真理就变成了绝对的、纯粹的真,真理和谬误就完全没有联系了。现象学学派的胡塞尔就曾这样说:"哲学(真理的科学)的目的在于那种超越一切相对性的

---

① 《马克思恩格斯选集》第3卷,人民出版社1972年版,第130页。
② 《马克思恩格斯选集》第4卷,人民出版社1972年版,第240页。

绝对终极有效的真理。"① 一些自然科学家也有这种绝对主义观念，例如拉普拉斯把古典力学绝对化，企图建立关于物质运动的某种绝对公式。虽然他本意是要捍卫决定论，但却滑向绝对主义，去追求完美无缺的古典力学的终极真理了。但是，科学进步的历史和真理的发展过程无情地粉碎了这种绝对主义，正如著名物理学家劳厄说的那样，"事实上，物理学从来不具有一种对一切时代都是完美的、完满的形式；而且它的内容的有限性总是和可能的观察的无限丰富多样性对立的"②。

与绝对主义相反，相对主义则完全抹杀了真理与谬误的对立。在相对主义者那里，真理与谬误的原则界限不见了，质的区别不存在了。古希腊罗马时期的怀疑论者普罗塔哥拉在《论真理》中说："人是万物的尺度，是存在的事物存在的尺度，也是不存在的事物不存在的尺度。"③ 于是，"事物对于你就是它向你呈现的样子，对于我就是它向我呈现的样子"④。例如，"风对于感觉冷的人是冷的，对于感觉不冷的人是不冷的"⑤。按照这种看法，真假就只是相对于人的感觉来说的，你、我、他的感觉都是真假的尺度，你、我、他对于同一事物的感觉即使不同甚至相反，也都是真实的，这就无所谓真理与谬误的区别了。

到了近代，由于科学理论急剧变革，一个又一个的科学理论由盛而衰，使得古代相对主义在一些科学家头脑中复萌。早在古希腊时期，科学就是真知（绝对正确的终极知识）的同义语，牛顿力学的伟大成就，进一步巩固了这个古老的迷信，并且使它借科学的名义更加声势显赫。然而，即使是伟大的牛顿力学，也在爱因斯坦相对论面前失落了神圣的光环。这使一些科学家的思想陷入混乱，似乎真理与谬误、科学与非科学已没有什么界限了。库恩就说："科学史家要把过去人们所观察和相信的'科学'部分，同前人任意扣上'错误'、'迷信'的部分互相区别开来，也遇到愈来愈大的困难。他们愈是仔细研究像亚里士多德力学、燃素说化学、热质说热力学等等，就愈会感到，那些一度流行过的自然观，从总体上说，一点也不比今天流行的更不科学些，或者更加是人类天性怪癖的产物。如

---

① 转引自夏甄陶《认识论引论》，人民出版社1986年版，第377页。
② 转引自夏甄陶《认识论引论》，人民出版社1986年版，第378页。
③ 北京大学哲学系：《古希腊罗马哲学》，商务印书馆1961年版，第138页。
④ 北京大学哲学系：《古希腊罗马哲学》，商务印书馆1961年版，第133页。
⑤ 北京大学哲学系：《古希腊罗马哲学》，商务印书馆1961年版，第130页。

果把这些过时的信念叫做虚构,那么,今天使我们获得科学知识的方法和根据,也同样可以产生虚构,可以证明虚构。"① 从这段话可以看出,库恩不理解真理是在同谬误的斗争中发展起来的,实际上也取消了真理与谬误的界限。

相对主义者抹杀真理与谬误的对立,另外还表现在不承认有绝对真理,只承认相对真理这方面。否认绝对真理,也就否定了客观真理,否定了真理中有绝对的客观内容。这样一来,相对真理实际上就变成了谬误,真理与谬误被混为一谈了。按这种观点,科学发展过程中,后继的理论超越先行的理论就不是从相对真理走向绝对真理,而是从一个谬误过渡到另一个谬误。正如苏联哲学家科普宁所揭露的,"结果是物理学家们起初犯了牛顿的错误,而现在是犯了爱因斯坦式的错误,还会出现天才的物理学家,他会把我们引入新的谬误"②。当然,科学的发展并不是不能从谬误的方面谈论,恩格斯就曾说过:"科学史就是把这种谬论逐渐消除或者更换为新的,但终归是比较不荒诞的谬论的历史。"③ 但恩格斯是在承认客观真理、承认相对真理与绝对真理辩证统一的前提下,从谬误的角度表述科学史是相对真理走向绝对真理的历史。科学理论的发展过程绝不是从谬误走向谬误,旧理论被新理论超越,并不意味着旧理论已完全失去真理的内容而变成谬误,新理论只是否定旧理论中谬误的内容,同时又接纳旧理论中的真理内容。在继承旧理论合理内容的基础上产生的新理论,不是谬误内容更多,而是真理内容更丰富,对自然界的反映在深度和广度上都前进了一步,更加逼近绝对真理。例如,爱因斯坦的理论并没有使牛顿的理论完全失去真理性而成为谬误,牛顿理论仍在其适用范围内保持其真理性并成功地应用着。爱因斯坦的理论则为人们提供了对物理世界更深刻、更为正确的认识。

绝对主义把真理和谬误的对立绝对化,相对主义抹杀真理和谬误的对立,根源都在于不懂得真理和谬误的对立既有绝对性又有相对性。

真理和谬误对立的绝对性,主要表现在两个方面。

第一,真理是对客观事物本质规律的正确反映,是主观与客观的符

---

① 库恩:《科学革命的结构》,上海科学技术出版社1980年版,第2页。
② 转引自夏甄陶《认识论引论》,人民出版社1986年版,第379页。
③ 《马克思恩格斯全集》第37卷,人民出版社1972年版,第489–490页。

合。谬误则是对客观事物本质规律的歪曲反映,是主观与客观的脱离。在质的规定性上,真理与谬误界限分明,不容混淆。

第二,真理和谬误是互相排斥、相互斗争的,这种斗争贯穿于整个认识过程的始终,不容调和。

真理和谬误的相对性也主要表现为两个方面。

第一,真理和谬误作为同一过程中矛盾的两个方面是联结在一起的,互为对方存在的前提。

第二,真理和谬误在一定条件下可以互相转化。"对立的两极都向自己的对立面转化,真理变成谬误,谬误变成真理。"①

任何真理都有它的适用范围和条件,如果超出它的范围和条件,真理就会变成谬误。恩格斯举例说:"水在摄氏零度和一百度之间是液体,这是永恒的自然规律,但要使这个规律成为有效的,就必须有:(一)水,(二)一定的温度,(三)标准压力。月球上是没有水的,太阳上只有构成水的元素,这个规律对这两个天体是不存在的。"② 又如,欧几里得几何学所反映的是地面上平直空间的特性,超过这个范围,把它用之于宇宙空间或用以描述非固体物质形态的空间特性,它就变成谬误。真理的适用范围,还包括时间因素,随着时间的推移,事物变化、发展了,如果这时仍然把仅适用于某一时期的真理拿来说明已变化了的事物,真理也会转化为谬误。真理转化为谬误,在科学理论的发展方面,表现为理论的淘汰。理论的淘汰是指,一个曾经被确证的科学理论,其理论系统被肢解或归并,从而被另一个新的理论系统所取代。如果一个科学理论 $T_x$ 所不能解释的现象领域,能被一个新的科学理论 $T_y$ 所解释,并且 $T_y$ 又能解释 $T_x$ 所能解释的范围,那么 $T_x$ 就被淘汰,为 $T_y$ 所取代。例如,在牛顿力学之前,伽利略建立了自由落体定律,后来牛顿力学产生,把所有力学成果总结概括成三条定律,牛顿力学不仅能阐明伽利略的自由落体定律,还能解释伽利略自由落体定律所不能说明的许多力学现象。这样,伽利略的落体理论就被淘汰,被牛顿力学所吸收。不过,"淘汰"一词并不是在"简单否定"或"抛弃"的意义上使用的,被淘汰的科学理论中所有被确证的真理内容都将以新的形式保存下来。并且,遭淘汰的科学理论在其适用范

---

① 《马克思恩格斯选集》第3卷,人民出版社1972年版,第130页。
② 《马克思恩格斯选集》第3卷,人民出版社1972年版,第558页。

围内并不失去其真理性。

真理和谬误的转化是相互的，在一定条件下谬误又会变成真理。谬误转化为真理，与科学研究的范围和人的认识水平密切相关。在某一科学研究范围内被证明是错误的理论，随着科学研究范围的扩大，会被证明为真理。囿于认识水平，曾被认为是错误的理论，随着认识水平的提高，会成为真理，被人们接受。例如，"一种化学元素可以转化为另一种化学元素"这一命题，在局限于研究化学运动的范围内曾被证明是谬误，后来，当科学研究深入到原子核物理范围时，人们发现该命题本是真理。只要用原子核物理提供的科学手段，就可以实现化学元素的转变。这意味着，谬误转化为真理，在科学理论的发展方面，表现为历史现象的逆转，即理论的复活。理论的复活是指，一个未曾取得确证因而未得到发展的理论，或者一个虽然曾被确证但又被淘汰的理论，在新的条件下被人们接受，以新的形式得到恢复。理论复活有的是基本内容完整复活，有的是基本内容部分复活，但都表明了过去被认为是谬误的东西后来重新取得真理的价值。1815年前后，英国医学博士普劳特提出了所有原子量均为氢原子量的整数倍的假说，例如，氦 = 4 个氢，碳 = 12 个氢，等等。但这一假说在当时没有得到经验证据的支持，反而被提出了反例，于是普劳特的假说遭到拒斥。但是，在几乎被遗忘半个世纪之后，1907 年汤姆逊、阿斯顿的研究工作却为普劳特的假说提供了大量经验证据，使普劳特的假说在新的条件下复活，被人们所接受。

由于真理和谬误的对立有绝对性的一面又有相对性的一面，因而只见其对立的绝对性或只见其对立的相对性都是错误的，必须根据辩证逻辑的方法论，在绝对与相对的对立统一中把握真理与谬误的对立。既要看到真理与谬误的界限不容混淆，又要看到真理与谬误只在一个有限领域中才是绝对对立的，即仅仅是在回答什么是真理、什么是谬误的时候，它们的对立才有绝对性，而超出这个界限，它们的对立就只有相对的意义。只有树立这种观念，才能对科学进步的目标有明确认识，才能对科学进步过程的复杂性有充分的估计。这就是说，科学向着真理进步，是不断同谬误作斗争的过程，通过不断排除谬误而接近真理。科学进步并不是追求终极真理，也不存在什么终极真理，因而，科学进步是无限逼近真理的复杂过程，其间，有的理论被淘汰，有的理论却重新复活。但无论这个过程多么复杂，科学总是通过新理论不断扬弃旧理论而进步，这个进步过程是永恒的。

## 四、在确定性与不确定性的对立统一中把握实践标准

经过上面的分析,我们已经知道,感觉是能够给予客观实在的,普遍必然性知识是能够获得的。那么,人们如何知道普遍必然性知识是真理还是谬误呢?这最终要由实践检验来判别。可是,对于实践标准,列宁却指出:"实践标准实质上决不能完全地证实或驳倒人类的任何表象。这个标准也是这样的'不确定',以便不至于使人的知识变成'绝对',同时它又是这样的确定,以便同唯心主义和不可知论的一切变种进行无情的斗争。"① 列宁的话指出了科学进步过程中所遇到的又一个矛盾,即实践标准的确定性与不确定性的矛盾。

实践标准的确定性的含义有三点。

第一,实践是检验真理的唯一客观标准。一个认识、一种理论是否具有真理性,在于它是否正确地反映了客观事物及其规律,而对此,客观事物本身不能回答,认识自身也不能给自己作证,只有那种既和认识相联系,又能以物质形态表现出来,并且还能沟通主观与客观的因素,才能成为检验的标准,而这就只能是人的实践活动。只有经过实践的检验,理论的真伪才能得到判定。这是无条件的、绝对的。

第二,经过实践检验的科学理论,就确定了它具有客观真理性,包含着绝对真理的颗粒。新的实验可能揭示它的某些不真切,但绝不能从根本上推翻和消灭它。例如,经典物理经过若干世纪的实践一再检验,必定具有客观真理性,尽管量子论、相对论暴露了它的局限性,但并不能完全否定它,只是限制了它的可应用范围。事实上,即使在今天,阿基米德的杠杆定律仍然是每一架起重机的理论基础,喷气火箭的运行仍然没有背离牛顿的动量守恒原理,在宏观物体运动速度小于光速的条件下,经典物理学仍然保持其真理性。正如德国物理学家海森堡所说,现代物理学对经典物理学的修正根本没有触及经典物理学的真理性,"受到现代物理学的限制的,实际上不是经典物理学的有效性,而是它的可应用性"②。

第三,无限发展的人类实践,原则上能够对任何一个具体认识做出确定的检验。有的认识到底是真理还是谬误,限于实践的水平,一时难以检

---

① 《列宁选集》第 2 卷,人民出版社 1972 年版,第 142 页。
② 海森堡:《严密自然科学基础近年来的变化》,上海译文出版社 1978 年版,第 38 页。

验，但是，只要实践发展到相应的水平，就能够做出确定的检验。在实践面前，没有不能检验的认识，只有认识或迟或早得到检验的区别。例如，在登月火箭发射以前，月亮背着地球的那半面的情况对人类一直是个谜，诸如"月球背面存在着环形山"等假说一时尚无法检验，但登月火箭发射以后，就可以直接检验了。

实践的标准具有确定性，但并非绝对完备，它又是有条件的，有不确定性的方面。实践标准的不确定性在于以下三点。

第一，在每个特定的时代，实践技术水平都有一定的局限性，因而不能对当时提出的所有理论命题都做出确定的检验。实践检验离不开测量技术和实验仪器，而测量技术的高低，实践仪器的先进程度，都为一定时代的生产水平和科技水平所局限，这就决定了两种情况：

一种情况是，某些理论命题的真理性暂时不能得到确证。例如，按照哥白尼的太阳系理论，必然存在恒星视差，即：如果地球每年绕日运行一周，那么地球上的观察者，在夏、冬两季观察同一颗恒星，这颗恒星的视觉位置必然不同。16世纪时，第谷·布拉赫曾借助仪器观察视差，结果观察不到，他据此怀疑哥白尼的假说。实际上，由于恒星距地球过于遥远，要观察到极微小的视差需要极其精密的天文仪器，而在第谷·布拉赫时代还不具备这种精密仪器，致使"恒星视差"在当时无法得到确定的实践检验。几百年以后，在19世纪30年代才观察到恒星视差。

另一种情况是，受一定时期实践检验手段的限制，某些理论曾被证伪，但在新的实践技术条件下却得到确证，从而使理论重新复活。例如，在光学史上，光的粒子说曾在1850年被傅科的水中光速实验判定为谬误，后来发现了光电效应，使光的粒子说在1905年又以光量子说的形式部分地复活了。

第二，任何一次具体的、个别的实践都只能在一定条件范围内相对地检验理论的真理性，不能完全地、最终地判定理论的真理性。理论假说提出后，不能只经个别实践活动的验证就被判定为真理，因为一个理论命题可能涉及无限多的事实，提出无限多的检验蕴涵，而个别的实践活动只能对理论命题引申出来的有限数量的事实推断给予证实。这就决定了对科学理论真理性的判定必须是反复检验的过程。例如，自1687年以来的300年中，牛顿力学理论为若干次实践检验所确证，得到相当多的确证事例。诸如，哈雷彗星运行周期被证实，布盖用摆测出万有引力常数，赫舍尔发现天王星，汤博发现冥王星，等等。但是，其中每一次个别的实践都仅提高了牛顿力学理论的确证度，并不能完全证实它的真理性，即使把300年来的所有确证事例算在一起，也不能说已完全证实了牛顿力学理论，因为相对于无限发展的实践活动而言，每一有限时期内的实践检验仍是个别的、有限的。

第三，科学理论反映着客观对象的多样的性质，而一定的实践活动只能使人们认识事物性质的某一方面或某几方面，不能认识事物全部的性质。这就是列宁所说的："同实在事物的无限多的方面中的一面相符合的标准（＝实践）。"① 这也决定了一定的实践活动不能完全地判定理论的真理性。例如，从一些科学实验中可以得到光的微粒性证明，从另一些科学实验中又可以得到光的波动性的证明。对这些特定的科学实验来说，不能同时证实光的微粒性和波动性。

实践标准的确定性与不确定性，是在相互联系和渗透中对立着的。如果只见到实践标准的确定性，以为每一个具体的、个别的实践在任何条件下都能完全地检验理论，就会否定真理是过程，导致认识的僵化。如果只见到实践标准的相对性，就会最终抹杀实践作为检验真理的唯一标准，提出某种主观因素作为检验真理的标准来代替实践标准，从而走向唯心论。只有在确定性与不确定性的对立统一中把握实践标准，既看到确定性中有不确定性，又看到不确定性中有确定性，才不会为这个矛盾所困扰。这就是说，在承认实践标准具有确定性，是检验理论是否具有真理性的唯一客观标准的同时，又必须承认个别具体的实践不能完全地证实或证伪理论，对理论命题的检验，不存在什么绝对的判决性实验。另一方面，在看到具体的实践检验只有相对确定性的同时，又要看到实践的历史会使这种相对的确定性不断提高。科学是在实践的基础上进步的，科学向真理进步的程度是以实践检验为标准的。实践标准的确定性和不确定性的对立统一揭示了：理论的真理性检验是在历史无限发展的过程中实现的，因而科学进步只能是一个向真理无穷接近的过程。但是，无限发展的人类实践能够不断地证实理论的真理性，因而科学进步必将实现自己的目标——以科学理论形态把握客观真理。

---

① 列宁：《哲学笔记》，人民出版社1974年版，第310页。

## 第二节 辩证逻辑——认识史的总计

科学需要辩证逻辑,辩证逻辑同样需要科学。

列宁在《黑格尔〈逻辑学〉一书摘要》中写道:"逻辑不是关于思维的外在形式的学说,而是关于'一切物质的、自然的和精神的事物'的发展规律的学说,即关于世界的全部具体内容及对它的认识的发展规律的学说,即对世界的认识的历史的总计、总和、结论。"① 这说明,辩证逻辑作为科学的一般方法论,是根源于科学实践活动,从科学活动中总结出来的。考察科学活动,从中引申出认识论和逻辑,是历代哲学家、科学家共同追求的一种事业。但是,实践证明,并不是任何认识论和逻辑都能对认识史做出科学的总结、对科学活动做出正确的概括,而辩证逻辑却是有效的。于是,在诸多的认识论和逻辑中,辩证逻辑脱颖而出,在科学活动的土壤上成长起来,并伴随着科学的发展而发展。

### 一、辩证逻辑是哲学和科学达到批判总结阶段的产物

理论思维不是什么时候都能达到辩证的水平的。辩证逻辑作为认识史的总计,其产生和继续发展,都是以一定的哲学背景和科学背景为条件的。只有当哲学和科学充分实现了由具体到抽象的"蒸发",通过争鸣,一个个范畴被概括出来,认识论和逻辑才能对认识史做出辩证的总结,从而使辩证逻辑得到确立或发展到一个新阶段。中外认识史都一再表明了这一规律。

我们曾经指出,在古代中国,辩证逻辑以朴素的形式萌发于荀子哲学中。荀子之所以能提出朴素的辩证逻辑原理,就在于当时已经具备了对哲学和科学进行总结的条件。在荀子之前,先有阴阳五行说对世界本质做出解释。随后,先秦诸子围绕"天人""名实"的关系展开了激动人心的百家争鸣。在天人之辩中,孔子注重人的理性,墨子则注重经验。黄老学派把天解释为物质自然界,但却只强调人应当被动地认识和适应自然,导致

---

① 列宁:《哲学笔记》,人民出版社1974年版,第89-90页。

独断论。孟子重新发扬孔子重理性的学说，但又只强调认识的能动性方面，导致先验论的独断论。庄子则对逻辑思维把握客观世界提出责难，否定人类认识客观世界和客观真理的能力，于是又有了怀疑论和相对主义。可以看出，在天人之争、名实之辩中，天、人、名、实等范畴被抽象出来，理性与经验分别被强调，绝对主义和相对主义作为对立的两极而形成。这就为荀子总结先秦哲学提供了条件。如果说阴阳五行说对世界的解释是感性直观的，那么经过百家争鸣，先秦哲学对世界的认识已达到抽象思维阶段，而经过荀子的总结，上升到了思维的具体。

秦汉以下，中国哲学又有"形神""有无"之争，到宋代发展为"理气""心物"之辩。这些论争，又为明代哲学家王夫之对哲学做出总结创造了条件。王夫之在《周易外传》中写道："一阴一阳之谓道，或曰，博聚而合之一也，或曰，分析而各一之也，呜呼！此微言所以绝也。"他指出了，片面强调分析或片面强调综合，都会破坏"微言"。他所说的微言实际就是辩证思维的方式。王夫之通过对宋明理学的批判总结，重新要求把分析与综合结合起来。

荀子和王夫之通过对哲学的总结达到一定程度的辩证思维，是与科学发展分不开的。在荀子时期，《黄帝内经》已逐渐成书，从科学角度揭示了朴素辩证法。在王夫之时期，已经有了宋应星的《天工开物》、沈括的《梦溪笔谈》和李时珍的《本草纲目》等科学著作，这些著作对于历史上的科学成就进行了总结。例如，南北朝时期的祖冲之着重进行定量的科学研究，而北魏贾思勰的《齐民要术》则着重定性的科学研究（强调"取象"），到了沈括那里，就把定量与定性研究统一起来，提出了较全面的方法论。从而为王夫之对哲学进行总结提供了科学上的依据。

在西方，亚里士多德哲学使古希腊哲学达到高峰，也使古希腊的辩证思维达到一个新阶段。恩格斯说："古希腊的哲学家都是天生的自发的辩证论者，他们中最博学的人物亚里士多德就已经研究了辩证思维的最主要的形式。"[1] 亚里士多德之所以能使古希腊的辩证思维达到一个新的阶段，也是与当时哲学和科学的繁荣分不开的。从哲学上看，古希腊的哲人，无论是唯物论者还是唯心论者，其哲学中普遍包含着辩证法思想。而且，古希腊的辩证法，经过米利都学派的阐发、埃利亚学派的批判，到爱非斯学

---

[1] 《马克思恩格斯选集》第3卷，人民出版社1972年版，第59页。

派的赫拉克利特那里，已经经历了由具体到抽象的环节，使亚里士多德有可能做出一定程度的具体性总结。从科学方面看，科学在当时已开始了脱离哲学的运动，数学、天文学、生物学、物理学、矿物学等逐渐从哲学母腹中分化出来，并取得了当时代的辉煌成就。这就是说，在亚里士多德时代，哲学和科学的发展都已具备了能够进行批判总结的条件，因而才使亚里士多德集古希腊哲学和科学之大成，对辩证思维的主要形式做出了研究。

到了近代，辩证逻辑在康德的先验逻辑中有了一个模糊的蓝图。这同样有其哲学条件和科学条件。在哲学方面，西欧哲学史上经验论和唯理论之间已经过长期争论，各自的弱点已充分暴露，并且由于这两派的基本分歧得不到解决而导致了休谟的怀疑主义。康德看到：18 世纪的法国唯物主义者试图在经验论的基础上回答休谟的难题未获成功；唯理论者在没有对人的认识能力进行批判之前就断定理性具有把握客体的绝对能力，陷入了独断论；休谟把认识仅仅看作主体范围内的活动，根本否认客体的存在，陷入怀疑论。于是，康德致力于建立一种能克服经验论和唯理论的片面性，能克服独断论和怀疑论的认识论。在科学方面，在康德之前，近代自然科学已完成了从哥白尼到开普勒的天文学革命。正是在这种背景下，才有了康德的包含浓厚辩证因素的先验逻辑。

康德以后，黑格尔建立了一个庞大的思辨逻辑的体系，从他的哲学立场论述了辩证逻辑的对象、辩证逻辑的规律、辩证逻辑的方法论。而黑格尔的这一巨大成就，也是在批判并综合康德、费希特、谢林的哲学体系的基础上获得的。离开这种哲学的批判总结，不能设想产生黑格尔的逻辑体系。

辩证逻辑经过马克思主义的重建成为真正的科学。马克思主义使辩证逻辑成为科学，在于马克思主义总结了黑格尔和费尔巴哈的哲学，总结了整个认识史，概括了近代后期自然科学的伟大成果。这再一次表明了辩证逻辑是认识史的总计，是哲学和科学发展到能进行批判总结阶段的产物。

二、辩证逻辑在总结认识史中丰富和发展

不同时代的科学认识活动，撰写着认识史的不同阶段，并形成和运用着不同的科学方法论。而迄今为止的全部科学认识活动，则撰写了迄今为止的全部人类认识史，并形成了作为认识史总计的统一的方法论。这种方法论就是辩证逻辑。它在总结以往的认识史中形成和发展，也将在总结以后的认识史中得到丰富和继续发展。只要看看方法论演变的趋势，我们就会对此深信不疑。

在概括不同时代的科学认识活动成果基础上形成的各种科学方法论，是会伴随着科学发展水平的变化而发展变化的，或者互相取代，或者此消彼长，而最终呈现出这样的趋势：从原子论的静态分析走向整体论的动态综合，从孤立地使用某一方法走向对立方法的互补。

在古希腊文明时期，人类对自然的探索处在笼统猜测的阶段，科学主要以直观和猜测的手段解释着自然的奥秘。面对神秘的大自然，古希腊人首先急于了解自然界是由什么东西构成的。当时，他们只能用某种可见的物质实体加以说明。于是，火成说、水成说、土成说、气成说竞相提出。进一步的探索，势必要寻找一种更为根本的元素，在这种背景下，留基伯和德谟克利特提出了原子说。根据这种原子论，原子是组成一切物质的基本单位，是最小的不可再分的物质微粒，它以虚空为运动场所和必要条件，在虚空中急剧和零乱地运动。它们这样或那样的碰撞，这样或那样的排列，从而形成世界万物。用原子论解释世界，必然孕育着一种静态分析的方法论和孤立分散考察事物的思维方式。因为既然原子是不可分割的最小微粒，由它们的不同空间排列而形成万物，那么，认识任何事物，都只要静态地分析出事物的原子排列状况即可。既然实体之所以有差别仅在于原子间相互碰撞和排列情况不同，那么，认识任何事物，都只要孤立地考察构成某物的原子是如何碰撞和排列的就解决问题了。

古代原子论所生发的静态分析方法和孤立考察的思维方式，由近代自然科学的发展水平所决定，在16—18世纪重新占据主导地位，并被系统化。在近代自然科学中，只有经典力学建立了体系，自然科学的大部分领域还处在搜集材料的初期阶段，如生物学还只是在搜集标本、进行分类，化学还只是致力于发现各种元素和化合物，如此等等。自然科学的这种水平，很自然地造成了如下的状况：一方面，人们用力学理论解释其他一切自然现象，用力学的机械运动模型类比其他复杂的运动，从而，人们把温度的高低、燃烧现象、光的传播都理解为一种物质粒子的流动，热素说、燃素说、光的微粒说应运而生。于是，一种否认矛盾、否认矛盾运动的机械论形而上学的自然观统治着人们的头脑。另一方面，由于其他科学领域仍处于分门别类搜集材料的水平，因而，还不可能研究对象之间的联系和转化。这就使得静态分析、孤立考察的方法到处风行。恩格斯就此写道："这种做法也给我们留下了一种习惯：把自然界的事物和过程孤立起来，撇开广泛的总的联系去进行考察，因此就不是把它们看做运动的东西，而是看做静止的东西；不是看做本质上变化着的东西，而是看做永恒不变的东西；不是看做活的东西，而是看做死的东西。"①

囿于自然科学的发展水平，在古代和近代出现这种静态分析、孤立考察的方法论和思维方式是有其历史必然性的。而随着自然科学的进一步发展，人们在总结发展了的认识史时，概括出整体动态的科学方法论同样也是历史的必然。进入19世纪以后，在产业革命和第一次技术革命的推动下，自然科学由搜集材料时观察、解剖的阶段进入到对经验材料进行综合整理、理论概括和解释的阶段。正如恩格斯指出的那样，"事实上，直到上一世纪末（注：指18世纪），自然科学主要是搜集材料的科学，关于既成事物的科学，但是在本世纪，自然科学本质上是整理材料的科学，关于过程、关于这些事物的发生和发展以及关于把这些自然过程结合为一个伟大整体的联系的科学"②。这期间，自然科学取得了巨大进展，几乎在各个领域都出现了划时代的成果。

随着自然科学全面地揭示出自然界的辩证法，随着经验自然科学转变为理论自然科学，必然引起思维方式和方法论的变革。通过总结经历了新的发展的认识史，一种全新的、唯物辩证法的思维方式建立起来了，作为整体动态方法论的辩证逻辑经历长期的历史发展，到这时真正取得了科学形态。

但是，由于科学发展表现为分化和综合化两种趋势，因而，分析方法并没有在19世纪以后就被完全摒弃。进入20世纪以后，科学在更深刻的层次上仍然保持着分化的趋势，在这种背景下，罗素在20世纪初开分析哲学之先河，逻辑经验主义紧随其后，运用分析方法开始对科学语言、科学命题结构进行细致的逻辑分析，形成了声势浩大的分析哲学运动。然而，科学的进一步发展毕竟再次证明，单纯的分析方法是不足取的。20世纪以来的科学，以前所未有的势头蓬勃发展，新成果、新概念接踵而来，边缘学科、横断学科不断涌现。特别是现代物理学揭示了时间、空间

---

① 《马克思恩格斯选集》第3卷，人民出版社1972年版，第60－61页。
② 《马克思恩格斯选集》第4卷，人民出版社1972年版，第241页。

之间的有机联系，揭示了微观世界中波动性和粒子性、连续性和间断性、必然性和偶然性之间的辩证关系，彻底宣告了机械自然观的破产，使科学技术发生了根本变化。20世纪中叶以后，随着科学综合化的趋势，更出现了控制论、信息论、系统论。这样，单纯的逻辑分析已不能解决问题，于是，科学方法的理论又转向以库恩为代表的历史主义科学哲学。从而西方科学出现了由静态到动态、由逻辑分析到历史主义的转换。但是，无论逻辑经验主义还是历史主义都存在着理论上的困难，因而，探索逻辑与历史的统一又成为一种新的方向。这表明：科学出现的每一个新成果，都一再证明着辩证逻辑方法论的有效性，任何片面、极端的认识论和方法论都不可避免地陷入困境。只要是把认识史作为过程，而不是局限于某一片段去总结，那么最终显示的规律就依然是：静态分析和分散考察的方法论必将走向整体动态的方法论，孤立地运用某一方法的做法必将走向多种方法的互补和综合。

正如曾被认为神圣不可动摇的经典力学没有穷尽真理一样，相对论、量子论以及现代科学的所有最新成果也没有结束科学的发展。科学的发展是无穷的过程，人类的认识史将不断翻开新的一页。同样，作为科学的一般方法论，作为认识史总结的辩证逻辑也没有结束真理，它也将伴随科学发展的大潮，在不断总结认识史中丰富和发展，永无止境。

# 主要参考文献

[1] 马克思. 资本论［M］. 北京：人民出版社，1963.
[2] 恩格斯. 反杜林论［M］//马克思恩格斯选集：第3卷. 北京：人民出版社，1972.
[3] 恩格斯. 自然辩证法［M］//马克思恩格斯选集：第3卷. 北京：人民出版社，1972.
[4] 列宁. 哲学笔记［M］. 北京：人民出版社，1974.
[5] 黑格尔. 小逻辑［M］. 北京：商务印书馆，1980.
[6] 康德. 未来形而上学导论［M］. 北京：商务印书馆，1978.
[7] 亚里士多德. 工具论［M］. 广州：广东人民出版社，1984.
[8] 休谟. 人类理解研究［M］. 北京：商务印书馆，1957.
[9] 北京大学哲学系外国哲学史教研室编译. 十六—十八世纪西欧各国哲学［M］. 北京：商务印书馆，1975.
[10] 朱德生，等. 西方认识论史纲［M］. 南京：江苏人民出版社，1983.
[11] 江天骥. 西方逻辑史研究［M］. 北京：人民出版社，1984.
[12] 马玉珂. 西方逻辑史［M］. 北京：中国人民大学出版社，1985.
[13] 丹皮尔. 科学史及其与哲学和宗教的关系［M］. 北京：商务印书馆，1975.
[14] 梅森. 自然科学史［M］. 北京：上海人民出版社1977.
[15] 张巨青. 科学逻辑［M］. 长春：吉林人民出版社，1984.
[16] 张巨青. 自然科学认识论问题［M］. 长沙：湖南人民出版社，1984.
[17] 刘大椿. 科学活动论［M］. 北京：人民出版社，1985.
[18] 冯契. 中国古代哲学的逻辑发展［M］. 上海：上海人民出版社，1983.
[19] 彭漪涟. 辩证逻辑述要［M］. 上海：华东师范大学出版社，1986.
[20] 汪馥郁. 辩证思维规律及其应用［M］. 长沙：湖南人民出版

社，1984．

[21] 陈中立．真理过程论［M］．北京：中国社会科学出版社，1984．
[22] 郑昕．康德学述［M］．北京：商务印书馆，1984．
[23] 夏基松，郑毓信．西方数学哲学［M］．北京：人民出版社，1986．
[24] 林夏水．数学哲学译文集［M］．北京：知识出版社，1986．
[25] 洪谦．逻辑经验主义［M］．北京：商务印书馆，1982、1984．
[26] 约翰·洛西．科学哲学历史导论［M］．武汉：华中工学院出版社，1982．
[27] 舒伟光，邱仁宗．当代西方科学哲学述评［M］．北京：人民出版社，1987．
[28] 波普．猜想与反驳［M］．上海：上海译文出版社，1986．
[29] 拉卡托斯．科学研究纲领方法论［M］．上海：上海译文出版社，1986．
[30] 蒯因．从逻辑的观点看［M］．上海：上海译文出版社，1987．
[31] 库恩．科学革命的结构［M］．上海：上海科学技术出版社，1980．
[32] 查尔默斯．科学究竟是什么？［M］．北京：商务印书馆，1982．
[33] 艾耶尔．语言、真理与逻辑［M］．上海：上海译文出版社，1981．
[34] 亨佩尔．自然科学的哲学［M］．上海：上海科学技术出版社，1986．
[35] 罗素．哲学问题［M］．北京：商务印书馆，1959．
[36] 维特根斯坦．逻辑哲学论［M］．北京：商务印书馆，1962．